园林景观与环境艺术设计

黄冬冬　冉　婞　主编

图书在版编目（CIP）数据

园林景观与环境艺术设计 / 黄冬冬，冉娒主编．—
哈尔滨：哈尔滨出版社，2022.12

ISBN 978-7-5484-6697-0

Ⅰ．①园… Ⅱ．①黄… ②冉… Ⅲ．①园林设计—景
观设计②园林设计—环境设计 Ⅳ．①TU986.2

中国版本图书馆CIP数据核字（2022）第158633号

书　　名：园林景观与环境艺术设计
YUANLIN JINGGUAN YU HUANJING YISHU SHEJI

作　　者：黄冬冬　冉　娒　主编
责任编辑：韩伟锋
封面设计：张　华

出版发行：哈尔滨出版社（Harbin Publishing House）
社　　址：哈尔滨市香坊区泰山路82-9号　邮编：150090
经　　销：全国新华书店
印　　刷：廊坊市广阳区九洲印刷厂
网　　址：www.hrbcbs.com
E - mail：hrbcbs@yeah.net
编辑版权热线：（0451）87900271　87900272

开　　本：787mm×1092mm　1/16　印张：14.5　字数：320千字
版　　次：2023年1月第1版
印　　次：2023年1月第1次印刷
书　　号：ISBN 978-7-5484-6697-0
定　　价：68.00元

前　言

随着近年来城市化建设的不断发展，人们的生活水平也在不断提升，现代人更加重视自身的生活质量。园林景观是现代城市建设发展过程中的重要设施，能为人们带来更舒适的环境，这也是现代城市化发展过程中需要高度重视的一个方面。在实际工作中需要结合现代城市的要求，重视实用性和美观性。现代景观园林对城市环境的改善、城市面貌的美化起到关键性作用，其大力推动了现代景观园林的规划建设，并保证了设计方案的科学性和可行性，提升了景观园林作品的美学效果。现代城市景观在建设过程中，借助环境艺术设计，能有效提升文化内涵，改善城市生态环境，提升城市社会、经济、生态发展的协调性，为城市的可持续发展奠定坚实的基础。

前言

目　录

第一章　绪论

第一节　园林的产生及发展

一、园林的产生

园林是在一定自然条件和人文条件综合作用下形成的优美的景观艺术作品，而自然条件复杂多样，人文条件更是千奇百态。如果我们剖开各种独特的现象，从共性视角来看，园林的形成离不开大自然的造化、人们的精神需要和社会历史的发展三大背景。

（一）自然造化

伟大的自然具有移山填海之力，鬼斧神工之技。它既为人类提供了花草树木、鱼虫鸟兽等多姿多彩的造园材料，又为人类创造了山林、河湖、峰峦、深谷、瀑布、热泉等壮丽秀美的景观，具有很高的观赏价值和艺术魅力，这就是所谓的自然美。自然美为不同国家、不同民族的园林艺术共同追求，每个优秀的民族似乎都经过自然崇拜→自然模拟与利用→自然超越三个阶段。到达自然超越阶段时，具有本民族特色的园林也就完全形成了。然而，各民族对自然美或自然造化的认识存在着较显著的差异。西方传统观点认为，自然本身只是一种素材，只有借助艺术家的加工提炼，才能达到美的境界，离开艺术家的努力，自然不会成为艺术品，亦不能最大限度地展示其魅力。因此，笔者认为整形灌木、修剪树木、几何式花坛等经过人工处理的“自然”，与真正的自然本身比较，是美的提炼和升华。

中国传统观点认为，自然本身就是美的化身，构成自然美的各个因子都是美的天使，如花木、虫鱼等是不能加以改变的，否则就破坏了天然、纯朴和野趣。但是，中国人尤其是中国文人观察自然因子或自然风景往往融入个人情怀，借物喻心，把抒写自然美的园林变成挥洒个人感情的园地。所以中国园林讲究源于自然而高于自然，反映出一种对自然美的高度凝练和概括，把人的情愫与自然美有机融合，以达到诗情画意的境界。而英国风景园林的形成，也离不开英国人对自然造化的独特欣赏视角。他们认为大自然的造化美无与伦比，园林越接近自然则越达到真美境界。因此，刻意模仿自然、表现自然、再现自然、回归自然，然后使人从自然的琅嬛妙境中油然而生发万般情感。可见，不同地域、不同民族的园林各以不同的方式利用着自然造化。自然造化形成的自然因子和自然物为园林形成提供了得天独厚的条件。

（二）人们的精神需要

园林的形成离不开人们的精神追求，这种精神追求来自神话仙境，来自宗教信仰，来自文艺浪漫，来自对现实田园生活的回归。中外文学艺术中的诗歌、故事、绘画等是人们抒怀的重要方式，它们与神话传说相结合，以广阔的空间和纵深的时代为舞台，使文人的艺术想象力得到淋漓尽致的挥洒。文学艺术创造的“乐园”对现实园林的形成有重要的启迪意义，同时，文学艺术的创作方法，无论是对美的追求和人生哲理的揭示，还是对园林设计、艺术装饰和园林意境的深化等，都有极高的参考价值。

古今中外描绘田园风光的诗歌和风景画，对自然风景园林的勃兴曾起到积极作用。其是人类文明的产物，也是人类依据自然规律，利用自然物质创造的一种人工环境，或曰“人造自然”。如果人们长期生活在城市中，就越来越和大自然环境疏远，从而在心理上出现抑郁症，必然希望寻求与大自然直接接触的机会，如踏青、散步等，或者以兴造园林作为一种间接补偿方式，以满足人们的精神需要。园林还可以看作是人们为摆脱日常烦恼与失望的产物。当现实社会充满矛盾和痛苦，难以使人的精神得到满足时，人们便沉醉于园林所构成的理想生活环境中。

（三）社会历史的发展

园林的出现是社会财富积累的反映，也是社会文明的标志。它必然与社会历史发展的一定阶段相联系，同时，社会历史的变迁也会导致园林种类的新陈代谢，推动新型园林的诞生。人类社会初期，人类主要以采集、渔猎为生，经常受到寒冷、饥饿、禽兽、疾病的威胁，生产力十分低下，也就不可能产生园林。直到原始农业出现，开始有了村落，附近有种植蔬菜、果园的园圃，有圈养驯化野兽的场所，虽然是以食用和祭祀为目的，但客观上具有观赏的价值，因此，开始产生了原始的园林，如中国的苑囿、古巴比伦的猎苑等。生产力进一步发展以后，财富不断地积累，出现了城市和集镇，又随着建筑技术、植物栽培、动物繁育技术以及文化艺术等人文条件的发展，园林经历了由萌芽到形成的漫长的历史演变阶段，在长期发展中逐步形成各种时代风格、民族风格和地域风格。如古埃及园林、古希腊园林、古巴比伦园林、古波斯园林等。后来，随着社会的动荡、野蛮民族的入侵、文化的变迁、宗教改革、思想的解放等社会历史的发展变化，各个民族和地域的园林类型、风格也随之变化。以欧洲园林为例，中世纪之前，曾经流行过古希腊园林、古罗马园林；中世纪1300多年风行哥特式寺院庭园和城堡园林；文艺复兴开始，意大利台地园林流行；宗教改革之后法国古典主义园林勃兴，而资产阶级革命的成功加速了英国自然风景式园林的发展。这一事实表明，园林是时代发展的标志，是社会文明的标志，同时，园林又随着社会历史的变迁而变迁，随着社会文明的进步而发展。

二、城市的发展对景观需求的变化

（一）城市发展促使景观的服务性功能升级

最初，城市园林景观的发展来源于对绿化基础栽植需求，如城市周边栽植防护林带起到防风固沙、改善城市空气环境、缓解城市热岛效应等作用；栽植行道树，便于行人遮阴纳凉。随着城市的不断发展扩充，新区的落成，往往会带动提升城市发展的新理念模式，不仅满足了景观最基础的服务需求，而且渐渐由景观的单一化应用模式演变为四季皆为景的城市综合景观，融入人文、功能、季节、颜色等诸多因素去打造景观，使景观富有层次感、设计感和人情味，景观小品也融入了生活化，成为景观亮点。

1. 以运动为主的城市服务型景观步道的设置

随着城市品质、形象的发展提升，大量的城市公园及沿河景观带的建成，首先，极大地满足了对城市居民生活的基本服务需求，也提升了城市公共景观空间的品质。其次，在此基础上，随着生活质量的不断提高和精神文化的提升，人们对景观功能上的需求也越来越丰富多样，是现代景观所要面临的另一项改革发展课题。随着城市快节奏的发展，亚健康成为众多城市人所面临的身体状态，越来越多的城市人喜欢在闲余时间去公园或是沿河道路上徒步、慢跑、骑行等释放、缓解工作及生活上的压力，城市森林步道越来越受到人们的欢迎，这也就意味着要求公园景观园路不再是一条单一的景观步道，既要有行人导向性，又具有景观共享性，要融合景观空间与交通引导、自然生态与文化社交、运动与健身等功能需求。增设骑行车道与慢跑步道，保证各需求下的绿色安全通行。这也是对景观由静至动的需求改变，人性化的使用层面也发生改变。现代园林中景观步道的改变，也加快了对步道沿线景观观赏要求的提升，以季节、颜色、层次等规范景观搭配的多样化提升，更好地服务于城市居民休闲游览，使人们从疲劳、压力、消极情绪中舒缓出来，从而更高效地工作与生活，这也是现代园林景观的功能型对城市人服务需求的升级。

2. 以康养为主的城市周边服务型景观兴起

人口老龄化伴随大规模的城乡人口流动，给城镇发展带来了极大的挑战。在未来，中国人口老龄化加速的同时，城镇化同步高速发展。城市将周边开发打造为以“老”而居的康养中心，集合了日常照顾、家政服务、康复护理、紧急救援、精神慰藉、休闲娱乐、法律维权等综合性的服务项目，建立智能化、信息化的多元居家养老服务景观体系，构建没有围墙的养老社区养老院。首先，强调景观环境与设施的重要性，从人性化角度思考景观在老龄化人群中的需求度，如活动中心、游园等为老年人日常的休憩和停留提供环境支持，以安全、舒适的无障碍绿色通行为前提，尽量缩短步行时间，吸引老年人短距离出行。城市逐渐在周边发展以康养为主的景观综合体，是拉动城市周边多元化经济、城市人口老龄化服务需求的创新发展模块。

（二）景观规模化带动城市经济的多元化发展

近年来，国家对生态环境、空气质量的改革力度越来越大。改善治理城中河，废弃地变荒为宝，成为城市一项改善民生、提高经济水平、带动城市发展的规模化景观工程。沿河景观的多样化表现形式，打造不同风格定位的园林景观，呈现出人在画中行的城市美丽画卷。一条河、一片湿地、一座景观公园，成为人们聚集、休憩、徒步、采摘、赏游的风景景观带，同时也带动着周边的商业地产、酒店餐饮、医疗便利服务等行业的聚集兴起，加速城市经济的多元化增长。绿色人居、生态人居构成现代美丽人居，既包含与人居有关的生态景观环境的提升、与自然的和谐程度，又包含人们居住心灵和精神文明的提升。现代景观环境是人们聚集区与周边空间搭配的综合体，包括社会、经济、自然生态、文化的相互融合，也是人与空间的关系存在，形成对视觉和精神感受的环境质量的提高。

现代园林景观的未来展望与城市发展期许在当今快速发展的城市中，无论是工作环境还是生活环境，都需要完善的景观体系营造和支撑，才能提高城市中人们的精神素质，给精神一个放空、冥想的安逸空间，才能更高效率地工作。“心中若有桃花源，何处不是水云间”，未来园林景观是带有治愈系的景观，可以被吸引，又可以被留恋，在不断创新中寻找景观里的节点。

第二节　园林工程的特点与发展趋势

一、园林工程的基本概念

园林绿化工程是建设风景园林绿地的工程。园林绿化是为人们提供一个良好的休息、文化娱乐、亲近大自然、满足人们回归自然愿望的场所，是保护生态环境、改善城市生活环境的重要措施。园林绿化泛指园林城市绿地和风景名胜区中涵盖园林建筑工程在内的环境建设工程，包括园林建筑工程、土方工程、园林筑山工程、园林理水工程、园林铺地工程绿化工程等，它是应用工程技术来表现园林艺术，使地面上的工程构筑物和园林景观融为一体。

二、特点

（一）园林工程的基本特点

园林工程实际上包含了一定的工程技术和艺术创造，是地形地物、石木花草、建筑小品、道路铺装等造园要素在特定地域内的艺术体现。因此，园林工程与其他工程相比有其鲜明的特点。

1. 艺术性

园林工程是一种综合景观工程，它虽然需要强大的技术支持，但又不同于一般的技术工程。而是一门艺术工程，涉及建筑艺术、雕塑艺术、造型艺术、语言艺术等多门艺术。

2. 技术性

园林工程是一门技术性很强的综合性工程，它涉及土建施工技术、园路铺装技术、苗木种植技术、假山叠造技术及装饰装修技术、油漆彩绘技术等诸多技术。

3 综合性

园林作为一门综合艺术，在进行园林产品创作时，所要求的技术无疑是复杂的。随着园林工程日趋大型化，协同作业、多方配合的特点日益突出。同时，随着新材料、新技术、新工艺、新方法的广泛应用，园林各要素的施工更注重技术的综合性。

4. 时空性

园林实际上是一种五维艺术，除了其空间性，还有时间性以及造园人的思想情感。园林工程在不同的地域，空间性的表现形式迥异。园林工程的时间性，则主要体现于植物景观上，即常说的生物性。

5. 安全性

“安全第一，景观第二”是园林创作的基本原则。对园林景观建设中的景石假山、水景驳岸、供电防火、设备安装、大树移植、建筑结构、索道滑道等均需格外注意。

6. 生态性与可持续性

园林工程与景观生态环境密切相关。如果项目能按照生态环境学理论和要求进行设计和施工，保证建成后各种设计要素对环境不造成破坏，能反映一定的生态景观，体现出可持续发展的理念，就是比较好的项目。

（二）中国园林的特点

1. 取材于自然，高于自然。园林以自然的山、水、地貌为基础，但不是简单的利用，而是有意识、有目的地加以改造加工，再现一个高度概括、提炼、典型化的自然。

2. 追求与自然的完美结合，力求达到人与自然的高度和谐，即“天人合一”的理想境界。

3. 高雅的文化意境。中式造园除了凭借山水、花草、建筑所构成的景致传达意境的信息外，还将中国特有的书法艺术形式，如匾额、楹联、碑刻艺术等融入造园之中，深化园林的意境。此为中国园林所特有的，非其他园林体系所能比拟的。

（三）欧洲园林的特点

1. 建筑统帅园林

在欧洲古典园林中，在园林中轴线位置总会矗立一座庞大的建筑物（城堡、宫殿），园林的整体布局必须服从建筑的构图原则，并以此建筑物为基准，确立园林的主轴线。经主轴再划分出相对应的副轴线，置以宽阔的林荫道、花坛、水池、喷泉雕塑等。

2. 园林整体布局呈现严格的几何图形

园路处理成笔直的通道，在道路交叉处处理成小广场形式，点状分布具有几何造型的水池、喷泉等；园林树木则精心修剪成锥形、球形、圆柱形等，草坪、花圃必须以严格的几何图案栽植、修剪。

3. 大面积草坪处理

园林中种植大面积草坪具有室外地毯的美誉。

4. 追求整体布局的对称性

建筑、水池、草坪、花坛等的布局无一不讲究整体性，并以几何的比例关系组合达到数的和谐。

5. 追求形式与写实

欧洲人与中国人有着截然不同的审美意识，他们认为艺术的真谛和价值在于将自然真实地表现出来，事物的美完全建立在各部分之间神圣的比例关系上。

三、园林艺术的历史起源

我国园林艺术发展历史悠久，最早可以溯源到上古三代，商朝时的“囿”便是园林的早期起源。商朝时期的文字是象形字，而“囿”字在象形文字中代表的意思就是将地区独立，四周筑上围墙将其环绕，供以帝王将相游玩享乐之用，这时的园林其实并没有太多的实际意义。到了周代，曾有明确的史书记载园林的发展，周代的园林已经初具规模，并设有专人管理，不再是一处简单的游玩场所。这时的园林已经有了艺术观赏的功能。每个时代的园林都包含了当时的人文思想、民俗文化。园林的稳固发展，依赖于汉朝时期强大的政治基础与文化底蕴。那时的园林被称为“苑”，广为人知的上林苑便是在前朝的遗址上建造而成的。规模宏伟壮观，随着社会的发展，单调的景色已经无法满足人们的观赏需求，人们开始在园林中人为造景，将自己对园林的艺术见解融入大自然景观中，将其看作是人与自然的和谐统一。如苏州园林，没有皇家园林广阔，功能相对简单，主要原因是受土地面积和财力的限制，在等级制度森严的时代背景下，园林建造者所处的阶级同样决定了园林的等级。随着时间的不断推移，明清时代的园林在先人们的基础上，让园林工艺到达巅峰。

四、园林艺术的发展趋势

现代园林技术通过把大自然的山水花木转移在特定的空间内，通过总体布局的调整及园林内植物的搭配，将自然景色之美微缩其中。虽然古代园林技术已经十分娴熟，但社会和时代在不停地发展，人们对于艺术的需求逐渐提高，不再局限于表面而更深居于内涵。

（一）园林艺术将发展为多功能的整合艺术

一座完美的园林是艺术和科学的完美结合，园林可以改变自然环境，净化空气状态，在供人们休息游玩娱乐的同时，又不缺少美学的欣赏功能。在如今高楼大厦到处林立的情况下，建设园林并不能停靠于之前的传统思想。要将园林与现代设计理念相结合，高效利用现代化建筑技术，在确保满足城市使用的条件下，利用山水造景和植物配置，建设出更适合城市人们生活需求的现代化园林。

（二）园林艺术将发展为城市和园林的有机结合

传统的园林建设仅仅停留于在多余的空地上修饰点缀，但如今所需要的现代化园林是要根据整个城市的情况，分析城市生态环境对其整体布局，科学地统筹和施工。利用城市现有的设施，将园林与城市绿地有机结合，搭建出城市中有园林、园林中亦有城市的现代化园林，这是现代园林发展的终极目标。

（三）园林艺术将发展为人与自然的和谐统一

人类的生存环境包含多种体系，建筑可能是冰冷的，但园林是具有人情味的。园林虽然由人工创造，但它来源于自然，这种设计高于自然本身所给予人类的环境，但是又不失自然本身的韵味。一座园林的创造过程实际上就是人类与自然相互作用的一个过程。现代化的园林所追求的是在人类与自然之间找一个契合点，让人与自然可以和谐共生、相互交融，从而达到天人合一的境界。

（四）园林艺术将发展为多技术的高效合作

迄今为止，我国特有的园林艺术在世界范围内都有着举足轻重的影响。在未来的日子里，园林的重要性将逐渐被人们所发掘。比如，在人文科学、工程科技等方面，利用园林行业时效性强、影响面大的优点，将互联网和园林相结合。在一个城市项目投入使用前，可以将城市景观规划和土地资源等方案在网上直接发布，通过 VR 这种新型方式，让广大市民可以切身体验到未来即将开展的项目，让居民感受到自己在城市中的主导地位，提高广大市民的监督意识，促使整个行业发展。传统园林已有上千年的历史，而现代化园林艺术才刚刚走入人们的视野，互联网技术和电子技术水平在不断提高，可以加强现代科技与园林建设的高效结合，让园林建设理念更加先进，根据行业的特殊性，因地制宜地制定行业发展策略，打造更加适合园林艺术发展的氛围。

第三节　中西方园林的美学观念

一、园林美学概述

园林美是园林师对生活（包括自然）的审美意识（思想感情、审美趣味、审美理想等）和优美的园林形式的有机统一，是自然美、艺术美和社会美的高度融合。它是衡量园林作品艺术表现力强弱的主要标志。

（一）园林美的属性和特征

园林属于多维空间的艺术范畴，一般有两种看法：一曰三维、时空和联想空间（意境）；二曰线、面、体、时空、动态和心理空间等。其实质都说明园林是物质与精神空间的总和。

园林美具有多元性，表现在构成园林的多元素和各元素的不同组合形式之中。园林美也有多样性，主要表现在历史、民族、地域、时代性的多样统一之中。

园林作为一个现实生活境域，营造时就必须借助于自然山水、树木花草、亭台楼阁、假山叠石，乃至物候天象等物质造园材料，将它们精心设计，巧于安排，创造出一个优美的园林景观。因此，园林美首先表现在园林作品可视的外部形象物质实体上，如假山的玲珑剔透、树木的红花绿叶、山水的清秀明洁……这些造园材料及其所组成的园林景观便构成了园林美的第一种形态——自然美实体。

尽管园林艺术的形象是具体而实在的，但园林艺术的美却不仅限于这些可视的形象实体表面，而是借助于山水花草等形象实体，运用各种造园手法和技巧，通过合理布置，巧妙安排，灵活运用来表达和传送特定的思想情感，抒写园林意境。园林艺术作品不仅仅是一片有限的风景，而是要有象外之象，景外之景，即是“境生于象外”，这种象外之境即为园林意境。重视艺术意境的创造，是中国古典园林美学上的最大特点。中国古典园林美主要是艺术意境美，在有限的园林空间里，缩影无限的自然，造成咫尺山林的感觉，产生“小中见大”的效果，拓宽园林的艺术空间。如扬州的一个园林，成功地布置了四季假山，运用不同的素材和技巧，使春、夏、秋、冬四时景色同时展出，从而延长园景时间。这种拓宽艺术时空的造园手法强化了园林美的艺术性。

当然，园林艺术作为一种社会意识形态，作为上层建筑，它自然要受制于社会存在。作为一个现实的生活境域，亦会反映社会生活的内容，表现园主的思想倾向。例如，法国的凡尔赛宫苑布局严整，是当时法国古典美学总潮流的反映，是君主政治至高无上的象征。再如上海某公园的缺角亭，作为一个园林建筑的单体审美，缺角后就失去了其完整的形象，但它有着特殊的社会意义。建此亭时，正值东北三省沦陷于日本侵略者手中，园主故意将东北角去掉，表达了为国分忧的爱国之心。理解了这一点，你就不会认为这个亭子不美，而是会感到一种更高层次的美的含义，这就是社会美。

可见，园林美应当包括自然美、社会美、艺术美三种形态。

系统论有一个著名论断：整体不等于各部分之和，而是要大于各部分之和。英国著名美学家赫伯特·里德（Herbert Read）曾指出：“在一幅完美的艺术作品中，所有的构成因素都是相互关联的；由这些因素组成的整体，要比其简单的总和更富有价值”。园林美不是各种造园素材单体美的简单拼凑，也不是自然美、社会美和艺术美的简单累加，而是一个综合的美的体系。各种素材的美，各种类型的美相互融合，从而构成一种完整的美的形态。

二、园林美的主要内容

如果说自然美是以其形式取胜，园林美则是形式美与内容美的高度统一。它的主要内容有以下十个方面。

（一）山水地形美

山水地形美包括地形改造、引水造景、地貌利用、土石假山等，它塑造园林的骨架和脉络，为园林植物种植、游览建筑设置和视景点的控制创造条件。

（二）借用天象美

借用天象美，即借日月雨雪造景，如观云海霞光，看日出日落，设朝阳洞、夕照亭、月到风来亭、烟雨楼，听雨打芭蕉、泉瀑松涛，造断桥残雪、踏雪寻梅等意境。

（三）再现生境美

仿效自然，创造人工植物群落和良性循环的生态环境，创造空气清新、温度适中的小气候环境。花草树木永远是生境的主体，也包括多种生物。

（四）建筑艺术美

风景园林中由于游览景点、服务管理、维护等功能的要求和造景需要，要求修建一些园林建筑，包括亭台廊榭、殿堂厅轩、围墙栏杆、展室公厕等。建筑绝不可多，也不可无，古为今用，外为中用，简洁巧用，画龙点睛。建筑艺术往往是民族文化和时代潮流的结晶。

（五）工程设施美

园林中，游道廊桥、假山水景、电照光影、给水排水、挡土护坡等各项设施必须配套，要注意艺术处理而区别于一般的市政设施。

（六）文化景观美

风景园林常为宗教圣地或历史古迹所在地，“天下名山僧占多”。园林中的景名景序、门楹对联、摩崖碑刻、字画雕塑等无不浸透着人类文化的精华，创造了诗情画意的境界。

（七）色彩音响美

风景园林是一幅五彩缤纷的天然图画，是一曲袅绕动听的美丽诗篇。蓝天白云，花红叶绿，粉墙灰瓦，雕梁画栋，风声雨声，鸟声琴声，欢声笑语，百籁争鸣。

（八）造型艺术美

园林中常运用艺术造型来表现某种精神、象征、礼仪、标志、纪念意义以及某种体形、线条美，如图腾、华表、雕像、鸟兽、标牌、喷泉及各种植物造型艺术小品等。

（九）旅游生活美

风景园林是一个可游、可憩、可赏、可学、可居、可食、可购的综合活动空间，满意的生活服务，健康的文化娱乐，清洁卫生的环境，交通便利，治安保证与特产购物，都将给人们带来情趣，带来生活的美感。

（十）联想意境美

联想和意境是我国造园艺术的特征之一。丰富的景物，通过人们的接近联想和对比联想，达到触景生情，体会弦外之音的效果。“意境”一词最早出自我国唐代诗人王昌龄的《诗格》，说诗有三境：一曰物境；二曰情境；三曰意境。意境就是通过意象的深化而构成心境应合，神形兼备的艺术境界，也就是主客观情景交融的艺术境界。风景园林就应该是这样一种境界。

三、中国园林的审美观

中国园林审美观的确立大约可追溯到魏晋南北朝时期。特定的历史条件迫使士大夫阶层淡漠政治寄情于山水，并从湖光山色蕴含的自然美中抒发情感，使中国的造园带有很大的随机性和偶然性。他们所追求的是诗画一样的境界。如果说造园主也十分注重于造景的话，那么它的素材、原形、源泉、灵感等就是在大自然中去发现和感受，从而越是符合自然天性的东西便越包含丰富的意蕴。纵观布局变化万千，整体和局部之间也没有严格的从属关系，结构松散，以致没有什么规律性。正所谓“造园无成法”。甚至许多景观却有意识的藏而不露，“曲径通幽处，禅房草木生”“山重水复疑无路，柳暗花明又一村”，这都是极富诗意的意境。

（一）中国园林中的自然美

中国园林讲究在园林中再现自然，“出于自然，高于自然”是中国古典园林的一个典型特征。以中国园林中的“叠山”“弄水”为例，园林中的“叠山”是模拟真山的全貌，或截取真山的一角，以较小的幅度营造峰、峦、岭、谷、悬岩、峭壁等形象。从它们堆叠的章法和构图上可以看到对天然山体规律的概括和提炼。园林中的假山都是真实的山体的抽象化、典型化；园林中的各种水体也是自然界中河、湖、海、池、溪、涧、泉、瀑等的抽象概括，根据园内地势和水源的具体情况，或大或小，或曲或直，或静或动，用山石点缀岸矶，堆岛筑桥，以营造出一种岸曲水洞，似分还连的意境，在有限的空间里尽量模仿天然水景的全貌，这就是“一勺则江湖万里”的立意。

崇尚自然的思想在中国园林中首先表现为中国人特殊的审美情趣。平和自然的美学原则，虽然一方面是基于人性的尺度，但与崇尚自然的思想也是密不可分的。例如，造园的要旨就是“借景”。“园外有景妙在‘借’，景外有景在于‘时’，花影、树影、云影、风声、鸟语、花香、无形之景，有形之景，交织成曲。”可见，中国传统园林正是巧于斯，妙于斯。明明是人工造山、造水、造园，却又要借自然界的花鸟虫鱼、奇山瘦水，制造出“宛若天开，浑如天成”之局面。中国园林从形式和风格上看虽属于自然山水园，但绝非简单地再现或模仿自然，而是在深切领悟自然美的基础上加以萃取、抽象、概括、典型化。这种创造却不违背自然的天性，恰恰相反，是顺应自然并更加深刻地表现自然。中国园林十分崇尚自然美，把它作为判断园林水平的依据。造园者最爱听的评价就是“有若自然”，最担心的评价是人工化、匠气。

（二）中国园林中的“情”“景”交融之美

中国人在追求自然美的过程中，总喜欢把客观的“景”与主观的“情”联系起来，把自我也摆到自然环境之中，物我交融为一，从而在创造中充分地表达自己的思想情感，准确地抓住自然美的净化，并加以再现。此乃姜夔所言:“固知景无情不发，情无景不生。”将人的情感融汇于自然并强调人在自然环境中的地位，此所谓天与人合而为一。这种天人合一的传统文化理念，对中国园林影响深远，这种崇尚自然的思想潮流，对园林艺术的发展起到了积极的推动作用。许多文人墨客以寄情于山水为高雅，把诗情画意融合于园林之中。对于建在郊外的规模较大的园林则注意保留天然的“真意”和“野趣”，“随山依水”地建造园林。对于位于城市中的规模较小的园林则注重用集中、提炼、概括的手法来塑造大自然的美景，使其源于自然而高于自然。“情融于景，景融于情”反映了中国人在造园中的传统哲学思想和审美追求。中国人崇尚自然，造园之时以情入景，以景寓情，观赏之时则触景生情，把自己当作自然环境的一部分。因此，中国园林就是把自然的美与人工的美高度结合起来的环境空间产物。辛弃疾的“我见青山多妩媚，料青山见我应如是”，正是体现了情景交融、天人合一，渗入大自然的意境。

（三）中国园林中的意境美

意境是中国艺术创作中的最高追求，是中国古典美学中经久不衰的命题。作为中国古典文化的一部分，园林也是把意境的创造作为最高的追求。中国园林追求诗的意蕴、画的意境，处处体现一种诗情画意。园林中的意境能引发人们的深思、联想，把物境与心境糅合在一起，情景交融，物我共化。中国古典园林以写意的手法再现对自然山水的感受，游人置身于园林中，产生触景生情、寓情于景、情景交融的心理活动。另外，意境也是有时节性的，往往最佳状态的出现是短暂的，但又是不朽的，即《园冶》中所谓的“一鉴能为，千秋不朽”。如杭州的“平湖秋月”“断桥残雪”，扬州的“四桥烟雨”等，只有在特定的季节、时间和特定的气候条件下，才能充分发挥其感染力的最佳状态。这些主题意境最佳状态的出现，从时间上来说虽然短暂，但受到千秋赞赏。

1. 从物境到意境

通过形式美感的营造直接以物境塑造意境。“山自无言，水自无语”，然而，山水无情人有情，中国文化历来精于托物言志，如用蓬莱、瀛洲、方丈三山表达对神仙的向往，北海、颐和园、西湖都在湖中置岛模拟仙山；用松梅竹来表达文人的品行高洁。而古典园林中对孤赏置石的品鉴和运用，堪称用物境的形式美营造意境美的典范。园林的名题如匾额、楹联等也是从物境到意境的重要表达手法。

2. 从意境到意境

预先设定园林的意境，通过对物境形式美的营造达成意境的展现。文人雅士们为表达自己大隐于市，却依然意在朝廷的志愿，常常筑园结庐，广结同类以造声势。如沧浪亭、拙政园都是因意筑景，以景引意，意得于境的营建过程。古典园林还擅长巧妙地运用缩影来完成从意境到意境的表达方式。

四、西方园林的美学观

（一）西方园林的形成

西方园林，追根穷源可以上溯到古埃及和古希腊，其最初大都出于农事耕作的需要，丈量耕地而发展了几何学。在其发展中，从农业种植及灌溉发展到古希腊整理自然、使其秩序化，都是人对自然的强制性的约束。西方园林经过古罗马、文艺复兴到 17 世纪下半叶形成的法国古典园林艺术风格，一直强调着人与自然的抗争。“天人相胜”的观念、理性的追求已体现在西方园林之中。一块长方形的平地、被灌溉水渠划成方格，果树、蔬菜、花卉、药草等整齐种在这些格子形的畦里，通过整理自然，形成有序的和谐，这是世界上最早的规则式园林。在西方，古人认为艺术美来源于数的协调，只要调整好了数量比例，就能产生出美的效果。

艺术中重要的是：结构要像数学一样清晰和明确，要合乎逻辑。用数字来计算美，力图从中找出最美的线型和比例，并且企图用数学公式表现出来。在这种“唯理”美学思想的影响下，西方造园遵循形式美的法则，呈现出一种几何制的关系，诸如轴线对称、均衡以及确定的几何状，如直线、正方形、圆、三角形等的广泛应用，传达一种秩序和控制的意识。西方园林主干分明，功能空间明确，树木有规律栽植，修剪整齐，给人以秩序井然、清晰明确的印象。

（二）西方园林的美学观念

1. 西方园林中的形式美

西方美学自形成的那一天起，便受到唯心主义美学观的影响。柏拉图、黑格尔认为自然事物美，根源于理念或神；而克罗曼则认为自然美源于人的心灵。他们都忽视、否定自然美。法国造园家格罗莫声称：“园林是人工的，是一个构图，我们的目标不是费尽心机去模拟自然景致的偶然性，对我们来说，问题是要把自然风格化。”他说：“大自然是无意无识的，它不会把很美的景象给我们留着。”“几乎不能想象一座真正的树木边缘延伸到凡尔赛宫殿的几米之内。”唯心主义的造园美学观夸大地将一切自然美都归结为现象的美，使西方园林仅为建筑领域扩大和延伸，并服从建筑学构图法则。因此，大哲学家黑格尔得出了园林是不完备的艺术的结论。

西方人认为造园要达到完美的境地，必须凭借某种理念去提升自然美，从而达到艺术美的高度，也就是一种形式美。从而西方造园家刻意追求几何图案美，园林中必然呈现出一种几何制的关系，诸如轴线对称、均衡以及确定的几何形状，如直线、正方形、圆、三角形等的广泛应用。尽管组合变化可以多种多样千变万化，仍有规律可循。西方造园既然刻意追求形式美，就不可能违反形式美的法则，因此，园内的各组成要素都不能脱离整体，而必须将一种确定的形状和大小镶嵌在某个确定的部位，于是便显现出一种符合规律的必然性。

2. 西方园林中的清晰明确、井然有序之美

西方园林主从分明，重点突出，各部分关系明确、肯定，边界和空间范围一目了然，空间序列段落分明，给人以秩序井然和清晰明确的印象。遵循形式美的法则显示出一种规律性和必然性，而但凡规律性的东西都会给人以清晰的秩序感。另外，西方人擅长逻辑思维，对事物习惯于用分析的方法以揭示其本质，这种社会意识形态大大影响了人们的审美习惯和观念。

3. 西方园林中的人工美

西方美学著作中虽也提到了自然美，但他们认为自然美本身是有缺陷的，非经过人工的改造，便达不到完美的境地，也就是说自然美本身并不具备独立的审美意义。任何自然界的事物都是自在的，没有自觉的心灵灌注生命和主题的观念性的统一于一些差异并立的部分，因而，便见不到理想美的特征。所以自然美必然存在缺陷，不可能升华为艺术美。而园林是人工创造的，理应按照人的意志加以改造，才能达到完美的境地。从现象看西方造园主要是立足于用人工方法改变其自然状态。西方园林造园材质从砖石到植物大都经过人力加工成理想的形状，突出了人对自然的改造，用规整的阵列和几何形状作为基本的造园布局，加上地广人稀的生存模式，使得西式园林整体上在中轴对称控制下呈现出开阔的视野与恢宏的气势。

西式园林在注重外在几何秩序的形式美感的同时，更注重园林的功能性，以人为本，很早就有了功能明确的剧场、廊架、泳池等户外娱乐游憩场所，充分体现人类活动一切为人服务的世界观。

第二章　园林绿地规划

第一节　园林绿地系统

一、概念

园林绿地是建设现代化城市的重要组成部分。绿地系统是各种类型和规模的园林绿地所构成的生态网络体系，是城乡和区域总体建设规划中的重要组成部分之一。根据规划任务，人口社会经济现状和历史文化资源（植物）、土壤地形、气候等自然条件，以及与周边用地的关系等，研究现状特点，发展趋势，确定绿地的类别、面积和结构布局，组成一个完整的绿色网络系统，并与城乡和区域总体规划的其他部分密切配合，取得协调。绿地系统可分为区域绿地系统（如长江三角洲、太湖风景名胜区）、城市绿地系统、城镇绿地系统和公园绿地系统四个层次。

二、发展简史

古代的园林主要属于皇室、贵族、僧侣、富豪所有，供少数人游乐、狩猎之用。规模较大的园林大多分布于城市外缘，数量少，分布不匀，对城市环境影响不大。产业革命后，工业国家城市人口不断增加，环境日益恶化。在这种状况下，英国王室首先开放了一些皇家园林供公众享用。1858 年，美国纽约创建了世界上最早的公园之一——中央公园。一些著名的社会改革者和热心公益的活动家、科学家和工程师纷纷从事改善城市环境的活动。他们把发展城市园林绿地作为改造城市物质环境的手段，主张增大绿地面积，形成体系，使城市具有田园般的优美环境。1892 年，美国风景建筑师 F · L · 奥姆斯特德编制了波士顿的城市园林绿地系统方案，把公园、滨河绿地、林荫道连接起来。1898 年，英国 E · 霍华德提出了“田园城市”理论。在霍华德思想的影响下，以后又出现了有关新城和绿带的理论（见新城建设运动、绿带、楔形绿地）。科学家也开展了植物对环境保护作用的研究，使城市园林绿地系统的理论有了科学基础。

三、主要作用

从生态学、环境心理学和环境美学等方面看，绿地主要有两方面的作用。

（一）净化空气，提高环境质量

植物通过光合作用，吸收空气中的二氧化碳，释放氧气，能提高空气的含氧量。植物的根部吸收水分，通过叶片蒸发到空气中，可以提高空气湿度。某些植物能够吸收工厂排放的有害气体，从而降低空气中的有害物质含量；某些植物能够分泌杀菌物质，有助于降低空气的含菌量。植物枝叶可以滞留、过滤空气中的尘粒，起到净化空气的作用。植物吸收一部分太阳辐射热和通过浓荫的覆盖降低地面的热辐射，造成局部地区的温度较低，而周围地区温度较高，这样便会因温差而形成空气对流，可以改善小气候。此外，林带还有降低噪声的作用。

（二）美化环境，满足精神需要

以各类建筑物为主体的城市空间环境，使人感到单调和枯燥。植物以其纷繁的品种、色彩、线条、造型，丰富城市景观，有利于缓解人们心理上的压力。将各类植物穿插布置在建筑之间和建筑周围，既可冲淡单调、枯燥的人工化气氛，又可烘托建筑的个性，构成人工和自然相融合的空间环境。

第二节　园林绿地规划体系

一、相关概念

（一）绿地系统规划

绿地系统规划是为了满足城市未来发展的需要，确定城市规划内各类绿地的类型、指标、规模、用地范围、植物种类和群落结构，合理安排各类绿地的布局，使各类绿地搭配合理、结构完善，进而达到改善城市生态环境、满足市民户外游憩需求和创造优美的城市景观的目的。绿地系统规划对城市园林绿化未来建设和管理进行了一系列的指导，决定了城市未来园林绿化的发展、规模和面貌，规划的目标是要建立一个生态化、人文化、系统化以及网络化的绿色系统。

（二）生态园林城市绿地系统

生态园林城市是中国新的机遇和挑战。在高标准的生态园林城市要求下，由各类型、规模的绿地组成的城市绿地系统规划应具备可持续发展化、生态园林化、地方特色化的特点，更应该体现对城市新需求和新问题的响应。以生态园林城市为导向的城市绿地系统应该具备美化环境、改善和恢复生态、服务社会的综合功能。城市绿地能够体现城市特色，在城市景观中，起着决定性的作用。

绿地系统可以美化环境，城市可以通过植物创造整洁美观的城市环境，形成富有季节和空间的变化性、色彩丰富的城市环境。绿色植物为城市增添了活力，植物的四季变化可以成为城市的风景线。同时，绿地系统要素可以体现出特有的美感，可以增加城市的景观艺术效果，布置在城市的各个区域之间，衬托出城市各种建筑和其他景观，共同构成城市的景观特点。城市绿地可以从城市空间布局、城市发展形态、植物色彩、风格等方面体现出与众不同的特色。

二、城市园林绿地规划内涵

中国城市园林艺术的最高境界是“虽由人作，宛自天开”，讲究自然天成，不露人工斧凿的痕迹。城市园林绿地规划内涵的最大特点是一切要按照自然美的规律来进行，这与西方园林一切按几何数学原则来造景的方法不同。城市园林少不了花草树木、建筑、山水，其中，花草树木最富有生命力和形象美，颜色最为自然、明丽，在中国传统文化理念中，许多花草树木被赋予了特殊含义，提高了园林景观的审美价值。建筑在东西方园林中扮演的角色完全不同，在西方园林布局中，建筑占有主导地位，园林只是建筑的延伸部分，推动了园林“建筑化”，因此，西方园林与建筑无法相互渗透。

在中国，建筑是园林内部的景物，园林设计能够巧妙地使花草树木、山石流水渗透或者映衬到建筑中，建筑设计会随高就低，因山就势，使建筑景观与自然融为一体。此外，山在中国园林里是永恒与稳定的象征，如果园林规模比较大，就会用土山做主山，将山石用于重点部位，使之成为“山骨”；如果园林规模比较小，就要全部用山石堆叠造景，表现出自然山的局部，在山石旁边栽种适宜的花草树木，如用兰花和翠竹营造“竹石兰”的美景。水在园林里是智慧和廉洁的象征，水从山泉流出可以形成“清泉石上流”的美感，水流再通过曲折的溪涧最后汇成清澈的小池，池塘里栽种着美丽的莲花和其他水生植物以营造“水上花园”景观；同时，会在池塘里饲养各色金鱼和各种水禽（如鸭子、天鹅、白鹭、鸳鸯等），使园林更有生命力。此外，中国城市园林的特色还在于园路要“曲径通幽”，将建筑分散在自然要素之中，与自然的景物（特别是花草树木）交织在一起。园中的主要建筑往往和花木形成映衬，和主山池相对，使园林景色更加具有自然美。

三、园林绿地系统规划的要求

1. 根据当地条件，确定城市园林绿地系统规划的原则；

2. 选择和合理布局城市各项园林绿地，确定其位置、性质、范围、面积；

3. 根据经济计划、生产和生活水平及城市发展规模，研究本城市园林绿地建设的发展速度与水平，拟定城市绿地分期达到的各项指标；

4. 提出城市园林绿地系统的调整、充实、改造、提高的设想，提出园林绿地分期建设及重要修建项目的实施计划，以及划出需要控制和保留的绿化用地；

5. 编制城市园林绿地系统规划的图纸和文件；

6. 对于重点的公共绿地，还可以根据实际工作需要提出示意图和规划方案，或提出重点绿地的设计任务书，内容包括绿地的性质、位置、周围环境、服务对象、估计游人量、布局形式、艺术风格、主要设施的项目与规模、建设年限等，作为绿地详细规划的依据。

三、城市园林绿地系统规划的原则

1. 城市园林绿地规划应结合城市其他组成部分的规划，综合考虑，统筹安排。如城市规模大小、性质、人口数量、工业企业的性质、规模、数量、位置、公共建筑、居住区的位置、道路交通运输条件、城市水系、地上、地下管线工程的配合等。

2. 城市园林绿地规划，必须从实际出发，结合当地特点，因地制宜。不同地区的城市自然条件差异很大，城市的绿化基础、习惯、特点也各不相同，各城市不可结合现有的和可供开发利用的自然风景资源及文物名胜古迹一起考虑。

3. 城市园林绿地系统规划既要有远景目标，又要有近期的安排，做到远近结合。

4. 城市园林绿地的规划与建设，还要考虑建设与经营管理中的经济问题。

四、城市园林绿地规划建设方案

（一）优化城市园林绿地系统

加强城市园林绿地规划建设，首先，要构建完善的园林绿地系统，做好市级公园、区域公园、小区公园、历史性公园、儿童公园、植物园、居住乐园、游乐园、花园、带状公园、生产绿地、街边绿地、居住绿地、交通绿地、公共绿化带和防护绿地的规划工作，确保城市园林能够为市民提供良好的生活环境，提升城市景观审美效果，创设和谐的城市生态环境。

其次，要增强园林绿地系统的综合功能，通过精心栽培适量的绿色植物改善市内环境，优化城市水循环系统与通风系统，调节空气湿度，净化空气中的杂质，涵养水源，改良城市土壤质量，维持城市氧平衡，降低风害与噪声的危害指数。不可忽视的是，城市园林绿地的综合功能与城市的管理制度、传统文化习俗、经济实力、历史事件、自然地理环境与科技发展状况息息相关。因此，在城市园林绿地规划建设工作中，要根据本市的具体情况栽种适宜的植物，规划绿地面积与形状。

最后，园林绿地建设离不开草坪这一分支体系。草坪的定义为“草坪植被，通常是指以禾本科草或者其他质地纤细的植被为覆盖，并以它们大量的根或者匍匐茎充满土壤表层的地被，是由草坪草的地上部分及根系和表土层构成的整体”。在园林绿地草坪修建工作中，要选好草坪草，合理规划草坪的占地面积。所谓的“草坪草”，一般是指适应性较强的矮生科本科草，是能够形成草皮或者草坪，并能耐受定期修剪和人、物使用的一些草本植物品种，也有一些莎草科、豆科、旋花科等非禾本科草类。

（二）优化园林植物造景方案

加强城市园林绿地规划建设，提升绿色植物景观效果，首先，要注重发挥植物造景的实用美，在不同场所配置不同的植物。例如，在城市公园内栽种各种花草树木，为学校和小区种植樱花、睡莲、桂花与含笑花等植物以营造美丽、温馨的空间环境，在城市各广场与路边栽种银杏、女贞、梧桐、柳树、黄杨、雪松等树木，用月季、蝴蝶兰、玫瑰、兰花等花卉做陪衬以形成良好的视觉效果。其次，园林设计师在配置植物景观时，要科学地选择花木，充分利用园内其他景观，综合运用对景和借景的方法使植物造景与城市文化环境融为一体，从而充分体现植物造景的生活美。例如，在山石旁边种植几株翠竹和粉色的芍药以形成映衬与良好的对景效果，借助建筑的镂空图案、门洞、窗洞或者间隙收纳植物景观，营造“框景”意境。最后，要做好露地花卉在园林中的绿化配置。一般来讲，露地花卉是园林中最常用的花卉，具有种类繁多、色彩丰富的特点，在园林中常被配置成花坛、花径、花丛、花群等形式，一些藤蔓性花卉可用以布置柱、廊、篱垣以及棚架等，而园林中的水面则可以采用水生花卉来布置，从而在园林中创造出花团锦簇、荷香拂水、空气清新的景观与绿色环境。

（三）科学栽培露地花卉

目前，露地一二年花卉是城市园林绿地规划建设中至关重要的美化材料，经常用于花坛、花墙、绿岛等区域的布置。其中，一年生花卉大多不耐寒，进入深秋易受霜害；二年生花卉耐寒能力极强，有的能忍受0℃以下的低温，但不耐高温，花卉幼年期较长，苗期要求短日照，在0℃~10℃低温下进行春化，成长过程需长日照，并在短日照下开花，像植物体春化型的风铃草、洋地黄等。科学栽培露地花卉，首先，要做好花卉的繁殖工作，通常，一二年花卉多使用种子繁殖，也可用扦插繁殖，如一串红、牵牛花、彩叶草等。其次，要针对花卉的特性，选用最佳栽培方式，对于虞美人、矢车菊、花菱草等主根明显、须根少、不耐移植的花卉，应采用直播栽培方式，也就是将种子直接播于需要美化的地块。对于万寿菊、郁金香等主根、须根发达又耐移植的花卉，应采用育苗移栽方式。

（四）做好园林树木的栽植管理工作

树木对园林绿地建设起到的绿化作用至关重要，因此，在园林绿地规划建设中，必须全面做好树木栽植工作，营造绿树成荫的环境。通常对于城市园林树木来说，从栽植到成活期这段时期通常需要1个月，但最关键的是前半个月这段时间的护理，在此阶段，城市园林管理人员要做好以下四步工作：

定根水。该项工作是指栽完树苗之后，要立即灌水，注意在栽后24h内浇第一遍水。水一定要浇透，这样才能保持土壤吸足水分，并有助根系与土壤密接，提高树苗成活率。在正常栽植季节，栽植后48h之内必须及时浇第二遍水，第三遍水在第二遍水的3~5d内进行。在高温、干燥季节植树，则需要每天向树苗喷水。

固定支承。对于树干直径大于5cm的树苗，均需要设立支架，绑缚树干进行固定，以防止树干倾倒。

做好树体裹干作业。用草绳、蒲包、苔藓等包裹枝干，可以避免强光直射和干风吹袭，减少水分蒸腾，为幼树保存足量的水分；与此同时，可以调节枝干温度，减少高温和低温对树干的伤害。

科学施肥。园林管理人员应该在一个月之后开始为树苗施肥，薄施一次复合肥或者有机肥，以后每个月最少施一次肥，保证树苗健康成长。

第三节　园林树种的分类与功能

园林树木不仅具有通过光合作用吸收二氧化碳、释放氧气维持城市生态平衡的作用，而且树木浓密的枝叶具备降温、增湿、遮阳、削弱噪声、防风固沙、阻滞粉尘和美化环境等功能。

园林树种的选择是园林绿化过程中的重要环节，通过对特定地域内的绿化树种进行适应性辨识，能够提供一种选择园林树种的基本分类方法，为风景园林绿化的树种选择明确了界定的依据。该研究针对城乡园林绿化树种进行了适应性的定性划分，在实际应用时需经过长期的实践验证，逐步建立和完善适应性植物的基础数据库。后续植物适应性库的建立，便于在选择具体植物种类时更加科学直接、简洁明了地做出判断，极大地提高园林绿化设计水平和效率，使得园林绿化设计、施工、养护等能够得到优化，并充分发挥其在生态、社会和经济方面的综合效益，达到预期的绿化效果，创造更加自然舒适美观的城乡环境。

一、适应性的类型

园林绿化树种的适应性是相对于特定的地域范围而言的，适应性的程度是树种适应性划分的基础和前提条件，可以通过在生长性能（生长势、生活力等）、抗逆性能（抗逆性）和观赏性能（树型、开花结果等）等方面的表现来判断其适应性的程度。根据树种对入植区域适应性程度的表现可将园林绿化树种分为以下三种适应性类型：适应性强、适应性弱和适应性过。

（一）适应性强

一般条件下性状表现良好，与当地物种能互利共生的称为“适应性强”。如南京地区种植的朴树、梧桐、冬青等，其生长发育良好、生命力强，能够自我繁衍，抗逆性较高。

（二）适应性弱

一般条件下性状表现一般，极端条件时性状表现出异常的称为“适应性弱”。如南京地区种植的杜英、金合欢等，其生长发育表现一般，抗逆性差，生态效益和观赏效果差。

（三）适应性过

一般条件下无天敌、无竞争、无干扰等限制因素，只要有适宜条件便极易四处扩张，威胁地域内其他植物的生长空间，以致破坏当地生物多样性的称为“适应性过”。如南京地区种植的刺槐、空心莲子草、一年蓬等，其表现为扩张性强，侵占其他树种的生存空间，给绿化管理带来极大不便。

二、树种适应性划分

在分析园林绿化树种三种适应性类型的基础上，对园林绿化树种适应性类型的划分。乡土树种可分为广义乡土树种与狭义乡土树种两类，均属于适应性强的树种。广义乡土树种是指起源于本地区并天然分布的树种或从外地引入多年且在本土一直生长优良的外来树种，包括本地树种和驯化外来树种；狭义乡土树种仅特指本地树种，即本地区土生土长、天然分布的树种。外来树种是相对于本地树种而言的，指由于人类活动或与人类有关活动的影响，其分布区域重新分配，出现在历史上没有自然存在的地区树种，包括驯化外来树种、归化树种和入侵树种。

（一）适应性强树种

1. 本地树种

本地树种，即自然起源于一特定地域或地区，由人工选择引入的当地固有树种，即土生土长、天然分布于本地域的树种。本地树种能很好地适应当地气候、土壤等自然条件，经自然分布、演替，已成为当地自然生态系统的重要树种，生长发育良好，能代表当地特色，且具有一定“乡土文化”内涵的树种，但不包括一部分经长期引种驯化，已经逐步适应了当地生态环境的外来树种。如南京地区的“南京椴”树、柞木、枫香树、栓皮栎、榔榆、赤杨、黄檀、宝华玉兰等，特征表现为长势良好、较强地适应地方环境、养护管理简易、生态和景观效果较佳。这类本地树种具有以下几方面的特点：

①对当地极端温度、洪涝干旱、病虫害等极端环境条件具有极强的适应性和抵抗性；

②性状表现优秀，地域特色强，易于养护；

③对当地生物多样性有积极作用；

④能够产生较高的生态、社会和经济效益。

2. 驯化外来树种

驯化外来树种指地域内原来没有分布或栽培，在迁移到地域内，经长期人为引种栽培、选择、繁殖及演替后，已被证明对地域内的自然环境有较强生态适应性、性状表现良好且不形成入侵的外来树种。如苏南地区内引入的雪松、北美鹅掌楸、墨西哥落羽杉、桉树、金叶女贞、广玉兰、三球悬铃木、白皮松、苏铁、棕榈等外来树种，移植后特征表现为长势良好、较为适应当地环境，对极端天气具有一定的承受能力，景观和生态俱佳。这类驯化外来树种具有以下几方面的特点：

①经长期生长发育、自然（人工）选择和演替后对当地极端温度、洪涝干旱、病虫害等具有较好的适应性和抵抗性，但存在遭遇突发灾害性的极端条件造成严重后果的情况；

②性状表现良好，易于养护；

③当地生物多样性影响较小，不形成入侵。

（二）适应性弱树种

适应性弱树种即归化树种，指城乡园林绿化范围内原来没有分布或栽培，在迁移到园林绿化范围内，经自然（人为）选择及演替后，逐步适应新环境并趋于野生，对区域内有较弱生态适应性且不形成入侵的外来树种。如江苏地区引入的杜英、金合欢、乐昌含笑等树种，移植一段时间后特征表现为长势一般、对不良气候条件和病虫害缺乏足够抵抗能力、性状表现较不稳定。这类适应性弱树种具有以下特点：

①经长期生长发育、自然（人工）选择和演替后对当地极端温度、洪涝干旱、病虫害等具有一定适应性和抵抗性，但适应性和抵抗性较弱，存在同一地区的不同环境下长势差异大、对极端条件应对能力差等情况；

②性状表现不稳定，养护存在困难；

③当地生物多样性影响较小，不形成入侵。

（三）适应性过树种

适应性过树种即入侵树种，是指外来树种在引入城乡园林绿化范围后，因缺少天敌、环境适宜等原因建立种群并自然扩展种群规模，使当地生态失衡，对本土植物产生威胁，表现为“适应性过”的树种。树种的入侵性是指树种经繁殖、扩散后，进入特定生态环境（适宜条件）的生物学特性，入侵树种对该生境会产生一定的影响 。南京地区引入的部分木本和草本植物，如刺槐、落葵薯、曼陀罗、水茄、五叶地锦、空心莲子草、一年蓬、凤眼莲、大花金鸡菊等呈现入侵性，其表现特征为生长发育旺盛、强，大量繁殖扩张、影响当地生物和景观多样性、养护管理困难。

这类适应性过树种具有以下特点：

①引入区域无天敌、竞争、干扰等限制因素；

②自繁速度打破自身局限，中间竞争过强，致使区域内本地树种没有生存空间，且有扩张趋势，难以管理，造成巨大经济损失；

③威胁地域内动植物生存，使当地生物多样性和生态系统的稳定性降低。

三、树种在园林绿化中的配置模式

（一）单株种植模式

为了进一步彰显树种卓越的观赏效果，在城市园林绿化的过程中，通常会引入单株种植技术。一般是将形态、花卉、果实、颜色秀美奇特的树种，单独栽种在花坛中心地带及景观门口的两侧，具有代表性的单株树种如海棠树、石榴树等。

（二）列植、丛植模式

树种可应用于道路绿化、湖畔造景中，一般采用列植模式。列植的树种也很丰富，如桃树、柑橘树、枇杷树等。进行列植时要科学规范地设计出树木间的有效距离。此外，为了展现树种独特的风韵，可多引入两种树种或以多种树种相结合的方式进行丛植，从而形成颇为美观的树丛。丛植在草坪的中心、院落、假山等区域的使用频率较高。

（三）林植、群植模式

园林林植、群植应按照统一规划标准，按一定行距成片栽种。在栽种的时候应选择土地肥沃、气候适宜、面积开阔的场地，如公园、风景区等。

第四节　园林树种的内容和原则

一、树种在园林绿化中的应用价值

（一）丰富园林植物资源

园林是自然生态系统的一个重要构成元素，在保护生物多样性方面具有非常重要的价值。众所周知，构成单一的植物族群非常容易发生病虫害，有的植物族群甚至会在病虫害中灭亡。在园林护理的过程中，经常会引入化学处理方法消除病虫害，但大量化学物质的残留，会严重危害生态环境，危害生命健康。因此，在园林绿化中可引入多种树种，增加树种种类，使园林资源更加丰富，并防止病虫害的大范围发生。

（二）提升园林景观的观赏性

树种种类繁多、造型各异，花期、果实丰富多样，因此，要因地制宜，有效配置，合理引入树种到园林绿化中。这样既可以丰富园林景观的植物类型，又可以创造出自然的生态景观，提高园林的观赏价值，吸引游客的眼球，为城市经济创收和园林绿化事业做出贡献。

二、园林树种选择的原则

（一）以乡土树种为主，实行适地适树与引入外来树种相结合

积极引入一些适应本地气候条件的外来树木品种，就是扩大树源增加树木品种的重要途径。因此，在树木品种的选择中，在以乡土树种为主的前提下，大量引入外地树木品种，才能更好地筛选出优良的园林树木品种来。

（二）以主要树种为主，主要树种与一般树种相结合

在长期的应用实践中，经过人工筛选，总会出现一批适应性强、优良性状明显、抗逆性好的主要树种。这些树种就是园林绿化的骨干与基础，就是经过长期选择的宝贵财富。在生产中，除了大量应用这些树种外，还要经过选择应用一般树种，只有这样的结合，才能丰富品种，稳定树木结构，增强城市的地域特色与园林特色。

（三）以抗逆性强的树种为主树木的功能性与观赏性相结合

抗逆性强就是指抗病虫害、耐瘠薄、适应性强的树种，选用这种树木作为城市的主体树种，无疑会增强城市的绿化效益。但抗逆性强的树种，不一定在树势、姿态、叶色、花期等方面都很理想。为此，在大量选择抗逆性强的树种的同时，还要选择那些树干通直、树姿端庄、树体优美、枝繁叶茂、冠大荫浓、花艳芳香的树种，加以配置，只有这样才能形成千姿百态、五彩缤纷的绿化效果。

（四）以落叶乔木为主，实行落叶乔木与常绿乔木相结合，乔木与灌木相结合

城市绿化的主体应该就是落叶乔木，只有这样才能起到防护功能、美化城市与形成特色的作用。在园林树种的选择中，应以落叶乔木作为主体，占有优势。在北方城市，选择落叶乔木更有利于漫长冬季的采光与地面增温。此外，为了减少某些落叶乔木产生的飞絮污染，在选择这类树种（如杨、柳、桑等）时，要注意选择雄株。当然为了创造多彩的园林景观，适量地选择常绿乔木就是非常必要的，尤其对于冬季景观更为重要。但常绿乔木所占比例，应控制在20%以下；否则，不利于绿化功能与作用的发挥。实行落叶乔木与常绿乔木相结合，乔木与灌木相结合。适量地选择落叶灌木与常绿灌木就是十分重要，因为灌木不仅能增加绿化量还能起到增加绿化层次与美化、彩化的作用。

（五）以速生树种为主，实行速生树种与长寿树种相结合

北方地区，由于冬季漫长，植物生长期短，选择速生树种会在短期内形成绿化效果，尤其是街道绿化。长寿树种树龄长，但生长缓慢，短期内不能形成绿化效果。所以在不同的园林绿地中，因地制宜地选择不同类型的树种是必要的。在街道中，应选择速生、耐修剪、易移植的树种；在游园、公园、庭院的绿地中，应选择长寿树种。当然，速生树种与长寿树种相互结合当地配置，是园林绿化的主要方向。速生树种有易老早衰的问题，可通过树冠更新复壮与实生苗育种的办法加以解决。在园林树种选择中，还要注意选择根深、抗风力强、无毒、无臭、无飞絮、无花果污染的优良树种。但一个好的园林树种的优点都就是相对的。选择的目的，就是不断把具有优良性状的树种选出来，淘汰那些生长不良、抗性较差、绿化美化效果不良的树种。

三、树种在园林绿化中的应用形式

树种还具备实现经济效益的价值和功用，其花、叶、果实、根、茎、种子等基本上都可以用来入药、做膳食，也可作为工业原料，如沙棘树就可用作日化原料、工业原料及食品、保健品原料等。树种的用途颇广，可以用于城市绿化、乡村绿化、观光果园绿化等。此外，为了发展旅游业，推动区域经济的发展，园林绿化工程开始利用开启“采摘文化”“茶韵文化”等多种文化模式，在这个维度上逐渐打造文化品位效应，进行经济创收，实现园林绿化目标，推进城市生态文明建设进程。

（一）公园绿化

随着我国经济的发展，人们对于休闲观光的生活需求也越来越高，公园已经成为市民和游客休憩、观光、娱乐等的重要场地。现有公园绿化设计较为随性，在公园绿化工作开启的过程中，可根据各地的气候特点、土壤特点引入不同种类的树种，并依照其叶和果实的形状和颜色等因素来开启造景设计，观赏性极强，能引起人们的兴趣，使当地市民及游客都流连忘返。树种种类繁多，包括杨梅树、苹果树、橘树、白梨树、杏树、枇杷树、海棠树、枣树等。

公园绿化栽植的树种要与公园内的设施以及城市文化氛围相契合，树种与栽植方式要依据当地的气候条件、自然环境、土壤因素等进行选择。如为了烘托氛围，桃树要栽种在桥边或者河畔，周围围绕着稠密茂盛的垂柳，可以营造出“逃之夭夭，灼灼其华”“落花流水”“春风知别苦，不遣柳条青”等意境；梨树可以在草坪上种植，再引入各种假山、石头、奇珍异草，给人以梦幻般的“千树万树梨花开”的如同置身于仙境的奇妙感觉。在栽种树种时，可以片植成林的方式栽种，之后可以用具有文化气韵的名字命名，如“桃林”“梅园”等；可在公园一角栽植成片的柿树，秋季串串果实成熟，像是一盏盏红灯笼挂在枝头，呈现出一片丰收的盛况，使人赏心悦目，再附以草坪、花卉等，可以打造出异常闲适、唯美主义风格的田园风光。

（二）乡村美化树种

树种在乡村美化中占据着重要的地位。树种在乡村的种植过程中，主要是利用其独特、丰厚的果品资源，结合旅游开发项目，在为乡村获得经济利益的同时，也可以改善乡村的生态环境。例如，在我国甘肃省临泽县，当地农民在田间地头广泛栽植枣树，到了秋季红枣成熟的时候，风景格外美丽，吸引了大量游客来游览观光。游客在采摘鲜枣、品尝绿色果实美味的同时，还可以在农家驻足，领略枣乡的自然风光，其乐无穷。因此，要从地域特点出发，在不同的地域栽种不同类型的树种。这种绿化工程建设既可以促进乡村旅游业的发展，还可以为乡村绿化事业做出贡献，实现乡村的经济创收。

（三）庭院绿化

随着我国绿化事业的快速发展，庭院开始规模化地栽植树种。近些年来，我国城市庭院多数以垂柳、榆树作为主要绿化植物。随着现代人们审美意识的提升，人们对于具有生态性的庭院绿地的需求越来越强烈，因此，城市住宅区绿化建筑引入了屋顶绿化、生态围墙绿化建筑模式，树种作为庭院绿化的首选植物，在庭院绿化过程中占据着重要的比例。

第三章　园林设计

第一节　园林设计概述

一、园林设计概念

（一）园林设计的定义

园林设计是研究运用艺术与技术方法处理自然、建筑和人类活动间的复杂关系，以达到自然和谐、生态良好、景色如画之境界的一门学科。具体地讲，园林设计就是在一定的地域范围内，运用园林艺术和工程技术手段，通过改造地形（或进一步筑山、叠石、理水）、种植树木、花草，营造建筑和布置园路等途径创作而建成的美的自然环境和生活、游憩境域的过程。它包括文学、艺术、生物、生态、工程、建筑等诸多领域，同时又要求综合各学科的知识统一于园林艺术之中。园林设计的最终目的是要创造出景色如画、环境舒适、健康文明的游憩境域。一方面，园林是反映社会意识形态的空间艺术，园林要满足人们精神文明的需要；另一方面，园林又是社会的物质福利事业，是现实生活的实景，所以，还要满足人们良好休息、娱乐的物质文明的需要。

（二）设计理念

园林设计与中国传统文化关系密切，体现了传统文化天人合一的精神内涵，表达了人与自然和谐相处的意蕴。以苏州园林为代表，园林设计讲究多种技巧，而整体理念始终一贯，即人与环境的和谐。

（三）园林设计的依据与原则

1. 科学依据

在任何园林设计过程中，要依据有关的科学原理和技术要求。如在建造园林前，设计者必须详细了解公园所在地的水文、地质、地貌、土壤状况，这些科学依据既可为园林的地形改造、水体设计等提供物质基础，又可避免在建造中产生水体漏水、土方塌陷等工程事故。同时，在种植各种花草、树木时，也要根据植物的生长要求，生物学特征以及不同植物的喜阳、耐阴、耐旱、怕涝等生态习性进行配植。所以园林设计的首要问题是要有坚实的科学依据。

2. 社会需要

园林属于上层建筑范畴，它要反映社会的意识形态，为广大人民群众的精神与物质文明建设服务。所以园林设计要体察广大人民群众的心态，了解他们对公园开展活动的要求，以满足不同年龄、不同兴趣爱好、不同文化层次游人的需要。

3. 功能要求

园林设计要根据广大群众的审美要求、活动规律、功能要求等方面的内容，创造出景色优美、环境卫生、情趣健康、舒适方便的园林空间。因此，园林空间应当富于诗情画意，处处茂林修竹、绿草如茵、繁花似锦、山清水秀、鸟语花香，令人流连忘返。园林设计的原则“适用、经济、美观”是园林设计必须遵循的原则。园林有较强的综合性，所以要求做到适用、经济、美观三者之间的辩证统一，三者之间相互依存、不可分割。

园林设计首先要考虑“适用”的问题。所谓“适用”，一层意思是“因地制宜”，具有一定的科学性；另一层意思是园林的功能适合于服务对象，即使是在建造帝王宫苑颐和园与圆明园时，也要考虑因地制宜。如颐和园原先的瓮山和瓮湖已具备大山、大水的骨架，经过地形整理，仿照杭州西湖，建成了以万寿山、昆明湖为山水骨架，佛香阁为全园构图中心，主景突出的自然山水园。其次，园林设计要在考虑是否“适用”的前提下，考虑“经济”问题。实际上，正确的选址，因地制宜、巧于因借，本身就减少了大量投资，也解决了部分的经济问题。经济问题的实质，就是如何做到“事半功倍”，尽量在投资少的情况下办好事。再次，在“适用”“经济”的前提下，尽可能地做到“美观”，即满足园林布局、造景的艺术要求。在某些特定条件下，美观要求可处于最重要的地位。实质上，美和美感本身就是一个“适用”，也就是它的观赏价值。总之，在园林设计过程中，“适用、经济、美观”三者之间并不是孤立的，而是紧密联系不可分割的整体。

4. 园林设计八忌

（1）忌追求高档，豪华，远离自然，违背自然；

（2）忌盲目模仿，照搬照抄，缺乏个性；

（3）忌缺乏人文关怀，不顾人的需要；

（4）忌只注重视觉上的宏伟、气派、高贵及堂皇的形式美，而不顾工程的投资及日后的管理成本；

（5）忌忽视与当地环境的和谐统一，破坏整体的生态环境；

（6）忌对园林植物随意配置；

（7）忌只注重一种植物，忽视园林植物配置的多样性；

（8）忌只注明园林植物的种类，不明确具体品种和规格；

二、园林设计方法与问题

（一）园林设计方法

1. 轴线法

一般轴线法的设计特点是由纵横 2 条相互垂直的直线组成，控制全园布局构图的“十字架”，再由两主轴线再派生出若干次要的轴线，或相互垂直，或成放射状分布，一般左右对称，图案性十分强烈。轴线法设计的规则式园林最适合于大型、庄重气氛的帝王宫苑、纪念性园林、广场园林等，如中国故宫内的御花园、印度泰姬陵等园林设计精品。北京紫禁城的御花园位于紫禁城中轴线的尽端，设计者将它的中轴线和故宫的轴线重合。建筑布局按照宫苑模式，主次分明、左右对称，园路布置亦是纵横规整的几何式，山、池、花木在规则、对称的前提下有所变化，其总体设计于严整中又富于变化，显示了皇家园林的气派，又具有浓郁的园林气氛。

2. 山水法

东方园林，以中国古典园林为代表的自然山水园可以说是山水法设计的典范。山水法的园林设计特点，就是把自然景色和人工造园艺术，包括园林五大要素的改造巧妙地结合，达到“虽由人作，宛自天开”的效果。山水法园林设计“巧于因借”“精在合宜”。一是借景可分园内借和园外借；二是凡是人的视线所及，必须做到收进关好能成景的形象。如颐和园西边的玉泉山、玉泉塔，远看好像在园内，为颐和园的组成部分，可实际距离相隔约 1km；再如承德避暑山庄附近的磬锤峰，专为观赏日落前后的借景，这些借景，均起到为园林增辉添彩的作用。

3. 综合法

所谓综合法是介于绝对轴线法、对称法和自然山水法之间的园林设计方法，又称混合式园林。由于东西方文化的长期交流，相互取长补短，使园林设计方法更加灵活多样，逐渐地形成现代中国自然山水园的风格。

（二）园林设计中存在的一些问题

1. 设计者职业道德缺失，过度追求利益，忽略了园林设计的长远性、实际性

从最初的植物栽植到稳定的植物群落组成，园林设计其实是一个动态的过程，这就要求设计者在进行设计时，一定要综合考虑当地的地形、地貌、周边环境以及当地的历史文化特色等，切忌盲目设计，闭门造车。然而，当前有些设计者缺乏基本的职业素质，

不以业主的要求为出发点，不考虑当地的经济和环境条件，一味追求奢侈豪华，植物配置必有古木大树和大草坪，理水必有喷泉，铺装必有大理石等等，尽管在初期起到了整齐、壮观的震撼效果。但是因为缺乏生命力，不能彰显自己的个性特色，使得这种设计只能昙花一现，时间一长，就暴露出各种问题。

2. 设计理念出现偏差，过度追求猎奇的世俗化、潮流化

近年来，欧风、日风开始席卷中国园林设计领域。大家经常可以看到，一个小小的园林绿地却容纳了以水、常绿植物、柱廊为基本要素的欧洲园林和以山水庭为特色的日本园林。诚然，欧洲园林和日本园林都有其各自的风格和精华之处，但是不分场地大小，不根据当地的文化历史背景，一味追求猎奇，过分堆砌，反倒将潮流化变为世俗化。

3. 园林植物随意配置，忽略了配置的多样性

植物是有生命的个体，园林植物为园林设计注入了血液。植物本身的生命美、色彩美、姿态美、风韵美、人格化以及多样性的特征，极大地增加了设计的艺术性和层次感。园林景观效果和艺术水平的高低，很大程度上取决于园林植物的配置和选择。园林植物运用得当，对于园林设计无异于锦上添花；运用不当，则画蛇添足。结合我们身边的实际案例，不难发现，有部分设计在植物的配置方面不够专业，出现了以下问题：忽略对植物具体品种和规格的要求；或注重平面绿化，或注重立体绿化，忽略二者的结合；忽略彩叶树种和常绿树钟的配置。

4. 园林设计缺乏人文关怀，忽视了人的需求和多样化的审美情趣

园林景观是人化的自然，园林其实是一种被动艺术，随时接受游人的观瞻、评说和品位。设计过程中出现的那些硬质铺装的大广场，空间足够宽敞，但是由于缺乏一些功能性设计，比如供休憩的座椅、可以遮阴的树木等，使得该设计大而不实，游离于人的需求之外。还有些园林小品的设计，缺乏与人们的沟通，或过于抽象，人们难于理解表达的深意；或设计的内容和形式深度不够、缺乏创新，与当地文化、历史不统一，造成人们心理上的割裂感。以人为本成了商业炒作的噱头或当作宣传的一句空口号。

5. 园林设计过于注重改造自然，忽略了对生态环境的保护

在中国人的意识中，“天人合一”为最高境界，人本自然是园林设计的精髓。园林设计中的筑山、叠石、理水、营造建筑和布置园路，难免会对自然环境和生态环境进行一定的改造和破坏。但是过于追求大手笔大动作，开山劈石，挖河注水，或是用乔木、灌木、草木、地被大肆配置复层结构模式，提高绿量，标榜所谓的“生态园林”，所有这些都出于控制自然的理念，违背了师从自然、改造自然、归于自然的原则，势必功亏一篑。

（三）对园林设计的几点反思

1. 设计者应提高自身修养，加强职业道德，以认真负责的态度，平和宁静的心态来对待设计

设计者既要继承中国传统园林的文化精髓，又要学习国外园林的精华，理解角色定位，坚守心灵净土，摒弃市场化、利益化、浮夸化、形式化，恪守职业情操，紧跟时代步伐，一切以自然、生态、人的需求为设计的出发点，设计出令人们满意的作品。

2. 园林设计应坚持因地制宜、经济适用的原则

欧洲园林以规则和对称为其特征，中国园林则以自然、淳朴为其特色。园林设计中的因地制宜原则就是根据当地的自然地貌，因山势、就水形，达到景自境出，并结合当地的文化历史背景，确立主题。与颐和园毗邻的圆明园，原先的地貌是自然喷泉遍布，河流纵横。圆明园根据原地形和分期建设的情况，建成平面构图上以福海为中心的集锦式的自然山水园。由于因地制宜，适合于各自原地形的状况，从而创造出了各具特色的园林佳作。

3. 园林设计应遵循科学依据

园林设计关系的科学技术的方面很多，有水利、土方工程技术方面的，有建筑科学技术方面的，有园林植物、动物方面的生物科学问题，各个方面都有严格的规范要求。种植花草树木，要根据植物的生长要求，生物学特性，根据不同植物的喜阳、耐阴、耐旱、怕涝等不同的生态习性，根据植物的花期、色相、姿态等进行合理配置。

4. 园林设计应正确定位，以人为本，体现对普通人的关怀

园林设计的最终目的就是要创造出和谐完美、生态良好、景色如画的游憩境域，既满足人们精神文明的需要，又满足人们良好休息、娱乐的物质文明需要。因此，园林设计应体察广大人民群众的心态，了解他们的审美需求、活动规律、功能要求，正确定位，以人为本，面向大众，创造出满足不同文化层次、不同年龄阶段、不同爱好的游人的需要的作品，确保形式服从功能，功能体现人情味。

5. 园林设计应遵循与当地环境和谐统一的原则，保护生态环境

设计者不能跳出当地环境，孤立地进行设计；也不能违背立地条件，大刀阔斧地改造自然。生态主义设计意味着在现有的知识和技术条件下，人为过程与生态过程相协调，将对环境的破坏降到最小。以生态学的原理与实践为依据，将是园林设计发展的趋势，并应贯穿整个设计过程的始终。只有应用生态平衡原则创建的生态系统才可能稳定，绿地系统与自然地形地貌才能协调，群落结构才能稳定。

（四）植物配置

不论是何种工程类型，在利用植物进行园林设计时，都必须明确各自的设计目的，然后根据需要和实际条件合理选取和组织所需植物。园林设计在取舍植物时要考虑以下几个要点：

1. 初步设计要考虑不同规格植物的科学搭配

首先，要确立大中规格乔木的位置，这是因为植物的配置，特别是大中规格乔木的配置将会对园林设计的整体结构和景观效果产生很大影响，较矮小的植物只是在较大植物所构成的结构中发挥更具人格化的细腻装饰作用。

2. 园林设计布局要着眼于植物品种的合理组合

选用落叶植物时，首先，要考虑其所具有的可变因素，使其通过植物品种的合理搭配产生独特的效果。选用针叶常绿植物时，必须坚持"适地适树、因地制宜"的原则，在不同的地方群植以免过于分散。在一个园林设计布局中，落叶植物和针叶常绿植物的使用，应保持一定比例和平衡关系，后者所占的比例应小于前者。也可将两种植物有效组合，使之在视觉上相互补充。

3. 园林设计布局要考虑植物的色彩因素及叶丛类型

叶丛类型可以影响一个园林设计的季节交替关系，以及可观赏性和协调性。在园林设计中，植物配置的色彩组合与其他观赏性相协调，可起到突出植物的尺度和形态的作用。在处理设计所需要的色彩时，应以中间绿色为主、其他色调为辅。而在一年四季的植物色彩配置方面，要多考虑夏季和冬季的植物色彩，因为这两个季节在一年中占据的时间较长。假如在布局中使用夏季为绿色的植物作为基调，那么绚丽的花色能为一个布局增添活力和兴奋感，同时也能吸引观赏者注意设计的某一重点景致。

4. 园林设计要考虑植物质地条件

在一个理想的园林设计中，粗壮型、中粗型及细小型三种不同类型的植物应按比例大小均衡搭配使用。质地条件不满足，园林设计也会显得杂乱无章。

5. 园林设计布局要合理选择植物的种类或确定其名称

在选取和布置乔灌木、花草、竹类等植物时，应有一种普通种类的植物，并以其数量优势而占主导地位，从而确保园林设计布局的统一性。

第二节 园林轴线设计

一、轴线的基本理论

（一）轴线的起源

在早期的园林景观设计中就可看到对称手法的运用，它比轴线更早被大家所了解和应用，所以要找到轴线的起源需要从对称入手。轴线作为对称与旋转的中心线，在自然界的物质要素和社会现象中普遍存在。有些轴线是能够被人们直接看到的，而有些却是隐现的，不能被直接看见；有些是固定的、死的，有些是动态的、活的。轴线在园林空间中起到联结的功能，也就是将各个组成要素串联起来。任何事物都是有因果来源的，轴线能够成为园林景观设计中的经典手法，并在园林中被广泛关注和运用，究其原因，主要有四点：

1. 对自然界的模仿

人类获取意象的源泉是自然界及宇宙中包罗万象的事物，作为主体的人类对自然客体做出最基本的反应，模仿的方式就这样产生了。在人类早期的岩画“作品”中，我们可看到他们自身的形象，模仿的昆虫、野兽。据资料记载，艺术起源于人类模仿的本能很早就被古希腊的哲学家发现了。自然界中所有形式的产生都是源自它本身。生活在原始社会的人类只是本能地按照在社会活动中感觉到的秩序来认识世界，但是他们并不知道产生的原因。其实，形成秩序的最基本、最普遍的方式就是对称，无论是天上飞的还是地上跑的，无论是外在形式还是内在结构，对称都随处可见。对称使事物变得简单和清晰，易于辨别，而这恰恰是我们的祖先所需要的。

2. 对太阳的崇拜

在原始人类生活的很多地方，都普遍存在一种社会现象，那就是太阳崇拜，轴线的方位是太阳赐予轴线最有意义的地方。太阳永恒不变地东升西落，这让原始人有了最初的方位感，确定了东南西北这四个方向，从而使这个世界上的所有活动都有序地进行。太阳的东升西落、四季的重复变幻等现象，在现在看来是极其寻常的，对原始人来说却都是神秘的。他们对世界的认识来源于生活实践，他们知道太阳可给人们带来温暖和光明，但是他们不明白这其中的缘由，容易把它当成神秘的“救世主”。其实，太阳的运动是有规律可循的，它是有方向性的。所以生活中建筑的布局和太阳紧密相关，这是为了满足人们照射阳光的需求，东西向轴线也就由此诞生。南北轴线是在东西轴线的基础上发展而来的。经过一段时间的生活，祖先觉得东西向的建筑夏季炎热、冬季寒冷，居住起来并不舒适。经过摸索，他们最终发现只要旋转 90 度，就可实现理想的居住。由此看来，东西轴线和南北轴线都体现了人类对太阳的崇拜。

3. 对秩序美的向往

由于原始社会中生产力的落后，人们吃的是糟糠之食，住的是不见天日的洞穴，用的是粗糙简陋的器物，毫无美感和秩序可言。这和对称形成的秩序美对比明显。也正是由于他们的日常生活中有序的缺失，才体现出这种构图方式的无限魅力。因而，轴线对称图形堪称是“在迷乱中创造了秩序，在混浊中创造了世界，在黑暗中创造了光明”。原始艺术，如陶器、壁画等，是轴线对称构图的早期灵感源泉，它们有很多相同的特征，如对称、重复等。它们旨在创造一种有序的形态，但是这样的作品一旦形成，可能人类更关注的是它的艺术价值而不是实用性。

4. 对路径概念的借鉴

凯文 · 林奇将路径定义为：“大自然界中的人们时时刻刻通过或者可能通过的道路”。因此，在园林空间中，人们的活动路线是行为和交通方式的双重体现。假如将园林空间分为交通和使用两部分，那么我们可知道前者是其动态组成部分，后者是其静态组成部分。运动和静止两种状态的融合就体现出了园林的本质。由于路径将决定一个人以何种方式体验一座园林，所以可以通过它来感知园林，比如空间的转换、结构的转折等。路径的形式决定着空间的动态效果，轴线能够引导空间形成秩序，加强控制和管理。

（二）轴线的概念

随着社会的发展，轴线的概念越来越广泛，含义越来越丰富，内容也越来越复杂。但是现在关于轴线还没有一个权威的定义，通过资料可查询到的解释，都是在不同的学科领域从不同的角度有所侧重的论述。中国古文献中曾多次提到了“轴”，但是并没有明确的提到“轴线”。“轴”字的第一次出现是在南朝宋文学家鲍照的诗句中，“柂以漕渠，轴以昆岗”。

古代对“轴”解释为：本意是指轮轴；轴，所以持轮者也。可将其引申为杼轴（也作枢轴），也就是织布的器具。《朱子语类》则对“枢轴”的概念进行了更加细致的描述。在《梁思成文集》中，“主要中线”和“中轴线”曾多次被梁先生提及。“平面布局……多座建筑组合而成……主要中线之成立。”

弗朗西斯 · D.K. 钦提出：“空间中的两点相连接形成了一条线，这就是轴线，要素等需要沿着这条线布置。”勒 · 柯布西耶指出：“轴线、圆形、直角都是几何真理，都是我们眼睛能够量度和认识的印象，否则就是偶然的、不正常的、任意的，几何学是人类的语言。”约翰 · O. 西蒙兹提出：“在景观规划设计中，轴线是连接两点或更多点的线性要素。”艾定增指出：“空间轴线是由空间限定物的特征而引起的地理上的空间轴向感。”还有专家提出：“轴线可能是人类最早的现象……刚刚学会走路的小朋友也喜欢沿着轴线走……轴线是建筑中秩序的维持者……轴线是一条导向目标的线。”

二、园林轴线设计

（一）轴线设计类型

偌大的中国景观项目种类繁多，各个项目的现状条件和基地状况也都各不相同。面对复杂的项目背景，我们需要从景观的角度灵活对待，这就衍生了形式各异的轴线类型和组合方式，对这些类型进行一个整体的归纳总结，能够有效地指导今后的园林景观设计。

1. 按数量划分

（1）单轴

单轴是指空间中只有唯一的一条轴线，通过它将园林景观的各个要素和序列串联起来。单轴是园林设计中最简单的类型。齐康教授指出：“单轴是原型意义轴的结构，是纯粹而明晰的线性基准”。这里的线包括三个方面的含义，它们分别是由水体、建筑、植物等实体要素组成的“轴向空间线”，存在于空间的无形“形式控制线”，游人视觉或心理上产生的“感官延续线”。单轴形成的空间往往呈现对称的格局，并且导向性很明显、秩序严谨。然而，纯粹的单轴限定景观要素与空间要素向单一方向发展和延伸，所形成的景观缺乏其他方向上的纵深感，给人以比较单薄的空间感。所以所在实际景观设计过程中，特别是项目规模比较大的，很少只由一条单一轴线贯穿始终，通常会通过转折、偏移、重复等变化手段来适应新的环境。

（2）组合轴

组合轴线是指由若干条依然保留线性状态的单轴组合而成的复杂轴线系统。组合轴主要包括以下六大类型。

①主次轴线

主次轴线通常会有长轴和短轴之分，也就是主要轴线和次要轴线。一般情况下，长轴只有一条，主导整个园林景观空间，形成空间序列；而短轴有若干条，辅助主轴组织附属景观空间，是整个园林的支脉。主次轴线形式能够根据功能与形式的需要，利用主轴与次轴的结合达到总体上“较强的单轴向感”。总体来说，主次轴线相互作用、相互映衬，可以达到突出主体、活泼配景的目的。

②十字轴线

十字轴线是由两条不分主次的轴线垂直相交构成的。两条轴线向不同的垂直方向展开，前后左右都对称的空间形态也就随即形成了。十字轴线在构图上对称、均衡、规整、有序，给人一种庄严肃穆的感觉。在它的交叉点上会形成聚焦空间，吸引人们的视线，因此这个位置一般用来设置主体景观，是园林景观序列中的高潮部分。

③放射轴线

放射轴线是指一条单一轴线以一个核心空间为圆进行有规律的旋转，形成一种具有辐射冲击力的空间形式。设计放射轴线有可能是自身空间构图的需要，也有可能是受外部环境的影响，但它们最终的目的都是为了获得景观空间形式的统一和融合。核心空间在各条轴线的衬托下处于视觉上的主导地位，统领整个活动空间。放射状的布局方式能使总平面在构图上形成强烈的形式美感，从而使各个要素获得形式上的统一。

④平行轴线

平行轴线是利用轴线进行一次或多次平行移动产生若干条轴线，通过这些轴线的组合形成多轴空间形态结构。这些平行的单轴共同构成整体空间，却又相对独立，它们共同的方向和庭势引导园林景观空间形态和观赏视线，形成均衡、稳定、有序的空间特性。

⑤网格轴线

网格轴线是指多组单轴通过平行移动和垂直旋转而形成的网状空间结构。通过这种结构布局平面，可使空间有条理、有秩序。最常见的是网格形式是相互正交、量度相等、方向对称的正方形网格，还可能是 30° 、45° 、60° 的轴网系统，也可能是三向、四向的网格轴线，更有可能是多种网格轴线相互叠加、层层渗透，共同构成园林景观空间。

⑥多轴并置

多轴并置是由多种轴线以多样的方式组合而成的网状系统结构，其中，多种轴线包括主次、十字、平行等，多样的方式包括旋转、并列、交叉等。通过多种轴线的交错关联、叠加复合来营造层次丰富的园林景观空间，从而带给游人步移景异的空间体验。

2. 按感知划分

（1）实轴

实轴是指分布在园林景观空间中的轴线组成要素，呈现一种连续不断的特性。实轴的组成单元能够被人直接感知。实轴作为组织形式的参考线，由各种实体要素组成，如水体、建筑、道路、植物等；此外，景观要素间的对称布局也是形成实轴的一种方式，因为园林景观单位具有同一性的对称轴，可以形成连续而无形的形态基准。

（2）虚轴

在一定的情况下，组成园林景观轴线的要素形态连续性太差，这时候就需要通过游人的视觉和心理来延续这种必要的连续性，由此产生了虚轴。虚轴非常特殊，它更多地表现为观念性轴线。齐康教授曾提出：“虚轴一般出现在两个或多个相距一定距离的群体各组成部分之间，群体要通过轴线关系将部分统一为一个整体，但各部分之间的领域缺乏必要的连续性限定因素，致使各部分之间的轴线关系很弱，这时观者的视觉与心理就会起作用，使各部分之间建立较强的心理联系。”

3. 按形态划分

（1）直轴

直轴是指按照一定的线性基准将各个园林景观要素进行排列形成一种外观形态呈直线状的轴线。在景观设计过程中要充分考虑场地的现状条件和想要表达的氛围来合理利用直轴，否则，因其极端平衡状态容易表现出拘谨、保守、刻板、严肃又缺乏张力的形态。

（2）曲轴

在组织园林空间时，还有一种更加自由的组合方式，那就是在保持整体均衡的前提下，采用不完全对称的形式，将各个要素灵活的沿轴线布置。这样形成的轴线一般都不是直线，而是一条曲折变换的流动曲线，那就是曲轴。曲轴控形态和秩序的能力没有直轴好，结构也比较自由松散。正因如此，曲轴才能营造出灵活多变的空间，使其充满弹性，增强趣味性。

4. 按内涵划分

（1）历史轴线

历史轴线是指以通过轴线形成的景观空间为时空载体，以此来表达某个城市、某个场地等的重要历史文化价值。每个项目场地因其不同的环境背景，在经历历史漫漫发展之后积淀了一些个性化的东西，这就需要景观设计师充分发掘和利用这些场地特征，以历史为轴、历史为脉，创造出既延续场所精神而又焕然一新的景观。

（2）时间轴线

在尊重文化和考虑空间特征的前提下，常常以时间为线索来编排空间轴线。时间虽融入了线性空间，但又不是依附于空间被动存在，它也有自身的行为体系。人们通过回忆，思考，顿悟，想象过去、现在与未来，在运动的过程中超越线性时空，从而产生复杂感知。

（3）纪念轴线

纪念轴线是较为突出的园林轴线之一，常常将时间、人物、历史等内容作为空间单元串联形成完整的纪念性空间序列，用来纪念时间、人物、事件等及它们所代表的伟大精神。

（4）视觉轴线

视觉轴线是指物象刺激过人们的视线之后，我们的思维可将复杂物体进行一种简单、抽象的想象。图形沿着轴线不断延展，动态形式就可以被完善，这样有助于我们景观设计师把握其总体结构状态，领悟其内在序列。作为一门与视觉相关的艺术，它旨在运用多种设计手法来组织景观要素，塑造丰富的空间，让人们得到视觉上的完美体验。

（5）心理轴线

心理轴线是一种臆想中的轴线，它具有暗示、指引等作用。它不仅是思维上的逻辑线，也是心理上的感应线，通过园林景观实体要素的引导与限定来激起人们心理上的共鸣。

（6）生态轴线

以保护环境为主导思想，通过植物、水体等生态要素构成，用展示生态教育、防止水土流失、调控洪水、保护生物多样性的线状或带状景观，就是生态轴线。快速的发展会不可避免地为我国带来很多环境问题，景观破碎化，生态轴线便越来越广泛地应用于景观设计中，为我国的景观环境略尽绵薄之力。

（二）轴线设计要素

在园林景观的规划设计中，各个组成要素既有各自的功能性，又相互组合、相辅相成地构成了统一变化的整体。随着园林设计师对景观各个要素的灵活运用和巧妙组织，景观轴线日渐凸显出其功能和地位，其设计要素与园林六大实体要素相一致，它们通过不同的组合方式和变化手法共同形成了轴线景观空间。

1. 地形

地形是构成任何景观空间的基本骨架，是其他设计要素展开布局的基础。通过对地势因地制宜的调整可形成平坦地形、凸地形、凹地形等进而分隔轴线空间，控制人们的观景视线。这些不同高度和坡度的地形对轴线的营造、加强甚至减弱起到了至关重要的作用，它们可丰富空间序列的变化。同时，地形本身经过艺术化处理也是轴线内一抹亮丽的风景，具有美化空间的作用。此外，地形还可改善轴线空间内的气候条件，如朝南的坡向可增强冬季的阳光。

2. 水体

水是园林的灵魂，自古就有“无水不园”之说，水景的运用可使园林轴线空间充满生机。由于水的千变万化，在组景中常借水之声、形、色及利用水与其他景观要素的对比、衬托和协调来构建富有个性化的园林景观。在轴线空间中，通常将水景布置在空间的中心，也就是视线集中的焦点，从而进一步强化景观序列。

3. 植物

在风景园林的设计过程中，经常借助植物来进行整体构图并建构空间，植物的布局关系对总体景观效果的影响很大。在中轴线空间中，植物设计应和整体格局相统一，灵活运用给人壮观、开阔感的植物群体和有形体、色彩美的植物个体，来形成带给人不同感受的空间。植物还可通过温度和冠幅的变化影响空间感。将植物材料组织起来可引导游人的视线，开辟轴线空间的透景线、加强焦点并安排对景等，如杭州花港观鱼运用了大面积的草坪来提供开阔的视线，同时，草坪在树丛的围合下很好地控制了游人的视线方向。

4. 道路广场

道路是园林的脉络，是联系各景点的纽带；广场是园林道路系统的组成部分，也是道路的结点和休止符；道路广场是轴线各个空间联系的桥梁，也是轴线景观的一个序列。道路广场能够组织交通、引导游览，它本身既是路，也是景，它的形状、大小、色彩、高低、铺装样式等都能影响轴线景观的形成。广场的形状、大小和轮廓边缘的设计可以给人们一种暗示，使人们形成一条心理上的轴线；广场的高低起伏和色彩渐变能够带给人们视觉和空间序列上的变化；广场的铺装样式和材质的不同，可让人们对空间进行一种潜意识的区分，分清主次和节奏变化，如整体铺地能够强化轴线空间形态，烘托大气、壮观的景观氛围。

5. 园林建筑

园林建筑种类很多，包括亭、廊、轩、树、坊等。在轴线空间中，园林建筑经常起到统领空间序列的作用，它是轴线起止、终止或高潮所在。在西方传统园林设计中，建筑一般位于轴线的端点，而且建筑中心一般也就是园林景观的主轴；而在东方传统园林设计中，建筑大多呈院落式布置，而且往往是景观的高潮所在，园林景观围绕建筑布局甚至融入其中。园林建筑作为轴线空间的标志物通常会在三位体量方面取得明显的效果，如天坛祈年殿充分展现了独特体形，突出了宏大、凝重、圣洁、向上的形象，成了全组景象的主体和视线观赏的焦点，丰富了中轴线的景观效果。

6. 园林小品设施

园林小品是指园林景观空间中的多种设施，具有纪念、装饰、供游人休息、娱乐等功能。一般体量较小、精美灵巧、富有特色，常见的有雕塑、景墙、座椅等，它们点缀了园景，丰富了园趣。景观小品在园林轴线空间中组织景色，吸引视线，作为一种无形的纽带，引导人们有节奏、有韵律地从一个空间进入另一个空间。和整体环境相匹配的园林小品题材和形态，能带给人诗情画意的感受。园林小品有时候可作为一个垂直要素出现，突出和加强了轴线空间，延长了景深。

（三）轴线设计特征

1. 连续性

在轴线景观空间的形态构成中，实体要素经过重复、突出、强调等形成具有变化态势的连续图形，这就是连续性。从人的视觉感受和心理角度出发，轴线的连续性能反映出“格式塔”完形效应的最佳形式，是强烈的秩序感、形式感和空间美感的来源。园林景观要素在轴线的作用下，产生联系、保持连续，但是如果由于某些因素而使轴线的连续性很差，则会大大影响空间的秩序感和轴向美感。

2. 控制性

园林设计中的轴线能直接影响景观框架的形成，从而控制整个园林环境。在一个园林景观项目中往往同时存在多条轴线，但是一般只有一条主要轴线。这条轴线控制着整个园林景观空间，形成空间序列。这种控制性既包括各个景观要素现在构成的局部或整体形态，也包括未来的动态演化和发展。

3. 统一性

轴线的统一性是指把园林景观的各个构成要素之间组织起来，形成相互统一的整体。路易斯·康曾经说过一句经典的话语，那就是“秩序支持整一”。也就是说，有秩序作为基础，多方面的要素才能统一起来。通过形状、大小和方向等的变化和统一，轴线可获取一些空间中的形式规律，并以此获得格式塔完形效应，即达到整体秩序的和谐。轴线因其强烈的几何秩序，贯穿各个空间之后，可将原本混乱不堪的现象彻底转变为有序统一的环境。

4. 方向性

在园林空间中，单个景观线性要素或多个非线性形体通过串联后具有一定长度，这样便有了方向性。具有方向性的轴线能影响人们的视觉感知，进而吸引人们的行进路线。但是当一个几何形体各个方向长度相差不多、对比不明显、相对平衡时，则方向感较差；当长度相差较多、对比明显时，则方向感较强。在园林设计中可充分利用方向性原理来处理园林线性空间，比如狭长的道路景观、水体空间等，以达到引导进景观视线和组织空间序列的效果。

5. 均衡性

在空间中，各种园林设计要素可形成不同的线性形体，这种不同可体现在形状上，也可以体现在大小上，又或是方向上等。尽管如此，人们仍能感觉其分量相等，没有主次之分，这是一种动态的平衡，也就是均衡性。设计师需要协调空间各要素之间的关系使它们达到合适的状态来保证整体的均衡，给人一种平衡稳定的空间感受。

(四)轴线设计规律

1. 对称规律

史春珊先生曾说过:“所谓对称,即沿一条轴线使两侧的形象形同或近似,这是一种强有力的传统构图形式。”根据按形式美法则来看,这两者都在“均衡率”法则的统率下,是一种具体构形手法。

(1)绝对对称

对称是形态聚合的重要规律。对称是指事物围绕着点、线或者面这样的轴心进行旋转变化后仍保持不变。对称图形形成轴线空间并强调线性方向,由此吸引人们的注意,从而产生一条垂直于它们的轴线。对称可通过平移、旋转、反射、扩大的方式来实现,它们之间相互配合,同时使用即可衍生出多种其他的操作手法。这些手法为设计师提供了丰富的创作手段,拓展了设计思路,使轴线的水平和竖向空间更加多样化。

(2)相对对称

相对对称又叫次对称,也就是说有些元素打破了轴线空间的绝对对称而使其局部发生了变化。随着中国景观行业的不断发展,大家的审美意识和观念也发生了变化,人们不再喜欢过于呆板、拘束、单纯的绝对对称,而是更偏向于轻松、活泼、自由的相对对称。在实际的景观设计中,由于现状地形等复杂因素的影响,也很难做到完全对称。次对称是一种运动中的平衡,能让游人在视觉上产生张力,在变化与跳动中去探索、去发现,从而带来更加美妙、有趣的风景。

2. 变异规律

在园林景观设计中,多种类的轴线通过不同方式,达到空间自然变换的目的,以此促进园林空间的转变,这就是轴线变异。在现代园林景观设计中,轴线主要包括以下四种变异类型。

(1)元素变异

随着现代社会材料和工程技术手段的不断创新,园林设计中轴线的组成元素也随之发生了变异,设计师通过将地形、水体、植物、道路等实体要素和色彩、质感、声音、光影等形式要素结合起来,形成一些更为丰富、独特甚至突出、怪异的轴线空间。它们往往能引起人们的关注,也可能承受更多的争议,但是对景观设计行业的发展方向影响很大。如玛莎·施瓦兹设计的西安世博迷宫园充分考虑了光影和人的幻想,运用青砖、玻璃等创造了一个不同以往的、变幻莫测的奇异迷宫世界。

(2)关系变异

在景观设计过程中,轴线网络的整体关系发生变化所引起的园林的布局形式、空间秩序的转变，从而形成多样化、多层次的景观效果。它包含两个方面的内容：插入活跃元、轴线隐现。插入活跃元是要将曲线、斜线及突出的点甚至不同秩序的形体和图案等异构元素引入严谨规整的景观轴线空间中，从而打破过于单调、没有生气的格局，使其更加富有艺术魅力；轴线隐现是指在现代景观设计中，轴线不再像传统设计手法那样严格、明显，而是逐渐变得模糊。它在保持整体轴线空间的方向感的同时，从清晰可见过渡到时隐时现，在有序和无序中并存着。

（3）结构变异

随着景观历史转折性的发展，出现了“解构主义”，它向传统设计提出挑战，反对各种功能、形式和结构之间的复杂关系，提倡颠倒一切设计规律，自由地进行分解和拆离。园林轴线的结构变异表现在肢解和重构两个方面。园林轴线的肢解是因为有关系变异这个基础才实现的，结构被肢解后就由一个整体变成了多个个体，这些概念相互独立又相互联系，随即就出现了“之间”，这使得“两者兼顾”“衔接过渡”“联系”“冲突”可以在被肢解的结构上成长，也给人们带来了更多的特别、另类的感官享受。肢解是重构的前提，重构则是肢解的目的。轴线系统被肢解以后有多种选择，它可以和本身系统的某部分，也可和其他系统结构进行组合，从而形成新的或直或曲的轴线系统。

（4）系统变异

园林的轴线系统通过本身在不同层次上叠加穿插和旋转变换可实现变异，通过和其他不同系统也可实现变异。轴线根据需要构成的结构系统进行不同层次的叠加穿插，然后进行去除或保留，或者多结构混合组合，从而形成理想的园林轴线空间序列。旋转变换是对局部轴线进行旋转从而产生一部分不规则、不拘束的空间，改造和丰富园林空间形态。德国慕尼黑机场凯宾斯基酒店外环境就是由著名景观设计大师彼得 · 沃克运用系统变异的手法设计的经典案例。首先，他用黄杨篱围合成了一个正方形的景观单元，通过红色碎石和绿色草地将空间划分成多个部分之后，将这个正方形的景观单元与旅馆建筑成倾斜式组合，倾斜角度约 10° ，并在每个景观单元中留出了必要的步行道路。最后，酒店大房和黄色玻璃光带的垂直相交形成了两条大的轴线格局。

（五）轴线设计思路

1. 城市文脉整合法

园林景观是城市整体景观的组成单元，园林景观格局对城市景观内在秩序有着一定的影响。城市文脉的范围比较广泛，它主要包括历史遗迹、人文景观、城市整体环境和基地周围环境等。因此，轴线设计需要对这些要素进行充分的挖掘和利用，增强景观的地域归属感。只有从文脉中吸取灵感，才能发现隐藏的秩序并展开深入研究，园林形式的语言才能表述准确。具体落实到轴线设计上，就是在区域走访和现场调研的基础上，努力找到城市区域方位内和基地环境中可能影响轴线设计的主要因素，然后吸取脉络，形成秩序和结构。

2. 景观框架设计法

景观设计师一旦开始进行设计构想，就会沉迷于其中，并试图用最好的方式来表达自己的思维，而在图纸上通过轴线勾勒出景观空间的形态框架是一种非常有效的方法。所以我们以轴线为骨架进行创作，能帮助我们更好地把握空间的整体表达。一般来说，我们在写作之前都会在脑海中形成文章的框架，而通过轴线建立景观架构的过程就和它一样，这样之后的设计就能有条不紊地进行了。此时，即使有些次要的辅助空间发生一定程度的变化甚至偏离都不会影响总体的空间结构。

3. 空间秩序组织法

事物各个要素的内在结构、组织方式和存在形式受秩序的影响和控制，另外，秩序也是使事物之间得到有规律的、和谐的安排或布置的重要因素。因此，设计师们一直致力于轴线空间秩序的研究以提升景观空间的设计潜力。组织轴线空间秩序包括两个方面的内容，它们分别是形成序列和塑造层次。空间序列是空间在时间上的变化所形成的动态知觉现象。游览者不能在同一时间和地点体验所有不同的空间，而是以运动的方式循序渐进，这样连接起来就形成了秩序。“层次”是指空间中各种不同要素的地位有差异，可通过分级来理解。一个整体由很多空间组成，一个空间又由很多要素组成，它们的性质不同，扮演的角色不同，重要性也就有差异，这就需要有效地组织空间层次。

4. 情感氛围渲染法

一名设计师总是希望自己营造的空间能够吸引住游人，希望人们能够领悟自己的设计意图，从而得到世人的认可。所以在营造园林景观的过程中要站在游人的角度去思考问题，从他们的感官和心理出发，力图同时实现景观表现力和环境感染力的提高。轴线种类繁多，应用广泛，它既能形成规则大气的空间，又能形成灵活小巧的空间；它可以带给人均衡稳定的感受，又可以带给人自由活泼的感受，所以通过轴线来渲染情感氛围是一种非常重要的设计手法。

第三节　园林设计与现代构成

一、现代设计

现代设计是为现代人和现代社会提供服务的一种积极的思维活动，是科学与艺术、实用与装饰的结合，是一门涉及众多学科的实用型科学。其核心内容包括三个方面，即计划、构思、成形，现代设计受现代社会审美标准、现代市场经济技术条件和现代人的心理、生理需求等诸因素的制约。具体来说，现代设计具有实用性、经济性和美观性几个特性。实用性体现在现代设计要求设计师在合理的前提下，尽可能地满足人们的多元化需求，注重秩序和表现形式上的简洁和实用。而经济性表现在现代设计要求要低消耗，设计要考虑到为大众服务的目的，同时也是为设计的实现提供有力保障。美观性源于对人们的精神和心理需求的尊重，人文主义和高科技的渗透和融合是美观性原则的内在表征。

现代设计不仅强调产品的美观性，同时，对于实用性的要求也高于历史上的任何时代。由于现代技术的发展与传达方式比从前更为便捷快速，计划通过设计以及传达后的实施或具体应用的周期大大缩短了，现代技术导致实施过程和应该发生与时代同步的变化，这是现代设计不同于以往的传统设计的重要原因。同时又因为现代设计的服务对象是社会中的全体大众，带有很强的普适性，在形象上趋于朴实简单，没有传统的装饰性细节，强调理性和功能主义的特点，这些都是现代设计的特点。

现代设计不等同于工程技术，后者的关键是解决物与物之间的关系，而前者在于解决人、物与环境之间的关系，以人为本。以园林设计为例，如何协调我们生活环境中的各种问题，解决好每一个具体场所中的矛盾就是设计的目标。现代设计又不简单地等同于美术，前者是为他人、为市场、为社会服务的，后者是为了表达艺术家本人的情感和观念。根据不同的市场活动，现代设计可以分为几大范畴：现代产品设计、现代平面设计、广告设计、服装设计、纺织品设计等，当然还包括现代建筑设计，在建筑设计中又包括现代室内和环境设计。如果把园林设计纳入广义的建筑体系中，那么理应有园林设计的内容。人们对于所处的国家、城市环境的最直观的看法，就来自园林设计。由于现代构成诞生于二十世纪二十至三十年代，因而，本节中所谈及的有关园林设计的内容多指 20 世纪以后的现代园林设计，为特指。

二、现代构成

（一）现代构成的形式法则

现代构成的形式法则可以从现代构成的形式法则以及形式美原则两个方面进行分析论述。形式法则是现代构成的基础，而形式美原则是人们进行形式组合的基本原则和审美标准。经过多年的设计实践，人们逐渐总结出了现代构成中的形式法则，它能帮助人们对形式进行基本的把握，把事物的基本情感语言用抽象的形式准确地表达出来。

1. 集群化

集群化是基本形体重复构成的一种特殊形式，也可以看成是超基本形。它不能以中心点、中心线为基准向四周连续发展扩散，具有较强的独立性，可以作为符号、标志的形式出现，适宜于远观。对于基本形要求相似或相近，并具有方向上的共性，集群化之后形象上应该基本保持一致，应避免过尖、过细和零碎，要能够让人们感受到整体性和力量感的基本特征。

2. 渐变

渐变也称渐移，是以类似基本形渐次地、循序渐进地逐步变化，呈现一种有阶段性的调和秩序，是有规律的变化。渐变有形状的渐变、大小的渐变、方向的渐变、位置的渐变、色彩的渐变等，既可以单独使用，也可以混合使用。渐变的形式是有开始和终结的，这种重复的渐变或有比例的重复渐变，就形成了节奏感。这种节奏感能够引人入胜，引导人的思绪逐渐进入设计的意图之中。

3. 重复

单独的形式如果连续出现两次以上，就构成了最简单的重复。重复来源于人们对大自然的观察，比如人类的身体、树叶、花瓣等，但是每一个单体都会有一些轻微的差异，应该说大自然中并没有纯粹的重复形象。重复包括单纯的重复、近似重复和连续重复三大类，三者也是相互关联的。单纯的重复也就是基本形反复排列出现，形成形象的连续性、再现性和统一性，体现了一种平静的单体重复。如路灯、行道树等近似重复的目的在于在重复的主题下，增添趣味性，使重复出现的形象更为突出，首先是形象上的近似，然后是大小、色彩、排列和肌理的相同，局部出现不同，相同的内容和形体占主体，差异的只占少数。连续是重复的一种特殊形式，连续是没有开始没有终结没有边缘的一种严格的秩序形式，连续又可以分成二方上下左右连续和四方上下左右连续。

4. 对比与统一

对比与统一是相对而言的，二者是相互依存、互为前提的，缺一不可。对比是指将两个不同的因素并置在一起，它们带给人不同的视觉感受，即为对比将两个相同的因素并置在一起时，它们能给人的共同感觉是形成一个整体，就是统一。在设计中，平衡的感觉非常重要，它们能将对比和统一这两种形式组织好，使其成为具有趣味的讯息表达。从达到的方法来说，可以有方向上的对比和统一、大小的对比和统一、位置的对比和统一、明暗的对比和统一。在设计中应用的原则就是依据不同的对象，来确定对比与统一的因素、形式和量化关系。

5. 发散与密集

发散与密集是自然界中最为常见的一种现象，许多动物、植物都有发散的结构现象，如树叶、羽毛等。发散和密集都是多个基本形围绕着一个中心点的过程，好像光源发射的光芒，向外放射所呈现的视觉形象。但是发散和密集的基本形不可以太大，数量也不能够太小，在统一的方向上，色彩、肌理的不断变化，不会导致最终的结果。发散和密集的主要形式有离心式、移心式、向心式、多心式等，然后选择的基本形最少要重复三次以上，依据基本形的方向性进行发射和集结。其前提是中心的确立，中心可以在同一平面内，也可以不在。发散式有规律的密集，而密集区是不规律的发散，只是在基本形的选择上是明确而相似的。离心的发射能够吸引人们的眼球，能给人一种强烈的震撼力，产生炫目、光芒般的视觉效果；而移心式的陀螺旋状痕迹，具有强烈的运动感，能够形成曲面的效果；向心式具有视觉的绝对集中感；多心式具有明显的空间感的特征。

6. 变异

形象的变异构成是满足人们夸张、滑稽的审美心理需求的形式，犹如让人发笑的哈哈镜，通过自然形象的变异、扭曲，使其吸引观众的目光，产生愉悦的情绪，在不知不觉中接受了设计思路。变异构成是指形象的变化虽与原型相比发生了较大的差异，但并不改变形象的基本面貌。变异的方法有切割法，即为了设计的部分的需要，常将形象做必要的切割处理，经过各种方法重新拼贴后，能够得到新的形象。形象的切割方式具体说来有纵向式、横向式、弧线式、斜线式等；还可以使用格变法，即在原有形象上按照一定的方式打格，在设计图纸所画出的新格式上，按照原有格位的布局移至变形部位，成为新的变异形象。

（二）构成的基本组成

1. 点

点依附于线、面而存在，但是点本身就能够产生非常多的变化，其大小和形状会给人们带来截然不同的视觉感受。点是一切物体在视觉上呈现的最小的状态，应该说点是没有面积的，任何相对较小的形态，无论形状如何都具有点的特征和属性。点是高度抽象以及简洁的，在设计构成中应用广泛，形式丰富灵活。

点具有以下特性：

（1）“点”的相对性

任何点都是相对而言的。当面积比和体量比悬殊的时候，相对小的形态和体量才裁夺成为点。一辆载货卡车停在我们身边时，它是一个巨大的体块，但是如果我们从飞机上俯瞰城市，它却会成为人海中的一个点。

（2）“点”的定位性

由于点较小的形态特征，造成点对图形和形态在视觉感受上的集中和向心的势态，因而它具有定位性。点在画面中具有收缩性，它不仅对周围的边沿有一种“向心力”，而且能够从较大的形态中分离出来，吸引人的目光，引起更多的关注，让视觉在其上相对停留，从而对视觉产生特殊的定位效果。而边缘不规则的形态，由于面积和体量较小引起了视觉的忽略，而更趋向于圆形，面积越小，越像圆点。

（3）“点”的点缀性

点对平面和环境都能起到点缀的效果，很多复杂的设计和装饰都是从最基本的点开始的，这是最原始也是最现代的做法。点可以放置在不同的位置、不同的层次上，加上虚实组合以及色彩的变化，可以极大地丰富作品。

2. 线

线由点的连续移动和终结组成。所谓线条美是指线条所围合空间的大小、比例等。克利曾经说过“一幅画是一条线在散步”，这句话也反映了线的自由和个性。线是一种形式，是由面转折而来的，决定面的轮廓，所以线所具有的视觉性质是很重要的。

（1）垂直线

垂直线有直截了当、干脆明快、坚实稳重、刚劲挺拔的感觉。垂直向上蕴含积极进取、健康向上的意义，象征光明、未来和希望；垂直向下则感觉更加牢固。

（2）水平线

水平线有宽阔、平稳、延展之感，能使人联想到地平线、大地，可以引申为平实、牢固、安静等感受。向右延伸的水平线，具有自然舒畅的流势，表达平稳连续的时空；向左延伸，与视觉自然流线相反。

（3）斜线

斜线具有飞跃方向感和运动感，它的应用会使空间更具艺术性、向上感，不至于太严肃；折线具有不安、焦虑感。但是连续出现的折线，则会有波浪线一样的递进感，可以引导视线自然过渡。

（4）几何曲线

曲线是直线运动方向改变所形成的轨迹，因此，它的动感和力度都比直线要强，表现力和情感也更加丰富。圆形和圆弧具有圆满、高贵和张力感。“S”形线具有优雅、回旋感以及柔韧感。在园林中，多样重复的“S”形线还传达植物的生长和蔓延的感觉；波浪线，是重复的折线柔化后的感觉，它们都具有延伸和波动的感觉，具有方向感和很强的动感。当波浪线重复并且错位地排列时，在视觉上还会产生连体的错觉，以及流动的错觉；漩涡形富有向心和弹力感，通常用于引导视觉中心。

（5）自由曲线

自由曲线有活泼、轻快、随意、软弱的感觉，极富有表现力和张力。它是跟自然界联系最为密切的一种线形，能与各种几何形体进行搭配。

（6）线的粗细

除了线的形状，它的粗细也直接影响设计的情感表达。粗线显得强劲、笨拙、迟钝而有力，男性化；细线显得秀气、敏锐、柔弱又锐利，女性化。线的粗细本身就能够形成空间的感觉，同时，利用线条方向的微妙变化和改变，还能体现复杂的凹凸感和三维的空间感觉。

（7）线的闭合与开放

闭合的线给人工整、完整、冷淡的感觉，开放的线给人活泼、亲和的感觉。闭合和开放的结合能够很好地丰富整体效果，呈现生动有趣的表达方式。

3. 面

面是点和线的运动轨迹或者集合，面是承载物质的基底。在现代构成中包含两个概念，一个是作为容纳其他造型要素的二维空间的面，另一个是作为理性视觉要素的面。就是说一个是承托的载体，一个是有边界形态的，有相对面积的一块视觉要素。这样就决定了面的构成有视觉要素和视觉平面的两种含义上的构成。作为视觉要素的面，其形态最大，它的大小、位置、形状、虚实、层次在整个构成效果中是最直接和重要的。作为承托其他要素的面，它比点、线更具有图形和形态的象征性和替代感，更具有对其他要素的包容性和整合性。在园林设计中作为视觉要素和承托的载体，同时也具备了这两者的设计条件。

（1）量感

在构成中，“面”相对“点”“线”视觉效果较大，因而有更大的量感，放大比例的“点”和缩小长宽比的“线”会接近面的特性，当达到一定强度时，成为抽象的面。面的量感通过面积的大小、明度对比、虚实对比、空间层次等关系构成。

（2）可辨识性面

外轮廓具有了可辨性，我们称之为形或形象。面按照轮廓线的变化大体可分为直线形的面、几何曲线形的面、自由曲线形的面和偶然形的面。在园林设计中，不同形象的面产生不同的艺术效果，应用于不同的空间，其主要取决于边缘线的形状。当几何形的轮廓线闭合，几何形内的面又被填充时，面的量感较足。如圆形或者正方形的面被完整地填充，这个形就有坚实、庄严、稳定、充实的感觉。一般来讲，单纯的直线要比复杂的以及有空洞或凹陷的直线更有体量感和充实感。当形的轮廓线闭合，直线形内是中空的时，这种形态“线”的感觉要比“面”的感觉强烈；当轮廓线逐渐变粗，中空的面积逐渐变小时，这个直线形的“面”的感觉也在逐渐增强；当轮廓线不闭合或者没有明确的轮廓线时，面的感觉也会变弱。这种情况一般是，用线或点的集合排列形成一定的面积，由于点与点之间，或者线与线之间相互的吸引力而形成的面的感觉。

（3）面的立体感

这里说的是二维面上的视觉立体感，而非真实的三维空间或者实体。在二维中，立体感是通过人视觉的错觉实现的。在平面中，有透视感的斜面和有明暗对比的面是最有效表现立体感的形式，而有立体感的形式相对单纯的面，更能给人的视觉以冲击力。传统的绘画和表现空间的效果图就是利用了透视，在二维上传达三维的立体感。

4. 色彩

在人类生活的发展过程中，色彩始终散发着独特的魅力。色彩构成具有非常重要的美学研究价值，是现代构成的重要组成部分。色彩是节奏表达的重要方面，通过色彩的组合可以表达出丰富的情感。在现代设计中，色彩的存在同样跨越了视域，能散发出更多生活气息。纵观设计史的发展，色彩的理论随时都在更新，它几乎没有一个固定的概念，任何约定俗成都可以在特定的环境下被打破。色彩基本上可以分为三类：基色、间色和第三色系。就有色光而言，有三种基色：红、黄、蓝。当它们成对结合时产生间色，所有的间色混合在一起时就成了白色。彩虹色谱是白色光通过七棱镜折射分离而产生的，其是所有颜色排列的基础。色彩有许多属性，一部分是生理上的感受，一部分是人的心理上的。红色至黄色范围内的颜色被称作前进性颜色，因为它们十分突出；而蓝色至绿色范围内的颜色却在退却。色彩构成的加入可以说为设计注入了最有特点的成分。色彩构成有以下两种主要方式。

（1）空间混合

纺织品中的彩色织布，近看和远看的色彩肯定不一样。近看能分辨出经纬交织的彩色纱线的交织点，远看却只能看到色彩混合的色调，这就是空间混合作用的结果。空间混合是指各种颜色的反射光快速地先后刺激或同时刺激人眼，空间混合也可以称作并列混合、色彩的并置，其明度是被混合色的平均明度。空间混合的作品近看色彩丰富，远看色调一致，色彩有动感，适于表现光的感觉。

（2）色彩推移

色彩推移构成是现代构成上律动构成的色彩形式，是一种有规律、有联系、有秩序的运动构成。在进行色彩推移构成的时候，一个色阶连着一个色阶，每一个色阶上都含有上一色阶的内容成分，有节奏的变化，使画面充满联系，从而形成美好的新秩序。按照色彩的不同组成和特性，色彩推移又可以具体分为明度推移、色相推移、纯度推移和冷暖推移四种。

三、现代构成在园林设计中的应用

（一）园林设计与现代构成的关系

现代构成作为一种造型美学法则，不仅仅可以运用于绘画、雕塑等纯粹的装饰性学科中，也可以作用于园林设计中平面的布局、形体的塑造和空间的组合上，它为园林设计尤其是现代园林设计注入了理性的力量。现代构成理论在园林设计中实现的原因有二：园林设计属于视觉艺术的一种园林设计，也属于现代设计中的一部分。园林设计的视觉心理与现代构成的视觉心理之间的共同之处在于两者都是在研究“看”。

1. 园林设计是视觉艺术的一种

人类通过视觉感知世界，艺术的本质就是作为情感符号并通过形态语言来表达。一系列的视觉心理趋向的研究表明，如抽象、概括等手法为现代构成理论提供了心理学的前提。心理学家研究视觉艺术，揭示人们的感觉来源，并告诉大家什么样的符号因素可以带来什么样的感情变化，视觉艺术正是通过人类情感符号的表达来创造艺术世界的艺术的，它们的语言是形态语言。园林设计可以纳入视觉设计的研究范畴，园林设计也是美与和谐的艺术，它们在这一点上是共通的，那么作为同样起源于视觉艺术的现代构成，它同时对园林设计具有意义。

2. 园林设计是现代设计的一部分

从现代设计的范畴可知，园林设计同建筑设计一样是属于现代设计范畴的。它不仅存在于当下的现代社会中，为人们服务，而且其创作手法与审美标准都符合时代气息。虽然园林同建筑一样，有着悠久的发展历史和辉煌的成就，但是时代又赋予了它们新的内涵和形式，在技术标准和理性的设计原则前提下，艺术性也成为人们关注的焦点。园林设计毫无疑问是现代设计的一部分，有许多关于艺术认知和创作的理论能够通用并使用于园林设计中。但是作为实用性很强的艺术设计，它也有其自身的特点，园林设计的功能性和每个场地的独特性是其区别于许多其他种类设计的关键。园林除了给人带来平面和空间上即二维和三维上的不同感受之外，还有一个必不可少的因子，那就是——植物，植物四季中会呈现不同的景象，随着时间的推移，植物的生长会给设计本身注入生机和活力，带来无限的情趣。这里说的就是园林设计的又一特性——时空的构成设计。

3. 园林设计与现代构成的视觉心理

园林设计的视觉心理与现代构成的视觉心理都是在研究“看”，这种“看”有一定的规律性和选择性，是对所观察事物的一种概括和提炼，并且注入观者的经验和主观目的，是有目的的“看”。这种“看”的规律具有普遍的意义，二者兼具简单化、平衡性的特点。具体来说，“简单化”是指人对看到的事物有简单化的倾向，也就是说我们的认知系统对有规则的、简单的、完整的以及平衡的事物图示有偏好，同时，对于复杂的形体也喜欢把它分解成简单的形体来理解，而对于零碎的则喜欢将它们联系整合起来观察。这种心理倾向，也是人们对艺术形态抽象化的心理基础。“平衡”是指力的均衡，在人们观看事物的时候，有一些结构尤其是在平面图形中它们在视觉心理上给我们传达了一种心理的“力”。在复杂的图形中，只有各种力达到平衡，画面才会变得稳定而完整。那么我们可以在设计中借助这些图形和结构关系来引导不同的心理感受，以表达设计意向。

4. 现代构成是园林设计的一种方法

纵观人类历史的发展，无论东方还是西方，最初的园林都是从模仿或改造大自然开始的。东方的秀美山川成为人们创造的精神源泉；而西方传统园林，最远可以追溯到古埃及的园林，那里自然的风光并不可观，气候炎热、土地瘠薄，因而取而代之的是经过人工改造的第二自然。即使在早期的西方园林中我们已经能够看到矩形的场地以及水池，还有明显的中轴线，可以说早已有了简单的构成影子。虽说东方传统园林以自然式的风景园林居多，并没有形成系统性的类构成的理论，但精辟的见解、闪光的思想并不缺乏。

随着社会的发展、全球化进程的加剧，东西方文化在不断地碰撞和交融，尤其是伴随工业时代的到来和现代设计的兴起，在包豪斯学院里完善成一体的现代构成已经成为众多园林设计师的设计方法。现代构成教给人们的是一种态度，一种对设计的态度，那就是对于自然的提炼。

（二）现代构成在园林设计中的适用性

现代园林在设计理念和形式语言上都明显区别于传统园林，这得益于对现代设计语汇的吸收和融合。现代构成是对现代艺术影响深远的一门艺术学科，它对现代园林设计的影响也是极为明显的。构成艺术已经全面融入现代园林设计之中，成为现代园林形式的重要特征之一。

1. 现代园林设计运动的形成与发展

现代园林设计运动的发展历经了许多的思想革命，如工艺美术运动、新艺术运动、抽象艺术的兴起、俄国先锋派运动、荷兰“风格派”运动等等，这些运动的兴起无不反映出人们对更好生活方式的向往和追求。同时，这些运动不断推出新的理论和实践的方法，促成了现代园林朝着更好的方向发展。在这些过程中，现代构成逐步成形，它适用于所有的设计领域，当然也包括园林设计。而无数前辈艺术家在园林领域的探索也促成了包括现代构成在内的许多现代设计理念的进一步完善。

2. 现代构成在园林设计中的具体应用

构成艺术的基本要素就是点、线、面、体、色彩、肌理等等。构成的原理就是把这些基本要素按照形式美规律进行创造性的组合。构成艺术在园林设计中的应用就是要把点、线、面、体等概念性的要素物化，置换成具体的园林设计要素，如地形、植物、山石、水体等。这些要素除了基本的生态属性外，还承载着形式上的审美功能和象征、隐喻等功能。在现代园林设计中，有的园林从整体到局部都贯穿着构成艺术，有的园林在总体布局上虽是传统的，但为了适应现代人的审美趣味，在局部园林的创造上也大量使用构成的语汇进行深入而细致的改进。由建筑师伯纳德·屈米主持设计的巴黎拉·维莱特公园，就是深受构成艺术的影响，以纯粹的形式构思为基础的现代公园设计。公园整体结构是由点、线、面三个要素系统相互叠加而成的，极具现代风格，完全突破了传统园林的模式，从而能够从众多的竞争方案中脱颖而出。构成艺术强调理性而严谨的几何结构，这种特征在构图上则以逻辑性的秩序重复、渐变、发射等体现出来。园林设计是一门注重平面与立体形态知觉的艺术。构成艺术的表现形式在空间方面可以分为平面构成和立体构成，在形态要素方面可以分为色彩构成、肌理构成、光的构成等。这些丰富的构成艺术形式在园林设计中相互穿插和融合，为营造丰富多样的美的园林形式提供了多种可能性。总之，构成艺术从思想和实践上都为现代园林设计提供了丰富的源泉和借鉴，也为探寻具有现代美的园林形式提供了明晰的方向和多种可能性。

第四节 现代园林生态设计

一、现代园林生态设计的概念

（一）生态

生态”是目前使用频率较高的一个词语。生态学是作为生物学的一门分支学科而诞生的。一百多年来，生态学以生物个体、种群、群落、生态系统等不同层次的单元为研究对象，从各个侧面研究生态系统的结构与功能，深化了对人类自身及其周围环境之间关系的认识。1971 年，美国生态学家奥德姆的论著《生态学基础》问世，他把生态学定义为研究生态系统的结构和功能的科学，这标志着现代生态学基础理论已经成熟。生态学认为，自然界的任何一部分区域都是一个有机的统一体，即生态系统。

生态系统是一定空间内生物和非生物成分通过物质的循环、能量的流动和信息的交换而相互作用、相互依存所构成的生态学功能单元。生态系统具有自动调节恢复稳定状态的能力，其可以使大自然达到能量流动和物质流动的动态平衡，即生态平衡。然而，随着社会技术的发展，人类生活质量的提高，人们在短时期内肆意掠夺、开采地球，储存了几百万年的大量自然资源，用于工业提炼、制造产品和生活享受，由此，资源消耗最终产生的大量废气、废水、废渣肆虐，并破坏了地球生态系统的生态平衡，同时也困扰着在地球上生活的人类。全球的环境问题终于引起了人们的普遍关注，人口激增、能源短缺、资源匮乏和环境污染等人类生态问题，把生态学研究从早期偏重于生态的自然属性和动物生态的某些社会特征，转向由人类这一特殊有机体所组成的生态系统。保护人类的生活环境，顺应和保护自然生态，创造适宜人类生存与行为发展的物质环境、生物环境和社会环境，已成为当今世界具有迫切性的问题。而园林生态设计的研究正是为探讨这个问题而出现的，同时也是时代特征的表现。

（二）生态设计

“设计”是一种将人的某种目的或需要转换为具体的物理形式或表达方式的过程。它是人类有意识塑造物质、能量和过程以满足预想的需要与欲望。传统的设计理论与方法，是以人为中心，从满足人的需求和解决问题为出发点进行的，无视后续的设计的实施，即使用过程中的资源和能源的消耗以及对环境的排放。生态设计新的思想和方法是从“以人为中心”的设计转向既考虑人的需求，又考虑生态系统的安全的生态设计。将设计作品的生态环境特性看作是提高环境品质、增强社会形象表现力的一个重要因素。设计作品中考虑生态环境问题，并不是要完全忽略其他因子，如社会特性、美学特性等。因为仅仅考虑生态因子，作品就很难被社会接受，结果其作品的潜在生态特性也就无法实现。因此，生态设计实质上是用生态学原理和方法，将环境因素纳入作品的设计中，从而帮助确定设计的决策方向。它既要为人创造一个舒适的空间小环境，同时又要保护好周围的大环境。具体来说小环境的创造，包括健康宜人的温度、湿度、清洁的空气、好的光声环境以及具有长效多适的、灵活开敞的空间等；对大环境的保护，主要反映在两方面，即对自然界的索取要少和对自然环境的负面影响要小。其中，前者指对自然资源的少费多用，包括节约土地，在能源和材料的选择上贯彻减少使用、重复使用、循环使用以及利用可再生资源替代不可再生资源等原则；后者主要指减少排放和妥善处理有害废弃物以及减少光、声污染等。

生态设计是一个过程，一种“道”，而不是由专业人员提供的一种产品。通过这种过程使每个人熟悉特定场所中的自然过程，从而参与到生态化的环境和社区的建设中。生态设计是使城市和社区走向生态化和趋于更可持续的必由之路；生态设计是一种伦理，它反映一名设计者对自然和社会的责任，是每个设计师最崇高的职业道德的体现；生态设计也是经济的，生态和经济本质上是统一的，生态学就是自然的经济学。两者之所以会有当今的矛盾，原因在于我们对经济理解的不完全性和衡量经济的以当代人和以人类为中心的价值偏差。生态设计强调多目标的、完全的经济性。

（三）现代园林生态设计

1. 现代园林生态设计是现代园林设计体系的一个重要内容，是现代园林新的发展趋势。它贯穿于从场地整体到局部地段和微观细部的设计及其实施、管理全过程。

2. 现代园林生态设计是从整体出发，综合考虑了生态功能和环境美学以及人的需求而进行的三维空间设计。

3. 现代园林生态设计综合考虑了生态效益、经济效益、社会效益和美学原则，其目标是改善人居生活品质、提高生态环境质量，并最大程度地减少人类对场地生态环境的干涉和影响。

4. 现代园林生态设计是一种塑造生态环境的过程，也是一项长期渐进的、不断完善的维护管理过程。现代园林生态设计的研究是当今时代特征的表现，它既是生态学与园林设计交叉渗透的产物，又是自然科学和社会科学，如美学、心理学等多学科结合的产物。现代园林设计与生态学的结合，为园林赋予了更丰富的内涵，从而推动了现代园林设计走向更为自由、活跃的多元发展趋势。

二、现代园林生态设计指导思想及设计原则

（一）园林生态设计指导思想

1. 可持续发展的内涵

可持续性发展思想其实源于生态学，即所谓的“生态持续性”。它主要指自然资源及开发利用程度间的平衡，主要内容包括应节约使用资源，并尽量少用不可再生资源，如矿产资源等；应有条件地、谨慎地使用可再生资源，如太阳能、风能、森林等；应尽量减少废弃物，减少对自然的污染。可持续发展的提出，根本是源于解决环境与经济的矛盾问题，它是一种立足于环境和自然资源角度提出的关于人类长期发展的战略和模式，它特别强调环境承载力和资源的永续利用对发展进程的重要性和必要性。

可持续发展鼓励经济增长，但它不仅要重视经济增长的数量，更要依靠科学技术进步提高经济活动的效益和质量。可持续发展的标志是资源的永续利用和良好的生态环境。经济和社会的发展要以自然资源为基础，同生态环境相协调。要实现可持续发展，必须使自然资源的耗竭速率低于资源的再生速率，必须转变发展模式，从根本上解决环境问题。发展的真实本质应该是改善人类生活质量，提高人类健康水平，创造一个保障人们平等、自由和教育的社会环境。因此，可持续发展的最终目标是谋求社会的全面进步。

总而言之，可持续发展应包括以下几个方面：一是经济的发展，其中最主要的是社会生活质量的改善；二是合理利用资源，这里主要指可耗竭资源，包括能源、水资源、土地资源等；三是环境保护，包括自然环境和人文环境；四是发展的长远性；五是发展的质量；六是发展的伦理，其主要指发达国家的可持续发展进程不得以对欠发达国家的环境破坏和资源掠夺为前提。可持续发展是全球纲领性的发展战略，它是建立在平等、和谐、共同进步的基础之上的。

2. 基于可持续发展理论的园林生态设计指导思想

生态思维一个最重要的特点是强调整体研究的重要性和必要性。因为在生态系统之中和不同生态系统之间存在着一个表示相互关系和相互作用的网络模型，其中，系统每一部分的变化都会影响系统整体的运作。对于注重生态的园林设计而言，应该汲取生态整体思想的观点。园林景观作为隶属于更大范围生态系统的子系统，应关注构成景观子系统中能量和物质材料的人工输入与输出，即输入各级产品的生产提炼、装运、使用和最终废弃等所导致的资源耗费，输出的废水、废弃物和再利用物质的环境影响等。生态学家指出，生态系统处于一种活跃的状态，生态系统间的相互作用也是动态的，它们的

相互依存关系随时间变化而不断变化。作为一个独立生态子系统的园林景观同样是动态系统，即园林景观与特定设计地段的生态系统之间的相互作用是动态变化的。建立一个园林景观需要考虑建设及使用全过程，其与周围环境的生态相互作用，通常需要检验组建景观的能量和物质材料流动和材料从生产、加工到运输使用中的生态影响。由于生物圈中的物质流动是一种循环的模式，且考虑到地球上资源的有限性，故提倡建设环境中的材料等有效资源应用也应是一种循环的状态。这不仅能减少对自然生态系统的影响，同时也有利于后代持续地获取资源。

（二）园林生态设计原则

1. 尊重自然原则

一切自然生态形式都有其自身的合理性，是适应自然发生发展规律的结果。一切景观建设活动都应从建立正确的人与自然关系出发，尊重自然，保护生态环境，尽可能小地对环境产生影响。自然生态系统一直生生不息地为人类提供各种生活资源与条件，满足人们各方面的需求；而人类也应在充分有效利用自然资源的前提下，尊重其各种生命形式和发生过程。生态学家告诉我们，自然具有自我组织、自我协调和自主更新发展的能力，它是能动的。人类在利用它时，应像对待朋友一样去尊重它，并顺应其发生规律，从而保证自然的自我生存与延续。如城市雨后的流水，刻意地汇集阻截它，必将促使其产生强大的反压制力，给排水装置和相关市政设施造成很大冲击，甚至灾难；相反，顺应它的自然形成径流过程，设计模仿自然式溪流的要素和形式，主动引导并利用它，这不仅可将美丽的自然景观重现于市民眼前，增强城市自然审美品质，并提高市民生态意识，同时也可有效地避免资源的浪费和对环境的威胁。因此，在园林生态设计中，尊重自然应是能被社会接受的最基本的前提之一。

2. 高效性原则

当今地球资源严重短缺，主要是由于人类长期利用资源和环境不当所造成的。而要实现人类生存环境的可持续，必须高效利用能源、充分利用和循环利用资源，尽可能减少包括能源、土地、水、生物资源的使用和消耗，提倡利用废弃的土地、原材料包括植被、土壤、砖石等服务于新的功能，循环使用。

更新改造在这里通常是指对工业废弃地上遗留下来质量较好的建、构筑物进行的改造，以满足新功能需要。这样可大大减少资源的消耗和降低能耗，还可节约因拆除而耗费的财力、物力，减少扔向自然界的废弃物。

减少使用这里是指减少对不可再生资源如矿产资源的消耗，谨慎使用可再生资源，如水、森林等，和减少对自然界的破坏；预先估计排放废气、废水量，事先采取各种措施，最后还包括减少使用和谨慎选用对人体健康有危害的材料等。

重新使用是指重复使用一切可利用的材料和构件如钢构件、木制品、砖石配件、照明设施等。它要求设计师能充分考虑这些选用材料与构件在今后再被利用的可能性。

循环使用是根据生态系统中物质不断循环使用的原理，尽量节约利用稀有物资和紧缺资源，这在废污水处理及一些垃圾废物的循环处理中表现明显，如目前常用于市政浇灌及一些家庭冲厕、洗车等的中水利用系统。

3. 乡土性原则

任一特定场地的自然因素与文化积淀都是对当地独特环境的理解与衍生，也是与当时当地自然环境相协调共生的结果。所以一个适合于场地的园林生态设计，必须先考虑当地整体环境和地域文化所给予的启示，能因地制宜地结合当地生物气候、地形地貌进行设计，充分使用当地建材和植物材料，尽可能地保护和利用地方性物种，保证场地和谐的环境特征与生物的多样性。

4. 健康、舒适性原则

健康持久的生活环境包括使用对人体健康无害的材料，符合人体工程学、方便使用的公共服务设施设计，清洁无污染的水体等；舒适的景观环境则应当保证阳光充足，空气清新无污染，光、声环境优良，无光污染，无噪声，有足够绿地及自由活动空间等。城市中一个健全的景观系统能够改善不利的气候条件，吸收雨水，减少噪声，清洁空气，提供令人愉快的视觉景观。同时也能为野生动物提供生活场所，使人们直接观察到自然的进程，提醒我们记住人类是自然的一部分。所以设计关注以“人”为本，其中的“人”不仅仅是指狭义的人类，它还包括所有与人类息息相关的各种动植物及自然环境，因为没有它们“健康”、自在的存在，也就没有人类健康舒适的生活。

三、现代园林生态设计的方法

现代园林生态设计是要把人与自然、环境更紧密地联系在一起。它表达了人类渴望与自然亲近、并与自然融合共生的愿望。随着公众生态意识的增强和生态科学技术的发展，人们对园林生态设计手法的探索也在持续进行。人与自然和谐共处的愿望在这些设计手法中得以表达。无论过程或结果，无论表象或本质，它们都体现了设计师对人与自然之间生态关系的思索与探究。

（一）水资源的循环利用

水是园林景观构成中的重要元素之一。有了水的滋润，环境中的草木、土地才能得以欣荣。一定面积的水体，可以丰富景观、隔离噪声、调节小气候等。但水不只是风景中一个优美的装饰，它更是设计者必须优先考虑的一个需要处理的难题。众所周知，水资源短缺和水污染加剧已成为遏制当今全球经济发展的一大瓶颈，同时也威胁着人类的生存与健康。因此，为解决水资源短缺的矛盾，景观设计师们正尝试通过收集雨污水并处理后再生利用的方式，以节约景观和建筑用水，减轻水体污染，改善生态环境，并创造出优美的自然景观奇迹。

1. 雨水资源利用

雨水资源利用不仅是狭义的利用雨水资源和节约用水，它还具有减缓城区雨水洪涝和地下水位的下降，控制雨水径流污染、改善城市生态环境等意义。雨水资源利用目前在建筑及景观设计中得到较大尝试，并已发展为一种多目标的综合性技术。它主要涉及雨水的收集、截污处理、储存和景观应用等流程。

2. 建筑屋顶雨水收集

通常单户建筑屋顶雨水收集，是利用屋檐下安装的雨落管道把水汇集到专门的蓄水桶中，经过沉淀和过滤的自然净化作用后，雨水慢慢溢出流下。如果蓄水桶下是绿地，则直接对绿地进行浇灌；如果是可渗透性地面，如生态硬质铺装等，则直接回灌入地下。

3. 地面雨水收集利用

在城市中应用最多的还是地面雨水的收集。由于城市存在大量不透水硬质铺装，导致大量地面雨水无法渗入地下。如果只通过人工管道系统将雨水直接排入江、河、海，不仅因其流量大、杂质多对城市给、排水装置造成巨大压力，而且其携带的大量污染物质也加剧了江、河、湖、海等受水体的生态负担，造成一定程度的环境污染影响。因此，如何有效收集利用地面雨水，并将其应用与城市景观建设和环境改善结合起来，将是今后景观设计师们面临的一大课题。

4. 废、污水处理与利用

污水是由于人类活动而被玷污的天然洁净水，即是指因某种物质的介入而导致水体物理、化学、生物或放射性等方面特性的改变，从而影响了水的有效利用，危害人体健康或破坏生态环境。废污水的形成主要源于居民生活污水、工业排放废水或农村灌溉等废水的污染。通常表现为各种江河湖泊等接受污染的受水体形式。如果将废污水进行净化和再生利用结合起来，去除污染物，改善水质后加以回用，不仅可以消除废污水对水环境的污染，而且可以减少新鲜水的使用，缓解需水和供水之间的矛盾，取得多种效益。作为缓解水资源稀缺的重要战略之一，废污水资源化正日益显示出光明的应用前景。

（1）废污水处理的方法

废污水处理是利用各种技术措施将各种形态的污染物质从废水中分离出来，或将其分解，转化为无害和稳定的物质，从而使废水得以净化的过程。具体处理方法根据生态平衡要求包括物理处理法和生物处理法。

①物理处理法

这是利用物理作用来进行废污水处理的方法，主要用于分离、去除废污水中不溶性悬浮物。通常使用的处理设备和具体方法有隔栅与筛网、沉淀法以及气浮法。隔栅是由一组平行的金属栅条制成的具有一定间隔的框架，将其斜置在废水流经的渠道上，可去除粗大的悬浮物和漂浮物；筛网是由穿孔滤板或金属构成的过滤设备，可去除较细小的悬浮物；沉淀法的基本原理是利用重力作用使废水中重于水的固体物质下沉，从而达到与废水分离的目的；气浮法的基本原理是在废水中通入空气，产生大量细小气泡，使其附着于细微颗粒污染物上，形成比重小于水的浮体，上浮至水面，从而使细微颗粒与废水分离。

②生物处理法

利用微生物氧化分解有机物的功能，采用一定人工措施营造有利于微生物生长、繁殖的环境，使微生物大量繁殖，以提高微生物氧化分解有机物的能力，并使废水中有机污染物得以净化。根据采用的微生物的呼吸特性，生物处理可分为好氧生物处理和厌氧生物处理。好氧生物处理法是利用好氧微生物在有氧环境下，将废水中的有机物分解成二氧化碳和水。好氧生物处理效率高、使用广泛，主要工艺包括活性污泥法、生物滤池、生物接触氧化等。厌氧生物处理法是利用兼性厌氧菌和专性厌氧菌在无氧条件下降解有机污染物的处理技术，最终产物为甲烷、二氧化碳，多用于有机污泥、高浓度有机工业废水的处理，厌氧处理构筑物有厌氧污泥床、厌氧流化床、厌氧滤池等。另外，利用在自然条件下生长、繁殖的微生物处理废水的自然生物处理法也有应用。它工艺简单，建设与运行费用较低，但净化功能易受自然条件制约，主要处理技术有稳定塘和土地处理法。

（2）废污水处理

结合利用对废污水进行处理并结合景观设计在国内尚属较新的课题，它要求设计者不仅要熟知水文、生态、环境及社会专业知识，能深入掌握污染来源、处理及生态环境治理原则和方法，同时，还需有较高的景观设计及艺术修养。对待这种课题的挑战，我们急需借鉴国外一些相关专业方面成功的案例，同时，根据场地实际情况系统科学地调查分析，以提出具有一定景观价值的解决问题的设计方案。试想，通过一系列鲜明的景观要素，结合环境科学与生态工程技术，让废污水处理工艺在一个个跳跃动听的“音符”中为游人展现出一幅优美的自然画面，是一个多么令人愉悦的经历。这样的景观不仅提升了环境的视觉品质，同时也能极大地激发市民的生态觉悟意识。

（二）清洁能源利用与节能

任何一种能源的开发和利用都给环境造成一定影响，尤其以不可再生能源引起的环境影响最为严重和显著，它们的开采、运输、加工、利用等环节都会对环境产生严重影响，如造成大气污染、增加大气中温室气体的积累和酸雨的发生等。而开发使用清洁能源和可再生能源则是改善环境、保护资源的有效途径，因为通过使用像太阳能和风能这样的更新能源，可减少燃烧煤炭、石油等不可再生能源，从而减少空气污染、水体污染和固体废弃物。清洁能源主要是指能源生产过程中不产生或极少产生废物、废水、废气的优质可再生能源，包括太阳能、风能、地热能、水能、生物质能和海洋能等。降低能源需求，减少能量消耗，使用高效节能技术，使用可更新和高效的能源供应技术，是利用清洁能源及节能的根本原则。

1. 太阳能利用

太阳能是洁净的、可再生的、丰富且遍布全球的自然能源。它取之不尽、用之不竭，具有很大的利用潜力。对太阳能的利用主要包括两方面：一是太阳热能利用，即太阳用作热水的加热源，为不同用途提供热水；二是太阳能光电利用，即将太阳能转换成电能，用作制冷或照明的能源。目前，世界各国通常都把太阳能利用作为节能的有效手段。太阳能利用目前在建筑领域开发应用已较为成熟，其主要包括太阳能采暖和太阳能采光。

（1）太阳能采暖

建筑上利用太阳能采暖可分为被动式系统和主动式系统。被动式太阳能采暖是靠建筑物构件本身，如墙壁、地板等来完成太阳能的集热、储热和散热的功能，不需要管道、水泵等机械设备。被动式太阳能采暖，建筑技术简单，就地取材，不耗费（或较少）常规能源，它的缺点是冬季平均供暖温度较低，尤其是连阴天，必须补充辅助能源；主动式太阳能采暖系统是由太阳能集热器、管道、散热器以及储热装置等组成的强制循环太阳能采暖系统。这种系统调节、控制方便、灵活，人处于主动地位，但开始投资大、技术复杂，中小型建筑和居住建筑较少采用。

（2）太阳能采光

采光包括天然采光和光电转换提供的照明能源采光。太阳能天然采光是指把清洁、安全的太阳天然光引入建筑室内照明，以起到节约资源和保护环境的作用。通常采用以下方法：合理设计采光窗，采用新技术，扩大天然采光范围，如采用高透过率的光导纤维或导光管等。通过太阳能光电池装置提供的电力能源，可以直接将太阳辐射转化为电能。这种技术在国外目前有应用，但由于光电池系统生产成本、光电转换率和自身能耗等问题，要实现光电池技术的广泛应用，仍还有很长一段时间。在园林设计领域，场地自身作为公共开放空间，就拥有得天独厚的通风、采光、采暖等优越条件，再加上园林设计师人性的设计如夏有庇荫、冬有日晒的小环境营造，就更容易让人们忽视场地上对太阳能的充分利用。

2. 风能利用

风能是潜力巨大的能源，有专家曾指出，如能将地球上1%的风能利用起来，即可满足整个人类对能源的需求。由于发电成本不断下降，风力发电是目前增长最快的能源。在风力资源比较丰富的地区，利用风能发电是十分可靠的动力来源。利用风能发电通常采用传统风车或风轮的形式。但在荷兰斯切尔丹市，设计师伊格雷特为了使传统风车适应城区环境，借助先进的工艺技术，结合太阳能光电池系统设计了一个具有强烈视觉效果的太阳风车。他将其建造在一个能供人行走的玻璃平台上，玻璃平台的内部装有太阳能电池板，水平安装的太阳能电池板在阳光照射下变热，当气流通过玻璃平台下的水平空腔时，太阳能电池板就可得到冷却。空腔通向太阳风车中部的垂直风道，风道里的热空气上升时驱动风车。为了能以风力发电，太阳风车的三个风叶做成了螺旋状，而构筑物的主体部分则起到了垂直转动轴的作用。在景观设计中风能应用也有可行性，如作为水体循环流动的动力能源，即用风能替代电能进行水的提升，从而推动景观水体运动。

（三）循环使用建筑材料

1. 构筑物的改造设计

构筑物改造设计在历史性建筑保护利用上表现明显。由于建筑物的物质寿命通常比其功能寿命长，且建筑内部空间具有更大灵活性，与其功能并非严格对应，因此，建筑可在其物质寿命之内历经多次变更、改造。在具有历史意义的工业废弃场地上进行园林设计，也应根据原有建构筑物条件和新的使用需求，对一些质量很好的构筑物进行改造设计。其中常采用的更新手段包括：

（1）维持原貌

维持原貌即部分或整体保留构筑物的外观形式，加以适当修缮，维持其历史风貌，处理成场地上的雕塑，成为一种勾起人们往昔回忆的标志性景观。通常这些构筑物只强调视觉上的标志性效果，并不赋予其使用功能，如在美国西雅图市的煤气厂公园，园林设计师哈格保留了一组锈迹斑斑的深色裂化塔，它们赫然昭示着历史与过去的回忆。

（2）新旧更替

新旧更替即以原有构筑物结构为基础，在材料或形式上进行部分添加或彻底更新调整，赋予构筑物新的功能或新的形式，最终将历史与现代自然地穿插融合，产生一种新旧交织的风格，从而使构筑物更具保留下来的时空感。例如，在美国西雅图煤气厂公园有一处游乐宫，其实就是一组涂上明亮的红、橘黄、蓝及紫色的压缩塔和蒸汽机、涡轮机组，这些色彩鲜亮、经过安全处理的器械构件犹如巨大的各式玩具，保留用作攀登的混凝土构筑物给游人带来无穷的乐趣和思考，成为儿童和大人一起玩耍的乐园。

2. 废弃建造材料的再利用

废弃建造材料主要指场地上原有的废置不用的建造材料、残砖瓦砾以及一些工业生产的废渣及原材料等。众所周知，景观建设从建设材料的生产到建造和使用过程都需要消耗大量的自然资源和能源，并且产生大量污染，如每生产 10 吨熟料水泥要排放 1 吨二氧化碳和大量烟尘。因此，尽量节省原材料，采用耐久性强、对环境无害的废弃建造材料，是节约能源、高效利用资源、减少环境污染的有效措施。通常对废弃场地上的废弃材料进行循环利用有两种方式：第一种方式是重现废料面貌，将其稍加修缮处理后展示，以呈现具有历史含义的独特景观。例如，在杜伊斯堡北部风景园中，园林设计师拉兹就大量利用了场地上废弃的建造材料。在铸件车间发现的 49 块大铁砖被用来铺设“金属广场”，这些方形铁砖被冲洗干净后整齐地按正方形格网排列在广场上，犹如一件极简主义的艺术作品令人怦然心动；废旧的铸铁沿螺旋线形整齐地排列，与野生的地被植物共同组合成一幅优美的庭园小景；一些废弃的高架铁路和路基被作为公园中的空中游步道和地面步行系统的一部分，以满足人们漫步、游息的需要，成为人们登高赏景的好去处，同时也具有独特的历史识别性。第二种方式是对废弃材料另行加工利用，处理成建设材料的一部分，看不到其原有面貌，从而完全地融入公园建设之中。如杜伊斯堡北部风景园中，一些砖块和石头被碾碎后用于混制混凝土；原先厂区里堆积的焦煤、矿渣及矿物成为一些植物培育的基质材料，或用作铺设地面面层的材料。这种原有“废料”的利用不仅极大地保留了场地的历史产业信息，显示了设计师对历史的尊重的同时，也最大限度地减少了对新材料和相关能源的耗费，展示出一种崭新的科学理性精神。

（四）废物再生利用

这里的废物主要是指容易收集、运输、加工处理并回收利用的固体废物。它通常是在社会的生产、流通、消费等一系列活动中产生并在一定时间和地点无法利用而被丢弃的废物。固体废物具有鲜明的时间和空间特征，是在错误时间放在错误地点的资源。从时间方面讲，它仅仅是在目前的科学技术和经济条件下无法加以利用，但随着科学技术的发展以及人们要求的变化，今天的废物极可能成为明天的资源；从空间角度看，废物仅相对于某一过程某一方面无使用价值，而并非在一切过程或一切方面都没有使用价值。另外由于一些固体废物含有有害成分，因此，如果任其扩散，极易成为大气、水体和土壤环境的污染“源头”。所以对固体废物进行污染防治和资源化综合利用变得极为有意义。通常固体废物资源化有三种途径，即物质回收、物质转换、能量转换。物质回收，如直接从废弃物中回收纸张、玻璃、胶制品等物质。物质转换，即利用废物制取新形态的物质，如利用废玻璃和废橡胶生产铺路材料，利用炉渣生产水泥和其他建设材料，利用有机垃圾生产堆肥等。能量转换，即从废物处理中回收能量包括热能或电能，如通过焚烧处理有机废物回收热量，进一步发电；利用厌氧消化产生沼气，作为能源向居民供热和发电。

第四章 城市园林规划

第一节 城市园林规划建设理论

一、相关理论

（一）田园城市

“田园城市”与一般意义的花园城市有区别，是英国人霍华德提出一种城市规划的设想，他认为这种城市是将城市和乡村的优点相结合的。霍华德于1898年在《明日：一条通向真正改革的和平道路》中提出“田园城市”的基本概念。书中提出一种新的社会变革思想，建设田园城市，为健康、生活和城市的各种产业而设计。田园城市可以满足人们的日常生活，城市被乡村所包围，城市和乡村之间有隔离的绿带。“田园城市”这个概念是构建一个公正的社会，坚持城乡一体的建设理念，创造一个有着自然之美的城市，这里空气清新，无污染，人们都可以充分就业，是一个人人平等的社会。

“田园城市”理论推动了城市绿地系统规划理论的发展，随着理论的提出，涌现出一批花园村、花园区、绿色城镇的建设。莱奇沃思就是第一座田园城市，还有伦敦西北的韦林，这些田园城市只是有着这个名称，实质上只是城郊的居住区。“生态园林城市”要比“田园城市”这个城市规划理念的含义更加科学全面，可操作性更强，能更加精准地反映未来家园的目标，这个概念包含了自然、经济、社会多个角度的协调发展，整体性、系统性地建设人与自然和谐相处的城市，建立风景优美、居民满意、经济发展迅速的社会，强调创造一个全民共享、绿色生态的宜居城市环境。

（二）公园城市

“公园城市”是高质量发展背景下的城市建设新模式探索与实践，体现了“以人民为中心”的发展思想和构建人与自然和谐共生的绿色发展新理念。“公园城市”建设的核心是以人为本、美好生活，根本是生态优先、绿色发展，关键是优化布局、塑造形态，目标是回归城市建设的初心——满足人民对美好生活的向往。从核心目的来看，“生态园林城市”要求建设生态良好、景色优美的宜居家园，但是“公园城市”在于构筑山水林田湖城生命共同体。在评选指标层面，“公园城市”的相关指标更加丰富，包含城市的自然生态环境、市政基础设施指标，还融入了能源、人居、生态建筑、生态产业、环境教育等指标，提倡“人、城、境、业”高度和谐统一。

（三）园林城市

“园林城市”是结合我国的实际国情提出来的，它可以继承和弘扬我国古典的私家园林，延续山水城市的概念与内涵，注重城市景观的塑造。《园林城市评选标准》中提到建设“园林城市”首先要保护城市的自然山水基底，然后依托城市天然形成的地形地貌，改善城市的生态环境，塑造出独具特色的城市风貌。实现“园林城市”的建设应该通过城市对于自身自然资源的保护、城市绿地的建设、城市空间布局的优化、园林绿地形式的塑造以及视觉、心灵美感效果等方式，达到提高生态环境质量、环境宜人的目的。

“园林城市”的探索是构建“自然—经济—社会”复合型生态系统的早期阶段。在绿地建设时，保证其完整性和有效性，充分利用城市中现有的景观元素，创造一个景观优美、人居生态、环境舒适并且富于艺术感的城市绿色开放空间。在申报、评选过程中，目前，以多项指标作为基本项和否决项来进行评选，园林绿化建设作为重点。与其对比，“生态园林城市”建设评选对城市生态环境、生活环境、市政设施等都提出了相应的要求，更加注重自然生态环境和社会生态、绿地质量以及文化内涵的结合，评判标准更加综合全面，注重生态优先、全域统筹、以人为本、系统性及适地适树这些原则，追求比“园林城市”更美好的城市愿景。

二、生态园林城市绿地系统研究

生态园林城市绿地系统是以生态园林城市导向进行的城市绿地系统规划，是城市建设发展过程中想要达到的理想目标，能够实现城市的生态文明建设。城市绿地系统应该要树立良好的以人为本的规划理念，打造城市大园林绿地布局，挖掘地方文化特色，融入绿地建设。

近年来，我国在城市绿地系统的理论研究成果丰富，国内关于绿地系统规划的研究主要从可持续性发展、城市园林绿化、评价指标体系等方向展开，指导城市绿地建设的实践。在建设生态园林城市过程中积累了许多的经验，具体注重以下方面的提升：构建生态网络，统筹全域的绿地体系；重视区域整体性评估，实现区域整体协调发展；整合特色要素，布局城市的绿地结构。充分分析生态要素与人文要素进行现状研判，进行城乡绿地体系的规划；拓展绿色空间，提升城市的环境品质，建立科学的绿地规划和评价机制，切实满足市民对休闲、游憩的需求；推动生态修复，提升城市的生态功能。

第二节 城市园林规划现状调查

一、城市园林规划设计的重要性

园林规划设计是整个园林建设项目的灵魂，它决定了建设项目的水平，而一个城市的整体风貌与城市园林有重要关系，一个有特色的城市园林规划设计能打造出一个城市的亮丽名片，使城市具有高识别度，也能提高城市的认可度。而目前，我国城市园林规划设计越来越趋于千篇一律，呈现千城一面的现象。这其中既有园林规划设计本身的问题，设计者没有明确的思路，设计简单粗糙，设计元素没有自己的特色，文化氛围缺乏；也有管理上的问题，城市园林总体规划设计不具体，没有具体的单项园林规划设计为引领，且园林规划建设和管理部门众多，各自为战，没有统一管理。

二、园林规划设计在城市建设中的应用原则

（一）整体性原则

城市是生态系统的重要组成，具有人文特征，同时也是彰显地域文化和景观特色的关键。因此，在城市规划和建设进程中，需要将景观与城市整体环境相融合，设计师通过考察城市地理环境、文化特色、历史发展历程等多方面的因素，合理规划园林景观，增强城市规划建造的合理性。

（二）多样化原则

城市规划建设是一项系统性工程，涉及的因素较多、持续的时间比较长。因此，城市园林规划建设呈现多样化特点。在实际应用中，整合园林功能制订不同的建设方案，将不同建造材料和生态环境相结合，打造形态各异的景观，以提升城市整体的观赏性，同时提高城市规划建设的效率与质量。

（三）个性化特征

城市景观建设除了要遵循生态环境发展规律，还要凸显城市景观的个性化特点。这就需要设计者深入分析城市环境，利用艺术化手段，将更多当地文化元素融入设计中，打造更加个性化的景观，避免出现各地景观千篇一律的情况。

三、城市园林规划的现状分析

（一）园林规划设计不合理

经济的飞速发展与人们生活水平的不断提升，使越来越多的人开始提升对于居住环境的要求，希望通过有效手段提升居住舒适度，从而提升自身的幸福感。而园林规划设计作为彰显城市美好景色、增强城市观赏性的主要方式，将其应用到城市规划建设中，能增加城市绿植覆盖面积，同时，缓解生态破坏给城市带来的影响，为城市可持续发展提供帮助。然而，随着城市的快速发展和对园林设计要求的提高，部分城市建设开始出现规划不合理的问题。究其原因，主要是在确立城市园林规划方案时，缺少对城市空间和布局的考察，在设计图纸和筹备方案时，管理人员不能投入全部精力，导致规划建设效果达不到预期。同时，受设计行业不良风气的影响，部分规划者未在规定时间内完成工作任务，而出现照搬其他城市设计案例的情况，缺少对不同城市差异性的考虑。这不仅造成了资源浪费和闲置，还影响了整体的建设效果。

（二）园林规划设计缺少人文关怀

随着人们对美的认识不断增长，人类文明不断进步，园林规划设计也逐渐提高了水平，由以前的单调、布局简单和僵硬变成了灵活多样、五彩缤纷。园林里面的植物变得多种多样，植物的配置也根据城市的特点进行，在绿化方面也更加合理。城市通过园林的合理规划，让人们的生活变得更加舒适。但是城市园林在建设的时候，也会出现过度开发的情况。城市园林太过于追求绿化的面积，为了吸引人们的眼球，使用了很多的草坪和很高、很低的植物，利用这些植物构成复杂的图案，形成很大的视觉冲击。这样设计的效果不是很好，更像是展览品，让人不能充分放松，产生了和自然界之间的界限，体现不出人文关怀。

（三）园林规划设计目标和城市总体规划不相符

现阶段的园林规划设计忽视了城市总体规划要求，其制订的园林规划设计目标不符合城市总体规划目标，两者不一致成为制约现代园林发展的重要因素。城市和城市之间存在差异性，客观方面的地理位置、气候条件以及主观方面的城市历史文化、城市民俗特征等均存在差异。园林规划设计作为城市建设中的一部分，须与城市整体规划布局相协调，展现城市的自身特点，不可脱离城市进行规划设计。部分城市进行规划建设时，给予园林规划设计的空间较少，忽视了园林规划设计的必要性。

（四）园林设计缺少创新性

园林设计在城市规划建设中的应用，不但要体现其为人服务的主要功能，还要保证城市景观设计的整洁性和美观性，以发挥园林规划设计的作用。但在具体落实过程中，许多城市园林设计不能满足人们日益增长的品位需求，设计师在不了解人们居住需求和城市发展理念的情况下，依照传统规划设计方式进行建造，导致城市园林设计千篇一律，无法展示城市的特色和精神面貌，降低了城市的生命活力。以城市居住区的消防通道设计为例，传统设计方式主要采用4cm的硬质消防道；而现代化城市建设更加重视设计的美观性，大部分居住区采用全新的处理方式，将车道与绿化相融合，隐藏消防通道，增加居住区的绿化率和美观性。如果园林设计者缺少对创新方式的理解，就会导致设计效果不理想，还会使园林设计失去其应用价值。

第三节 城市园林绿化树种应用存在的问题

一、城市园林规划中的树种选择要求分析

在城市园林规划中，必须根据区域气候特征、地形条件和植物的生长特性选择生命力顽强的植物，做好植物景观搭配工作。在欣赏园林美景的过程中，不难看出不同树种的外形与五彩缤纷的颜色均具有极高的审美价值。另外，树种的自然形态与质感可以衬托人工硬质材料构成的规则建筑形体，建筑的光影反差和树种的光影反差能营造灵动的情趣。施工技术人员应充分发挥植物造景的功能，在选择园林树种的过程中，合理安排景物、建筑、围墙、屏障、道路之间的关系。此外，应合理规划树种分区，这样才能将不同植物种植区域划分成更小且能象征各种植物类型、大小与形态的区域。

二、城市园林树木规划建设现状

中国园林树木种类丰富，在园林规划建设中，设计师会协同园林工程管理人员和施工技术人员精选多种树木，以此，丰富树种美化园林植物景观。

从整体上分析，中国园林树木资源有以下四大特点：

第一，生物多样性丰富。据调查统计，原产于中国的树种大约有8000种，其中许多名花以我国为分布中心。如山茶树，全球共250余种，其中90%产于我国；全球有800多种杜鹃花属，中国就有600余种；全世界有90种木兰科植物，中国有73种；世

界上有30种丁香属植物，中国有25种；全球有50种毛竹属植物，中国有40种；世界上有6种蜡梅，均原产于中国。从统计数据可以看出中国原产的园林树木在世界树木总数中所占的比例极高。中国在园林植物栽培和树种规划实践中，培育出了大量观赏价值极高的品种和类型，梅花的品种多达300个以上，牡丹园艺品种高达600多个，桃花品种上千。此外，还有黄香梅、龙游梅、红花含笑、重瓣杏花等极珍贵的种质资源。

第二，原产树木种类繁多。在中国地域内，集中着众多世界著名原产树木的种类，很多著名园林树木的科、属也以中国为分布中心。从中国分布总数占世界总种数的百分比证明中国的确是多种著名树种的分布中心。

第三，形态变异显著。中国地域广阔，环境变化多，许多树种经过长期的影响形成了许多变异类型。就拿杜鹃花科来讲，这种花卉曾经被划为独立的属——映山红属，后来才发现映山红是典型落叶树，花整体呈筒状双唇形，花蕊通常有芳香气味，筒状中心有五个雄蕊。杜鹃类常绿，花钟状五香味，雄蕊有十个或者更多，但是两者间存在中间类型。两者间的差异不恒定，还不足以将它列为两个属。现在，杜鹃花科杜鹃花属约800种木本植物，种类极富变化，花叶均美观。杜鹃花的习性由常绿到落叶，由低矮的地表覆盖植物到高大乔木不等，花通常是管状或者漏斗状，颜色变异颇大，有白色、红色、粉色、黄色、紫色和蓝色等。

第四，特异种属多。受四级冰川的影响，中国保存有许多欧美国家已经灭绝的科属。

三、园林规划建设中如何合理选择树种

（一）科学制订树种规划方案

在园林规划建设中选择最佳树种，首先，要根据植物学、园林学、美学和生物学等学科知识，制订科学的树种规划方案，精确预估不同树种所占比例。在树种规划工作中，将可持续发展作为规划方针，以组建完整的绿地系统为指导，注重维护植物种群多样性，在广泛种植本土植物的同时适当引入生命力顽强且不会成为“生物入侵者”的外来之物，以此丰富植物种类。此外，从生长速度来看，植物可分为速生植物与慢生植物；从自然规律来看，植物有常绿植物和落叶植物之分。而且，植物还可以分为乔木和灌木。在选用树种的过程中，应根据园林面积和植物学、园林学、美学和生物学等学科知识合理规划不同植物的种植比例。

（二）量化树种评价指标

打造优美的城市园林，合理选择园林树种，必须着重量化树种评价指标。从宏观视角来看园林树种有五项指标，各指标又分为不同级别且不同级别所占的分数比例也各不

相同，以下内容就是园林树木的五大评价指标与级别所占分数：如果树种为中性中生中速树，指标分数为 10 分；如果树种为中性中生慢生树，指标分数为 6 分；如果树种为喜光性速生树，指标分数为 4 分。

1. 树形

如果树种为成形性树种，指标分数为 10 分；

如果有一定的形状，能生长为优势树种，指标分数为 6 分；

如果是小树苗，指标分数为 4 分。

2. 叶子的形状与颜色及花果

如果叶子的形状与颜色独特，花朵色泽鲜艳、有浓郁的芳香，会结果，指标分数为 10 分；

如果叶子形状独特，花朵美丽而无香，指标分数为 6 分；

如果叶子形状与颜色以及花朵一般，无味不会结果，指标分数为 4 分。

3. 根系

如果树木根系发达，有极强的抗风能力，不会穿透建筑物，指标分数为 10 分；

如果根系较为发达，侧根外生出主根，对建筑物没有明显的穿透作用，指标分数为 6 分；

如果根系发达，侧根中有粗壮的主根，指标分数为 4 分。

4. 养护管理

如果树木养护管理方法简单，指标分数为 10 分；

如果养护管理较为方便，但是需要专业科技，指标分数为 6 分；

如果养护管理方法极为复杂，指标分数为 4 分。

在选择树种的过程中，应根据指标分数与级别进行精选，并做好相应的护理工作，相比而言指标分数越低，养护管理工作的要求越高。

（三）恪守树种选用原则

从整体结构来分析，园林树种规划设计工作有三大基本原则：

第一，以人为本原则。

该原则要求设计师在园林空间设计工作中应充分考虑游客的审美情趣和精神需求，为游客设计唯美的植物景观，促进自然景观和人文景观的有机融合，为游客提供舒适、和谐的园林艺术环境。

第二，植物造景原则。

该原则要求设计师应充分发挥园林植物的造景作用，精心选择不同树种，设计优美的植物景观，根据植物的特性发挥其形体、色彩与线条等方面的美感。同时，要确保植物景观能够与周围环境相协调，进而创造唯美的艺术空间。

第三，园林景观艺术原则。

该原则要求设计师应继承中国传统园林设计艺术并予以创新和突破，从而创造艺术化空间意境，体现独特的中华文化。

第四节　我国城市园林规划思考

一、园林规划设计在城市规划建设中的应用途径

（一）制订城市园林设计方案，合理设置城市园林规模

由于我国城市园林建设起步较晚，受城市快速发展的影响，许多设计者认为城市园林建设面积和规模越大，越能发挥其净化生态环境的作用，缺少对城市实际需求的考量，导致所建造的园林作品具有一定的不适应性，同时，破坏了城市的布局和结构。针对这类问题，在进行城市园林设计之前，设计者应在充分了解城市发展需要的基础上，合理规划城市建设方案，既考虑园林设计成本，利用最少的投入营造最好的效果，还应重视园林设计和建造的适用性，设置合理的建造规模。为此，应在建造之前，进行实地考察，了解城市独特的地理特征，并将信息反馈给设计团队，在充分听取他人意见的情况下，选取最优质的建造方案，保障城市园林设计的合理性，同时，增强城市景观的美感。

（二）科学合理地布置绿植，增强城市景观特色

要想充分发挥城市园林规划与建设的作用，就要坚持人与自然和谐相处的理念，既保持城市园林景观的自然特征，又要凸显城市特色，以更好地彰显城市的魅力。绿植是城市景观营造中的主要设计内容，通过对植物的合理布置，可使城市用地更具合理性，同时，还能降低工业生产对生态环境带来的污染，为城市居民营造健康干净的环境。在具体实施过程中，一方面，设计者可将城市公园作为主要规划对象，利用适应城市环境的植物扩大城市绿化面积；另一方面，设计者要加强对居住区的建设，将绿植均匀分布在居住区内，实现居住区与城市整体绿地的有效衔接。还应加强对原有土地的改造，将不被利用的坡地或洼地作为主要建设目标，不断提升居住区土地的使用率，并为居住环境增添更多色彩。

（三）充分展示地域特色，增强城市园林建设的美观度

我国地域广阔，东西部跨度较大，园林景观呈现多样化的特点。而对于结合地理地貌特点的城市规划设计工作，在实践过程中要对不同区域的气候条件和景观进行调查，并结合居民的实际需求展开研究，既保障所设计的景观保持原有的自然性，避免使用工业材料和外来装饰物，又能降低整体建设成本，为城市发展带来更多的效益。为此，在进行城市园林规划时，应充分了解当地的文化和习俗，并将具有代表性的元素应用其中，构建具有城市代表性的景观，带给当地居民更好的视觉体验，满足其精神文化需求。另外，在进行城市规划设计时需利用相应的辅助工具，提高城市不同区域的实用性。比如，可利用大型植物将城市公共区域分割成不同的功能区，并在靠近居民区的地方设置娱乐健身器材，满足不同人群体育锻炼的需要。

二、打造地方特色园林的建议

（一）特色园林文化的融入

园林文化可以是多方面的。除了当地的历史文化，其他国粹文化、有生活气息的传统文化都是可以运用的，关键是如何提炼，用合适的元素来展现园林文化，并如何与环境融为一体，这才是最重要的。

1. 做好园林文化的统一规划

对全市的园林绿地文化进行统一规划，使园林文化具有整体性，可以用几条主线来进行贯穿，同时，各个区域又有各自的特色，有所区别，避免杂乱和重复。各绿地可以有不同的主题，某一区域可以相对统一。主题性公园、城市出入口，可以用地域历史文化，具有高识别度，能够增加当地居民的归属感和自豪感。

2. 园林文化的多种表现形式

园林文化的表现有多种形式，大型的雕塑、园林景观小品、浮雕绘画，其体量大、醒目，有很强的视觉冲击力，能让人瞬间记忆；小型的园林小品、诗词石刻、楹联、牌匾也是很好的形式，更容易与周边环境融为一体，能让人在不经意间驻足欣赏。园林文化在表现方式上可以是抽象的，在尊重本地传统文化的基础上大胆创新，在似与非似之间给人以无限想象的空间。

3. 提炼具有本土文化特征的代表性元素，将之融入各细节

细节最能体现管理水平，园林文化可以在细节上体现出精致。可以提炼具有本土文化特征的代表性元素，经过艺术加工，形成本地园林的特色标志，在全市园林绿地中大量运用，如在全市的园林绿地的坐凳、垃圾桶上可以加以定制的特色标志；花坛侧石也

可以相对统一，采用独特的图案和形式，在变化中求统一；园路中也可以嵌入有本土特色的文化元素等。细节出高度，看似不经意，其实很用心，能起到意想不到的效果。

4. 打造不同特色的街头游园文化

街头游园由于方便快捷，利用率很高，成为市民休闲娱乐健身的好去处，市民满意度很高，各个地市都在大力推行街头游园建设。在街头游园中融入园林文化，由于其高利用率，其园林文化的宣传度和影响力将会更加明显，能起到事半功倍的效果，根据不同的设计主题，采用不同的文化元素，让街头游园文化大放异彩。

（二）景观元素的合理运用

1. 特色植物配置

花草树木是最典型的园林景观元素，中国园林讲究的是花草树木的自然式配置，乔灌花草的合理搭配，在遵从总体规划和单项规划的前提下，在树种设计上要体现自己的特色。树种设计上不应简单追求小而全，树种多样性不需要体现在某一个单体设计中，在重点区域、重点位置要设计有特色的植物，能为游客留下深刻的印象。更可以大量使用乡土树种，容易形成自己的特色，而且后期养护管理成本低，有利于节省管理成本。

2. 充分挖掘园林植物的文化内涵

我国古典园林在植物配置方面有着很高的造诣，园林植物配置在形成不同植物景观的同时，也有园林文化的表达，一花一树都被赋予了某种思想情感。时至今日，我们仍然可以将其发扬光大，在不同的场所配置不同的植物，通过植物来体现文化内涵。

3. 充分保护古树名木及大树后备资源

古树名木及大树后备资源是城市园林绿化的宝贵财富，在园林绿化设计中要充分保护，并将其融入整体规划设计中，彰显其特色，从而体现出与众不同的园林景观。

4. 注重园林景观小品及园林建筑的应用

亭台、楼阁、雕塑及园林建筑等也是景观园林的重要元素，要重视这些园林景观元素的运用，合理应用这些园林景观元素，能整体提升园林景观的品质。特色明显、设计感强的园林建筑或园林景观小品，能让一个项目有更高的识别度，能成为项目的灵魂。如果有历史建筑的融入，那将是锦上添花，有更好的代表性，更能体现本地特色。当然建筑和景观小品也必须与园林环境充分融合，浑然天成。

5. 因地制宜，注重保留原有山水风貌和地质景观

这种设计方法体现了节约型园林建设原则，既省时省力，节省建设成本，也容易形成地方特色，打造家乡文化情怀。如对自然湿地景观，可以在保护原有生态环境的同时适当进行改造；在矿山治理及景观营造方面也可以充分利用原有矿坑和开采时遗留的痕迹，打造矿山开采文化等。

三、园林规划的优化措施

（一）提高园林规划设计师的水平

城市园林规划在设计的时候，需要相关的设计人员有很高的技术水平和修养。所以相关的工作人员要不断学习新的技术，提高自己的能力。增强设计理念，到设计院进行培训，争取外出学习的机会，提高自己的专业水平。要接受新的设计理念，了解不同地区的文化特点。园林设计师之间要互相沟通，交流想法，能够激发设计灵感，提升业务水平和设计理念。

（二）增强园林规划对环境的保护

现在我们地区越来越重视环境保护。我们不能只为了发展经济而忽视对环境的保护工作。在园林建设的时候，要根据国家的大政方针，坚持可持续发展的理念。倡导国家政策，在新的形势下要不断加强对环境保护的认识，在园林设计的时候，实现人和自然的和谐相处。对城市进行合理的规划和布局，这样能够保护城市的环境，保持水土。同时，通过绿植能够净化城市的空气，让人们呼吸到新鲜的空气，实现城市的可持续发展。

（三）增强园林的规划和种植水平

城市在进行园林规划的时候，不能千篇一律，要根据城市自己的特点和文化，充分利用城市的自然条件，整理好诚实的发展规划思路，把传统的文化和新的设计理念结合起来，显示出城市的特色，也能够显示出城市的民俗民情。如果有其他城市的人到了这个城市里，要被其独特的影响所吸引，从而留下深刻的印象。另外，在城市园林设计中，要实现融合发展，把城市的文化和经济发展，生态平衡相协调起来，要有自己的内涵和特点。

四、城市园林规划创新设计理念的有效应用

（一）创新园林功能

在城市园林规划创新设计理念中，强调园林功能的创新，打造多元属性的城市园林。多元属性的城市园林具有较好的绿化功能，其可为人们提供休闲去处，丰富人们的日常生活，提高生活质量，有利于改善城市生态环境，降低自然灾害的发生概率。在城市绿化系统中，园林工程占据着重要地位，应与城市住宅建设、公共绿地、交通等各方面有效配合，根据城市当前的绿化实况实施有针对性的规划设计，满足城市绿化需求。若是修建景观类园林，设计时应考虑园林的美观性，吸引更多人前去观赏，为其提供舒适的

休憩场所，合理规划、布局散步通道，保障人员安全。应充分考虑人们的实际需求，多安设休憩桌椅，条件允许的情况下还可以安置一些娱乐设施。若是住宅区的园林绿化设计，应充分结合住宅建筑物的风格、特色以及其周边所处的环境、地形等进行科学的规划设计。

未来园林规划创新设计理念将向科技化、生态化方向发展。城市园林设计应彰显城市人群的个性化需求，丰富城市园林的功能性。在园林规划设计过程中，应充分发挥现代科学技术的作用，以拓展城市园林设计思路，获取更多的设计灵感。除此之外，城市园林具有较好的生态功能，在后期发展过程中，其将向生态化方向前进，提升城市园林的生态价值，在城市园林规划设计中实现内涵和功能的统一性，贯彻落实科学发展观。在规划设计过程中，应融入城市的地域性特色，彰显城市文化的特点，使园林成为城市标志之一，增强园林景观的生态美。应坚持园林生态设计理念，遵循城市生态原则，选择本土材料，降低城市园林设计成本，提高城市自然资源的利用率。

（二）协调城市建设和园林设计，体现生态功能

在以往的城市经济发展过程中，未意识到环境保护工作的重要性，城市经济建设水平在提升的同时，生态环境受到严重破坏，影响了人们的生活质量，资源日益稀缺。现阶段，不以破坏环境为代价发展城市经济，开始意识到城市建设、生态环境保护间的关系，为了协调发展城市建设和园林绿化规划设计，寻找两者间的平衡，应格外重视城市园林工程。在进行城市园林规划设计时，需要基于城市建设目标科学规划设计方案，提高城市园林设计的科学性，使其与城市建设相融合。相关部门应严格遵循城市整体发展规划目标，优化园林规划设计施工方案，突出城市的功能性，改善城市生态环境。在进行城市园林规划设计时，应从整体设计效果考虑，优化风景园林空间设计，体现城市园林景观的空间层次感。可利用借景、框景等传统园林的设计方法，彰显园林空间优势，合理布局园林空间条件，使景观更具特色，提升城市园林的美观性，吸引群众的注意力。应充分发挥绿化植被的作用，在塑造视觉空间效果的同时，凸显城市园林的生态功能。

（三）突出城市园林绿化的艺术特征

城市园林绿化景观具有生态性、艺术性等特点。在规划设计城市园林时，应在设计方案中突出园林的艺术特征，提升其应用价值。创新城市园林规划设计理念的前提是尊重园林绿化的艺术性，可借鉴传统园林的空间处理方式，融入传统园林艺术风格，并将其与现代园林建设特点相结合，打造特色十足、具有城市独特印记的现代园林。对城市园林的设计人员有较高的要求，设计人员需要其不断丰富自身素质，提高专业能力，全面了解城市的历史文化特点，创新设计理念，以获取更多的艺术灵感。

（四）有效地应用计算机技术

目前，计算机信息技术与人们的生活密切相关，在此背景下，城市园林规划设计工作中应有效利用计算机信息技术，利用计算机网络系统，多维度地分析城市园林绿化的影响因素。为提高城市园林规划设计的合理性，需要考虑城市地下管线布局、所在区域地形、城市地质条件等因素，以免设计方案产生冲突，影响后期园林绿化施工的顺利开展。基于计算机信息技术的创新设计，能够提升设计的效率和质量。在规划设计城市园林时，设计人员可以充分发挥计算机虚拟技术的作用，构建城市园林设计模型，模拟园林景观所在城市的交通布局、土地利用布局，基于整个城市的园林景观生态水平深入分析城市园林的建设特色。根据对比分析的数据优化城市园林规划设计方案，在设计中突出城市独有的风格和文化特征。有效地应用计算机技术创新设计城市园林，有利于为城市园林规划设计理念的创新提供重要的技术保障，顺应时代发展潮流。

第五章　园林工程施工技术

第一节　园林工程施工概述

一、园林工程建设的意义

园林工程建设主要通过新建、扩建、改建和重建一些工程项目，特别是新建和扩建，以及与其有关的工作来实现的。

园林工程施工是完成园林工程建设的重要活动，其作用可以概括为以下几个方面：

（1）园林工程建设计划和设计得以实施的根本保证

任何理想的园林建设工程项目计划，任何先进科学的园林工程建设设计，均需通过现代园林工程施工企业的科学实施，才能得以实现。

（2）园林工程建设理论水平得以不断提高的坚实基础

一切理论都来自实践与最广泛的生产活动。园林工程建设的理论自然源于工程建设施工的实践过程。而园林工程施工的实践过程，就是发现施工中的问题并解决这些问题，从而总结和提高园林工程施工水平的过程。

（3）创造园林艺术精品的必经之途

园林艺术的产生、发展和提高的过程，就是园林工程建设水平不断发展和提高的过程。只有把经过学习、研究、发掘的历代园林艺匠的精湛施工技术及巧妙的手工工艺，与现代科学技术和管理手段相结合，并在现代园林工程施工中充分发挥施工人员的智慧，才能创造出符合时代要求的现代园林艺术精品。

（4）锻炼、培养现代园林工程建设施工队伍的最好办法

无论是对理论人才的培养，还是对施工队伍的培养，都离不开园林工程建设施工的实践锻炼这一基础活动。只有通过实践锻炼，才能培养出作风过硬、技艺精湛的园林工程施工人才和能够达到走出国门要求的施工队伍；也只有力争走出国门，通过国外园林工程施工的实践，才能锻炼和培养出符合各国园林要求的园林工程建设施工队伍。

二、园林工程施工的特点

（一）园林工程施工具有综合性

园林工程具有很强的综合性和广泛性，它不仅仅是简单的建筑或者种植，还要在建造过程中，遵循美学特点，对所建工程进行艺术加工，使景观达到一定的美学效果，从而达到陶冶情操的目的。同时，园林工程中因为有大量的植物景观，所以还要具有园林植物的生长发育规律及生态习性、种植养护技术等方面的知识，这势必要求园林工程人员具有很高的综合能力。

（二）园林工程施工具有复杂性

我国园林大多是建设在城镇或者自然景色较好的山、水之间，而不是广阔的平原地区，其建设位置地形复杂多变，因此，对园林工程施工提出了更高的要求。在准备期间，一定要重视工程施工现场的科学布置，以便减少工程期间对周边居民生活的影响和成本的浪费。

（三）园林工程施工具有规范性

在园林工程施工中，建设一个普普通通的园林并不难，但是怎样才能建成一个不落俗套，具有游览、观赏和游憩功能，既能改善生活环境，又能改善生态环境的精品工程，就成了一个具有挑战性的难题。因此，园林工程施工工艺总是比一般工程施工的工艺复杂，对于其细节要求也就更加严格。

（四）园林工程施工具有专业性

园林工程的施工内容较普通工程来说要相对复杂，各种工程的专业性很强。不仅园林工程中亭、榭、廊等建筑的内容复杂各异，现代园林工程施工中的各类点缀工艺品也各自具有其不同的专业要求，如常见的假山、置石、水景、园路、栽植播种等工程技术，其专业性也很强。这都需要施工人员具备一定的专业知识和专业技能。

三、园林施工技术

（一）苗木的选择

在选择苗木时，应先看树木姿态和长势，再检查有无病虫害，严格遵照设计要求，选用苗龄为青壮年期有旺盛生命力的植株；在规格尺寸上应选用略大于设计规格尺寸的，这样才能在种植修剪后满足设计要求。

（1）乔木干形

①乔木主干要直，分枝均匀，树冠完整，忌弯曲和偏向，树干平滑无大结节（大于直径 20 ㎜的未愈合的伤害痕）和突出异物。

②叶色：除特殊叶色种类外，通常叶色要深绿，叶片光亮。

③丰满度：枝多叶茂，整体饱满，主树种枝叶密实平整，忌脱脚。

④无病虫害：叶片通常不能发黄发白，无虫害或大量虫卵寄生。

⑤树龄：3 ~ 5 年壮苗，忌小老树，树龄用年轮法抽样检测。

（2）灌木干形

①分枝多而低度为好，通常第 1 分枝应 3 枝以上。

②叶色：绿叶类叶色呈翠绿、深绿，光亮，色叶类颜色要纯正。

③丰满度：灌木要分枝多，叶片密集饱满。特别是一些球类，或需要剪成各种造型的灌木，对枝叶的密实度要求较高。

④无病虫害：植物发病叶片由绿转黄、发白或呈现各色斑块。观察叶片有无被虫食咬，有无虫子，或大量虫卵寄生。

（二）绿化地的整理

绿化地的整理不只是简单地清掉垃圾，拔掉杂草，该作业的重要性在于为树木等植物提供良好的生长条件，保证根部能够充分伸长，维持活力，吸收养料和水分。因此，在施工中不得使用重型机械碾压地面。

（1）要确保根域层有利于根系的伸长平衡。一般来说，草坪、地被根域层生存的最低厚度为 15 厘米，小灌木为 30 厘米，大灌木为 45 厘米，浅根性乔木为 60 厘米，深根性乔木为 90 厘米；而植物培育的最低厚度在生存最低厚度基础上草坪地被、灌木各增加 15 厘米，浅根性乔木增加 30 厘米，深根性乔木增加 60 厘米。

（2）确保适当的土壤硬度。土壤硬度适当可以保证根系充分伸长和维持良好的通气性和透水性，避免土壤板结。

（3）确保排水性和透水性。填方整地时要确保团粒结构良好，必要时可设置暗渠等排水设施。

（4）确保适当的 pH 值。为了保证花草树木的良好生长，土壤 pH 值最好控制在 5.5 ~ 7.0 范围内或根据所栽植物对酸碱度的喜好而做出调整。

（5）确保养分。适宜植物生长的最佳土壤是矿物质 45%，有机质 5%，空气 20%，水 30%。苗木在栽植时，在原来挖好的树穴内先根据情况回填虚土，再垂直放入苗木，扶正后培土。苗木回填土时要踩实，苗木种植深度保持原来的深度，覆土最深不能超过原来种植深度 5 ㎝；栽植完成后由专业技术人员进行修剪，伤口用麻绳缠好，剪口要用漆涂盖。在风大的地区，为确保苗木成活率，栽植完成后应及时设硬支撑。栽完后要马上浇透水，第二天浇第二遍水，3 ~ 5 天浇第三遍水，一周后浇水转入正常养护。常绿树及在反季节栽植的树木要注意喷水，每天至少 2 ~ 3 遍，减少树木本身水分蒸发，提高成活率。浇第一遍水后，要及时对歪树进行扶正和支撑，对于个别歪斜相当严重的需重新栽植。

（三）苗木的养护

园林工程竣工后，养护管理工作极为重要，树木栽植是短期工程，而养护则是长期工程。各种树木有着不同的生态习性、特点，要使树木长得健壮，充分发挥绿化效果，就要给树木创造足以满足需要的生活条件，就要满足它对水分的需求，既不能因缺水而干旱，也不能因水分过多使其遭受水涝灾害。灌溉时要做到适量，最好采取少灌、勤灌、慢灌的原则，必须根据树木生长的需要，因树、因地、因时制宜地合理灌溉，以保证树木随时都有足够的水分供应。当前生产中常用的灌水方法是树木定植以后，一般乔木需连续灌水 3 ~ 5 年，灌木最少 5 年，土质不好或树木因缺水而生长不良以及干旱年份，则应延长灌水年限。每次每株的最低灌水量——乔木不得少于 90kg，灌木不得少于 60kg。灌溉常用的水源有自来水、井水、河水、湖水、池塘水、经化验可用的废水。灌溉应符合的质量要求有灌水堰应开在树冠投影的垂直线下，不要开得太深，以免伤根；水量充足；水渗透后及时封堰或中耕，切断土壤的毛细管，防止水分蒸发。盐碱地绿化最为重要的工作是后期养护，其养护要求较普通绿地标准更高、周期更长，养护管理的好坏直接影响着绿化效果。因此，苗木定植后，及时抓好各个环节的管理工作，疏松土壤、增施有机肥和适时适量灌溉等措施，可在一定程度上降低盐量。冬季风大的地区温度低，上冻前需浇足冻水，确保苗木安全越冬。由于在盐分胁迫下树木对病虫害的抵抗能力下降，需加强病虫害的治理力度。

第二节　园林土方工程施工

土方工程施工包括挖、运、填、压四个内容。其施工方法可采用人力施工、也可用机械化或半机械化施工。这要根据场地条件、工程量和当地施工条件决定。在规模较大、土方较集中的工程中，采用机械化施工较经济；对工程量不大、施工点较分散的工程或因受场地限制，不便采用机械施工的地段，应该用人力施工或半机械化施工。以下按上述四个内容简单介绍：

一、施工准备

有些必要的准备工作必须在土方施工前进行。如施工场地的清理，地面水的排除，临时道路的修筑，油燃料和其他材料的准备，供电线路与供水管线的敷设，临时停机棚和修理间的搭设等，土方工程的测量放线，土方工程施工方案的编制等。

二、土方调配

为了使园林施工的美观效果和工程质量同时符合规范要求，土方工程要涉及压实性和稳定性指标。施工准备阶段，要先熟悉土壤的土质；施工阶段，要按照土质和施工规范进行挖、运、填、堆、压等操作；在施工过程中，为了提高工作效率，要制订合理的土石方调配方案。土石方调配是园林施工的重点部分，施工工期长，对施工进度的影响较大，一定要做好合理的安排和调配。

三、土方的挖掘

（1）人力施工

施工工具主要是锹、镐、钢钎等，人力施工不但要组织好劳动力而且要注意安全和保证工程质量。

①施工者要有足够的工作面，一般平均每人应有 4 ～ 6 ㎡。

②开挖土方附近不得有重物及易坍落物。

③在挖土过程中，随时注意观察土质情况，要有合理的边坡，必垂直下挖者，松软土不得超过 0.7m，中等密度者不超过 1.25m，坚硬土不超过 2m。超过以上数值的须设支撑板或保留符合规定的边坡。

④挖方工人不得在土壁下向里挖土，以防坍塌。

⑤在坡上或坡顶施工者，要注意坡下情况，不得向坡下滚落重物。

⑥施工过程中要注意保护基桩、龙门板或标高桩。

（2）机械施工

主要施工机械有推土机、挖土机等，在园林施工中推土机应用较广泛。如在挖掘水体时，以推土机推挖，将土推至水体四周，再行运走或堆置地形，最后岸坡用人工修整。

用推土机挖湖挖山，效率较高，但应注意以下几个方面：

①推土前应识图或了解施工对象的情况

在动工之前应向推土机手介绍拟施工地段的地形情况及设计地形的特点，最好结合模型，使之一目了然。另外，施工前还要了解实地定点放线情况，如桩位、施工标高等。这样施工时司机便可心中有数，推土铲就像他手中的雕塑刀，能得心应手、随心所欲地按照设计意图去塑造地形。这一点对提高施工效率至关重要，这一步工作做得好，在修饰山体（或水体）时便可以省去许多人力物力。

②注意保护表土

在挖湖堆山时，先用推土机将施工地段的表层熟土（耕作层）推到施工场地外围，待地形整理停当，再把表土铺回来。这样做较麻烦费工，但对公园的植物生长却有很大好处，有条件之处应该这样做。

四、土方的运输

一般竖向设计都力求土方就地平衡，以减少土方的搬运量，土方运输是较艰巨的劳动，人工运土一般都是短途的小搬运。车运人挑，这在有些局部或小型施工中还经常采用。运输距离较长的，最好使用机械或半机械化运输。不论是车运人挑，运输路线的组织都很重要，卸土地点要明确，施工人员随时指点，避免混乱和窝工。如果使用外来土垫地堆山，运土车辆应设专人指挥，卸土的位置要准确，否则，乱堆乱卸，必然会给下一步施工增加许多不必要的小搬运，从而浪费人力物力。

五、土方的填筑

填土应该满足工程的质量要求，土壤的质量要根据填方的用途和要求加以选择，在绿化地段土壤应满足种植植物的要求，而作为建筑用地则要以将来地基的稳定为原则。利用外来土垫地堆山，对土质应该检定放行，劣土及受污染的土壤，不应放入园内，以免将来影响植物的生长和妨害游人健康。

（1）大面积填方应该分层填筑，一般每层 20 ~ 50 ㎝，有条件的应层层压实。

（2）在斜坡上填土，为防止新填土方滑落，应先把土坡挖成台阶状，然后再填方。这样可保证新填土方的稳定。

（3）推土或挑土堆山，土方的运输路线和下卸，应设计以山头为中心结合来土方向进行安排。一般以环形线为宜，车辆或人挑满载上山，土卸在路两侧，空载的车（人）沿路线继续前行下山，车（人）不走回头路，不交叉穿行，所以不会顶流拥挤。随着卸土的进行，山势逐渐升高，运土路线也随之升高，这样既组织了人流，又使土山分层上升，部分土方边卸边压实，这不仅有利于山体的稳定，山体表面也较自然。如果土源有几个来向，运土路线可根据设计地形特点安排几个小环路，小环路以人流车辆互不干扰为原则。

六、土方的压实

人力夯压可用夯、破、碾等工具，机械碾压可用碾压机或用拖拉机带动的铁碾。小型的夯压机械有内燃夯、蛙式夯等。如土壤过分干燥，需先洒水湿润后再行压实。

在压实过程中应注意以下几点：

（1）压实工作必须分层进行；

（2）压实工作要注意均匀；

（3）压实松土时夯压工具应先轻后重；

（4）压实工作应自边缘开始逐渐向中间收拢，否则边缘土方外挤易引起坍落。

七、土壁支撑和土方边坡

土壁主要是通过体内的黏结力和摩擦阻力保持稳定的，一旦受力不平衡就会出现塌方，不仅会影响工期，还会造成人员伤亡，危及附近的建筑物。

出现土壁塌方主要有以下四个原因：

（1）地下水、雨水将土地泡软，降低了土体的抗剪强度，增加了土体的自重，这是出现塌方的最常见原因。

（2）边坡过陡导致土体稳定性下降，尤其是开挖深度大、土质差的坑槽。

（3）土壁刚度不足或支撑强度破坏失效导致塌方。

（4）将机具、材料、土体堆放在基坑上口边缘附近，或者车辆荷载的存在导致土体剪应力大于土体的抗剪强度。为了确保施工的安全性，基坑的开挖深度到达一定限度后，土壁应该放足边坡，或者利用临时支撑稳定土体。

八、施工排水与流沙防治

在开挖基坑或沟槽时，往往会破坏原有的地下水文状态，可能出现大量地下水渗入基坑的情况。雨季施工时，地面水也会大量涌入基坑。为了确保施工安全，防止边坡垮塌事故发生，必须做好基坑降水工作。此外，水在土体内流动还会造成流沙现象。如果动水压力过大，则在土中可能会发生流沙现象，所以防止流沙就要从减小或消除动水压力入手。

防治流沙的方法主要有：水下挖土法、打板桩法、地下连续墙法、井点降水法等。水下挖土法的基本原理是使基坑坑内外的水压互相平衡，从而消除动水压力的影响。如沉井施工，排水下沉，进行水中挖土、水下浇筑混凝土，是防治流沙的有效措施。打板桩法的基本原理是将板桩沿基坑周遭打入，从而截住流向基坑的水流，但是此法需注意板桩必须深入不透水层才能发挥作用。地下连续墙法是沿基坑的周围先浇筑一道钢筋混凝土的地下连续墙，以此起到承重、截水和防流沙的作用。井点降水法施工复杂，造价较高，但是它同时对深基础施工能起到很好的支护作用。以上这些方法都各有优势与不足，而且由于土壤类型颇多，现在还很难找到一种方法可以一劳永逸地解决流沙问题。

第三节 园林绿化工程施工

一、园林绿化的作用

园林绿化施工能对原有的自然环境进行加工美化，在维护的基础上再创美景，用模拟自然的手段，人工地重建生态系统，在合理维护自然资源的基础上，增加绿色植被在城市中的覆盖面积，美化城市居民的生活环境。园林绿化工程为人们提供了健康绿色的生活场地、休闲场所，在发挥社会效益的同时，园林工程也获得了巨大的经济效益。人类建造的模拟自然环境的园林能够使动植物在一个相对稳定的环境里栖息繁衍，为生物的多样性创造了相对良好的条件。在可持续发展和城市化的进程中，园林建设增加了绿色植被的覆盖面积，美化了城市环境，提高了居民生活的环境质量，能促进人们的身心健康发展，发扬优秀文化，为城市的不断发展、人们生活水平的不断提高做出自己的贡献。

二、园林绿化工程的特点

（一）园林绿化工程的艺术性

园林绿化工程不仅仅是一座简单的景观雕塑，也不仅仅是提供一片绿化的植被，它是具有一定的艺术性的，这样才能在净化空气的同时带给人们精神上的享受和感官上的愉悦。自然景观还要充分与人造景观相融相通，满足城市环境的协调性需求。设计人员在最初进行规划时，就可以先进行艺术效果上的设计，在施工过程中还可以通过施工人员的直觉和经验进行设计上的修饰。尤其是在古典建筑或者标志性建筑周围建设园林绿化工程的时候，更要讲究其艺术性，要根据施工地的不同环境和不同文化背景进行设计，不同的设计人员会有不同的灵感和追求，设计和施工的经验和技能也是有所差别的。因此，有关施工和设计人员要不断地提升自己的艺术水准和技能，这也是对园林绿化人员提出的要求。

（二）园林绿化工程的生态性

园林绿化工程具有强烈的生态性。现代化进程的不断加快，使得人口与资源环境的发展极其不协调，人们生存的环境质量也一再下降。生态环境的破坏和环境污染已经带来了一系列的负效应，直接影响了人们的身体健康和精神的追求，间接地，也使得经济的发展受到了限制。因此，为了响应可持续发展的号召，为了提高人们赖以生存的环境质量，就要加强城市的园林绿化工程建设力度，各城市管理部门要加强对这方面的重视程度。这种园林绿化工程的生态性也成了这个行业关注的焦点。

（三）园林绿化工程的特殊性

园林绿化工程的实施对象具有特殊性。由于园林绿化工程的施工对象都是植物居多，而这些都是有生命的活体，在运输、培植、栽种和后期养护等各个方面都要有不同的实施方案；也可以通过这种植物物种的丰富的多样性和植被的特点及特殊功效来合理配置景观，这也需要施工和设计人员具有扎实的植物基础知识和专业技能，对其生长习性、种植注意事项、自然因素对其的影响等都了如指掌，才能设计出最佳的作品。这些植物的合理设计和栽种可以净化空气、降温降噪等，还可以为喧嚣的人们提供一份宁静与安逸，这也是园林绿化工程跟其他城市建设工程相比具有突出特点的地方。

（四）园林绿化工程的周期性

园林绿化工程的重要组成部分就是一些绿化种植的植被，因此，其季节性较强，具有一定的周期，要在一定的时间和适宜的地方进行设计和施工，后期的养护管理也一定要做到位，以保证苗木等植物的完好和正常生长。这是一个长期的任务。同时也是比较重要的环节之一，这种养护具有持续性，需要有关部门合理安排，才能确保景观得以长久保存，创造最大的景观收益。

（五）园林绿化工程的复杂性

园林绿化工程的规模一般很小，却需要分成很多个小的项目，施工时的工程量也小而散，这就为施工过程的监督和管理工作带来一定难度。在设计和施工前要认真挑选合适的施工人员。施工人员不仅要掌握足够的知识面，还要对园林绿化知识有一定的了解，最后还要具备一定的专业素养和德行，避免施工单位和个人在施工时不负责的偷工减料和投机取巧，确保工程的质量。由于现在的城市中需要绿化的地点有很多，如公园、政府、广场、小区甚至是道路两旁等等，园林绿化工程的形式也越来越多样化，因此，今后园林绿化工程的复杂程度也会逐渐提高，这也对有关部门提出了更高的要求。

三、园林绿化施工技术

（一）园林绿化工程施工流程

园林绿化工程施工主要由两个部分组成，即前期准备和实施方案。其中，园林绿化工程的前期准备，主要包括三个方面：技术准备、现场准备和苗木及机械设备准备。园林绿化工程分实施方案又由施工总流程、土质测定及土壤改良、苗木种植工程三个主要的部分构成。重点是苗木种植流程，选苗→加工→移植→养护。

（二）园林绿化工程施工技术要点

1. 园林绿化工程施工前的技术要点

一项高质量的园林绿化工程的完成，离不开完善的施工前的准备工作。它是对需要施工的地方进行全面考察了解后，针对周围的环境和设施进行深入的研究，还要深入了解土质、水源、气候及人力后进行的综合设计。同时，还要掌握树种及各种植物的特点及适应的环境进行合理配置，要适当地安排好施工的时间，确保工程不延误最佳的施工时机，这也是成活率的重要保证。为了防止苗木在施工时受季节和天气的影响，要尽量选在阴天或多云风速不大的天气进行栽种。要严格按照设计的要求进行种植，确保翻耕深度，对施工地区要进行清扫工作，多余的土堆也要及时清理，工作面的石块、混凝土等也要搬出施工地区，最后还要铺平施工地，使其满足种植的需要。

2. 园林绿化工程施工过程技术要点

在施工开始后，要做到的关键部分就是定好点、栽好苗、浇好水等，严格按照施工规定的流程进行施工操作，要保证植物能够正常健康地生长，科学培育。首先，行间距的定点要严格进行设计，将路缘或路肩及临街建筑红线作为基线，以图纸要求的尺寸作为标准在地面确定行距并设置定点，还要及时做好标记，便于查找。如果是公园地区的建设，要采用测量仪，准确标记好各个景观及建筑物的位置，要有明确的编号和规格，施工时要对植被进行细致的标注。其次，树木栽植技术也对整个工程的顺利施工有着重要的影响，栽植树木不仅是栽种成活，还要对其形状等进行修剪等。由于整个施工难免会对植被造成一定的伤害，为了尽早恢复，让树木等能够及时吸收足够的土壤养分，就要进行适时的浇水，通常对本年份新植树木应浇水三次以上，苗木栽植当天浇透水一次。如果遇到春季干旱少雨造成土壤干燥还要适当地将浇水时间提前。

3. 园林绿化工程的后期养护工作

后期的养护工作也是收尾工作，是整个工程的最后保证，也是对整个工程的一个保持。根据植物的需求，要及时对其需要的养分进行适时补充，以免造成植被死亡，影响景观的整体效果。灌溉时，要根据树木的品种及需求适时调整，节约水资源和人力物力。为了达到更好的美观性和艺术性，一些植物还需要定时进行修剪，这也是养护管理的重要工作内容。有些植物易受虫害的侵袭，对于这类植被要及时采取相应措施。除此以外，还有保暖措施等。

四、园林绿化过程中的施工注意事项

（一）苗木的选择

在园林绿化过程中，选择乔木苗木的时候应该尽可能地选择分支均匀、树冠完整以及笔直的树苗来作为移植树苗，不要使用一些倾斜、弯曲的树苗。

（1）可以用作移植的树苗具有以下特点：

①树干特点选择相对平滑且没有大结节以及突出物的树干，大结节也就是树干上有大于 20 ㎜直径的伤痕。

②叶片特点能够进行移植的树苗除了拥有特殊的类型之外，一般情况下树木的叶片颜色为深绿色，还具有一定亮度。

③树木丰满度在进行树苗移栽的过程中，应该尽可能地选择整体饱满、树干枝叶繁盛，并且密室、平整的树苗来作为绿化需要的树木。

④合理地选择没有病害的苗木来进行移栽。在对树苗进行移栽的过程中，树苗的树叶不能出现发白的情况，还应该保证树苗内部没有寄生虫。

⑤合理选择树苗年龄。在进行移栽的过程中，一般应该选择 3 ~ 5 年树龄的树苗作为绿化移栽的树苗，不可以使用树龄过大或者过小的树苗来作为移栽树苗，并且在确定树龄的时候应合理地进行年轮抽样检查。

在园林绿化时候选择灌木树苗的时候，应该选择分枝比较多以及主干比较低的树苗。一般来说，相对比较好的灌木树苗就是具有三个以上的分枝，绿叶具有一定的光亮，或者为深绿和翠绿。以叶片分枝比较多、密集饱满为树木的丰满度。对于很多球类树木来说，在对树苗进行修剪的过程中应该保持特定形状，所以对于树木树叶的密实度就有一定的要求。在移栽灌木树苗的时候，应该合理地观察其是否被虫子咬过以及一些隐藏的病虫害。

（2）苗木的选择类型

①乔木类

对于常绿及落叶乔木而言，园林施工作业人员最应注意的就是要保证乔木的正常生长，为植物提供必要的生长环境。在此前提下，通过整形修剪对树木的形状进行合理的美化修整，确保干性强、顶端优势强的树种生长成高大笔直的景观树，而干性弱，枝条形态分布优美的树种保持其自然、优雅的树形。其中，对于顶端优势强的乔木，修剪过程中需要将树干主干保留下来，并留取层级主枝，形成类似圆锥形的树形。对乔木侧枝进行适当的修剪，能够合理地控制其生长的态势，进一步推动乔木主干生长。但是若在修剪中误将主枝顶端剪掉或者是对其造成损伤，则需要将靠近中间且生长强健的侧枝当作主干培养，保持树种的顶端优势，确保乔木生长态势良好。对于大型乔木的修剪，则应当在修剪工作完毕后及时对修剪的伤口进行清理，涂抹伤口愈合剂，促进伤口尽快愈合，并阻断树木伤口处在恢复期受到病虫害的侵染。此外，对于珍贵树种的处理，最好使用树皮修补或者是移植的方法，进而确保植株伤口在短时间内愈合。

②花灌木类

园林中的花灌木种类繁多，景观各异。对此类植株栽植前的合理修剪，必须根据设计意图采用不同的修剪整形方式。如对于规整式园林景观，实质是通过人工细致的修剪使得自然生长的灌木形体转变成较为规则的形状，以自身自然的绿色和规整的形状不断装饰、美化园林，进一步增加园林的观赏性，体现出人类改造自然的能力。为此，园林施工作业人员在修剪灌木时，需要严格遵守以下几个技术要点：首先，需要依据园林中灌木丛的具体疏密情况，适当保留几个形状比较规则的主枝，疏剪一些生长较为密集的枝条，同时，对侧枝进行合理的修剪，使灌木呈现出圆形、椭圆形等设计规定的形状。其次，适当去除灌木植株体上一些较老的枝干并保留和培养一些新生枝，可以增强灌木的生长势，促进花灌木生长更为旺盛美观。而自然式园林，则强调虽由人做，宛自天开的人文意境，园林植物修剪注重植物本身自然的生长形态，仅对部分生长不合理的交叉枝、重叠枝、轮生枝、病虫枝、徒长枝等疏除，减少人为对原有树体形态的过多干预，形成模拟自然界真实、缩微的植物群落景观。

③绿篱类

绿篱主要由耐修剪的花灌木或小型乔木组成，一般是单排或双排形成植篱墙或护栏式景观。园林工作人员可以将绿篱中的植物修剪成各种规整式形状，如波浪形、椭圆形、方形等，设计师可以将绿篱设置在道路、纪念性景观两侧，达到引导游客视线、隔离道路和保护环境等目的。为了确保绿篱整体高度及形状一致，园林工作人员会定期安排整形修剪，适当修剪植株主尖，一般剪去主尖的 1/3，剪口高度介于 5 ~ 10 ㎝之间，这样有助于控制植株的生长高度，促进绿篱的健康成长。

（二）对于种植土的复原与选择

在园林绿化工程施工过程中，土壤是花草树木能够生存的主要基础，基本上以土粒团粒为最好，直径一般都是 1 ~ 5 mm，孔径会小于 0.01 mm的最为适合树木的生长。一般而言，土壤表层都具有大量的植物生长需要的营养以及团粒结构。在进行园林绿化过程中，时常会把表层去掉，这就破坏了植物能够生长的最有利环境。为了保证可以科学有效地培养树木的生长，最好的办法就是把园林内部原有的土壤表层进行合理使用，在对土壤表层进行复原的过程中，应该尽可能避免大型机械的碾压，可以使用倒退铲车来对土壤进行掘取。

（三）施工过程中的土建以及绿化

在园林绿化工程施工建设过程中，经常会用到很多种交叉施工方式，这会在一定程度上导致很多施工企业为了赶上施工进度以及其他的外在因素出现一些问题。在对园林进行绿化的时候，绿化与土建是由不同施工单位来分别完成的。因此，非常容易出现问题，特别是在保护砌筑路牙石以及植物方面，所以需要密切注意施工过程中的细节，提高施工质量。

第四节　园林假山工程施工

一、假山的概念及功能作用

（一）假山的概念

假山是指用人工方法堆叠起来的山，其是按照自然山水为蓝本，经艺术加工而制作的。随着叠石为山技巧的进步和人们对自然山水的向往，假山在园林中的应用也越来越普遍。不论是叠石为山，还是堆土为山，或土石结合，抑或单独赏石，只要它是人工堆成的，均可称之为假山。人们通常说的假山实际上包括假山和置石两个部分。所谓的假山，是以造景、游览为主要目的，充分地结合其他多方面的功能作用，以土、石等为材料，以自然山水为蓝本并加以艺术的提炼、加工、夸张，用人工再造的山水景物的通称；置石，是指以山石为材料做独立造景或做附属配置造景布置，主要表现山石的个体美或局部山石组合，不具备完整的山形。

一般来说，假山的体量较大而且集中，可观可游可赏可憩，使人有置身于自然山林之感；置石主要是以观赏为主，结合一些功能（如纪念、点景等）方面的作用，体量小且分散。假山按材料不同可分为土山、石山和土石相间的山；置石则可分为特置、对置、散置、群置等。为降低假山置石景观的造价和增强假山置石景观的整体性，在现代园林中，还出现以岭南园林中灰塑假山工艺为基础的采用混凝土、有机玻璃、玻璃钢等现代工业材料和石灰、砖、水泥等非石材料进行的塑石塑山，成为假山工程的一种专门工艺，这里不再单独探讨。

（二）假山的功能作用

假山和置石因其形态千变万化，体量大小不一，所以在园林中既可以作为主景也可以与其他景物搭配构成景观。如扬州个园的“四季假山”以及苏州狮子林等总体布局以山为主，水为辅，景观特别；在园林中作为划分和组织空间的手段；利用山石小品作为点缀园林空间、陪衬建筑和植物的手段；用假山石做花台、石阶、踏跺、驳岸、护坡、挡土墙和排水设施等，既朴实美观，又坚固实用；用作室内外自然式家具、器设、几案等，如石桌凳、石栏、石鼓、石屏、石灯笼等，既不怕风吹日晒，也增添了几分自然美。

二、假山工程施工技术

（一）施工前的准备工作

施工前首先应认真研究和仔细会审图纸，先做出假山模型，方便之后的施工，做好施工前的技术交底，加强与设计方的交流，充分正确了解设计意图。再者，准备好施工材料，如山石材料、辅助材料和工具等。还应对施工现场进行反复勘察，了解场地的大小，当地的土质、地形、植被分布情况和交通状况等方面。制订合适的施工方案，配备好施工机械设备，安排好施工管理和技术人员等。

（二）假山的材料选择

我国幅员辽阔，地质变化多端。为园林假山建设提供了丰富的材料。古典园林中对假山的材料有着深入的研究，充分挖掘了自然石材的园林制造潜力，传统假山的材料大致可分为以下几大类:湖石（包括太湖石、房山石、英石、灵璧石、宣石）、黄石、青石、石笋还有其他石品（如木化石、石珊瑚、黄蜡石等）。这些石种各具特色，有自己的自然特点，根据假山设计要求的不同，采用不同的材料。经过这些天然石材的组合和搭配，构建起各具特色的假山。如太湖石轻巧、清秀、玲珑，在水的溶蚀作用下，纹理清晰，脉络景隐，有如天然的雕塑品，常被选其中形体险怪，嵌空穿眼者为特置石峰；又如宣石颜色洁白可人，且越旧越白，有着积雪一般的外貌，成为冬山的绝佳材料。而现代以来，由于资源的短缺，国家对山石资源进行了保护，自然石种的开采量受到了很大的限制，不能满足园林假山的建设需要。随着技术的日益发展，在现代园林中，人工塑石已成为假山布景的主流趋势，而且由于人工塑石更为灵活，可根据设计意图自由塑造，所以能达到很好的效果。

（三）假山施工流程

假山的施工是一个复杂的工程，一般流程为：定点放线→挖基槽→基础施工→拉底→中层施工（山体施工、山洞施工）→填、刹、扫缝→收顶→做脚→竣工验收→养护期管理→交付使用。其中，涉及许多方面的施工技术，每个不同环节都有不同的施工方法，在此，将重点介绍其中的一些施工方法。

（1）定点放线

首先，要按照假山的平面图，在施工现场用测量仪准确地按比例尺用白石粉放线，以确定假山的施工区域。线放好后，跟着标出假山每一部位的坐标点位。坐标点位定好后，还要用竹签或小木棒钉好，做出标记，避免出差错。

（2）基础施工

假山的基础如同房屋的地基一样都是非常重要的，应该引起重视。假山的基础主要有木桩、灰土基础、混凝土基础三种。木桩多选用较平直又耐水湿的柏木桩或杉木桩，木桩顶面的直径为 10 ～ 15 ㎝。平面布置按梅花形排列，故称“梅花桩”。桩边至桩边的距离约为 20 ㎝，其宽度视假山底脚的宽度而定。桩木顶端露出湖底十几厘米至几十厘米，并用花岗石压顶，条石上面才是自然的山石，自然山石的下部应在水面以下，以减少木桩腐烂。灰土基础一般采用“宽打窄用”的方法，即灰土基础的宽度应比假山底面积的宽度宽出约 0.5 ㎝，保证了基础的受力均匀。灰槽的深度一般为 50 ～ 60 ㎝。2m 以下的假山一般是打一步素土，一步灰土。一步灰土即布灰 30 ㎝，踩实到 15 ㎝再夯实到 10 ㎝厚度左右。2 ～ 4m 高的假山用一步素土、两步灰土。石灰一定要新出窑的块灰，在现场泼水化灰。灰土的比例采用 3∶7。混凝土基础耐压强度大，施工速度快。厚度陆地上 10 ～ 20 ㎝，水中约为 50 ㎝。陆地上选用不低于 C10 的混凝土。水中假山基础采用 M15 水泥砂浆砌块石，或 C20 的素混凝土做基础为妥。

（3）拉底

拉底就是在基础上铺置最底层的自然山石，是叠山之本。假山的一切变化都立足于这一层，所以底石的材料要求大块、坚实、耐压。底石的安放应充分考虑整座假山的山势，灵活运用石材，底脚的轮廓线要破平直为曲折，变规则为错落。要根据皴纹的延展来决定，大小石材成不规则的相间关系安置，并使它们紧密互咬、共同制约，连成整体，使底石能垫平安稳。

（4）中层

中层是假山造型的主体部分，占假山中的最大体量。中层在施工中要尽量做到山石上下衔接严密之外，还要力求破除对称的形体，避免成为规规矩矩的几何形态，因偏得致，错综成美。在中层施工时，平衡的问题尤为明显，可以采用“等分平衡法”等方法调节山石之间的位置，使它们的重心集中到整座假山的重心上。

（5）收顶

收顶即处理假山最顶层的山石。从结构上来讲，收顶的山石要求体量大的，以便合凑收压，一般分为分峰、峦和、平顶三种类型，可在整座假山中起到画龙点睛的效果，应在艺术上和技术上给予充分重视。收顶时要注意使顶石的重力能均匀地分层传递下去，所以往往用一块山石同时镇压住下面的山石。如果收顶面积大而石材不够时，可采用“拼凑”的施工方法，用小石镶缝使成一体。

（四）假山景观的基础施工

假山景观一般堆叠较高、重量较大，部分假山景观又会配以流水，加大对基础的侵蚀。所以首先要将假山景观的基础工程搞好，减少安全隐患，这样才能在此之上造就出各种假山景观造型。基础的施工应根据设置要求进行，假山景观基础有浅基础、深基础、桩基础等。

（1）浅基础的施工

浅基础的施工程序为：原土夯实→铺筑垫层→砌筑基础。浅基础一般是在原地面上经夯实后而砌筑的基础。此种基础应事先将地面进行平整，清除高垄，填平凹坑，然后进行夯实，再铺筑垫层和基础。基础结构应按设计要求严把质量关。

（2）深基础的施工

深基础的施工程序为：挖土→夯实整平→铺筑垫层→砌筑基础。深基础是将基础埋入地面以下的基础，应按基础尺寸进行挖土，严格掌握挖土深度和宽度。一般假山景观基础的挖土深度为 50 ~ 80 cm，基础宽度多为山脚线向外 50 cm。土方挖完后夯实整平，然后按设计铺筑垫层和砌筑基础。

（3）混凝土基础

目前，大中型假山多采用混凝土基础、钢筋混凝土基础。混凝土具有施工方便、耐压能力强的特点。基础施工中对混凝土的标号有着严格的规定，一般混凝土垫层不低于C10，钢筋混凝土基础不低于 C20 的混凝土。具体要根据现场施工环境决定，如土质、承载力、假山的高度、体量的大小等决定基础处理形式。

（4）木桩基础

在古代园林假山施工中，其基础形式多采用杉木桩或松木桩。这种方法到现在仍旧有其使用价值，特别是在园林水体中的驳岸上，应用较广。选用木桩基础时，木桩的直径范围多在 10 ~ 15 cm之间，在布置上，一般采用梅花形状排列，木桩与木桩的间距为

20 ㎝。打桩时，木桩底部要达到硬土层，而其顶端则必须至少高于水体底部十几厘米。木桩打好后要用条石压顶，再用块石使之互相嵌紧。这样基础部分就算完成了，可以在其上进行山石的施工。

（五）山体施工

1. 山石叠置的施工要点

（1）熟悉图纸

在叠山前一定要把设计图纸读熟，但由于假山景观工程的特殊性，它的设计很难完全一步到位。一般只能表现山体的大致轮廓或主要剖面，为了方便施工，一般先做模型。由于石头的奇形怪状，而不易掌握，因此，全面了解和掌握设计者的意图是十分重要的。如果工程大部分是大样图，无法直接指导施工，可通过多次的制作样稿，多次修改，多次与设计师沟通，才能摸清设计师的真正意图，找到最合适的施工技巧。

（2）基础处理

大型假山景观或置石必须要有坚固耐久的基础，现代假山景观施工中多采用混凝土基础。

2. 山体堆砌

山体的堆砌是假山景观造型最重要的部分，根据选用石材种类的不同，要艺术性地再现自然景观，不同的地貌有不同的山体形状。一般堆山常分为底层、中层、收顶三部分。施工时要一层一层地做，做一层石倒一层水泥砂浆，等到稳固后再上第二层，如此至第三层。底层，石块要大且坚硬，安石要曲折错落，石块之间要搭接紧密，摆放时大而平的面朝天，好看的面朝外，一定要注意放平。中层，用石要掌握重心，飘出的部位一定要靠上面的重力和后面的力量拉回来，加倍压实做到万无一失。石材要统一，既要相同的质地，相同纹理，色泽一致，咬茬合缝，浑然一体，又要有层次有进深。

3. 置石

置石一般有独立石、对置、散置、群置等。独立石，应选择体量大、造型轮廓突出、色彩纹理奇特、有动态的山石。这种石多放在公园的主入口或广场中心等重要位置。对石，以两块山石为组合，相互呼应，一般多放置在门前两侧或园路的出入口两侧；散置，几块大小不等的山石灵活而艺术地搭配，聚散有序，相互呼应，富于灵气；群置，以一块体量较大的山石作为主石，在其周围巧妙置以数块体量较小的配石组成一个石群，在对比之中给人以组合之美。

（1）山石的衔接

中层施工中，一定要使上下山石之间的衔接严密，这除了要进行大块面积上的闪进，还需防止在下层山石上出现过多破碎石面。只不过有时候，出于设计者的偏好，为体现假山某些形状上的变化，也会故意预留一些这样的破碎石面。

①形态上的错落有致

假山山体的垂直和水平方向都要富于变化，但也不宜过于零碎，最好是在总体上大伸大缩，使其错落有致。在中层山石的设置上，要避免出现长方形、正方形这样严格对称的形状，而要注重体现每个方向上规则不同的三角形变化，这样也可使得石块之间犇拉咬茬，提高山体的稳定性。另外，山石要按其自然纹理码放，保证整体上山石纹理的通顺。

②山体的平衡

中层，是衔接底层和顶层的中间部分，底层是基础，要保证其对整个上部有足够的承载力，而到中层时，则必须得考虑其自身和上部的平衡问题了。譬如，在假山悬崖的设计中，山体需要一层层往外叠加，这样就会使山体的重心前移，所以这时就必须利用数倍于前沉重心的重力将前移重心拉回原本重心线。

③绿化相映、山水结合

山无草不活，没有花草树木相映，假山就会光秃秃的，显得呆板而缺乏活力。所以在堆砌假山时，要按照设计要求，在适当的地方预留种植穴，待假山整体框架完工后种植花草树木，达到更好的观赏性。假山修建过程中，有时还需预留管道，用于设计喷泉和其他排水设施。假山建成后，在假山周围一定范围内，修建水池，用太湖石或黄石驳岸，把山上流水引入池中，使得树木、山水相映生趣，增加假山的观赏性。

（2）顶层

顶层即假山最上面的部分，是最重要的观赏部分，这也是它的主要作用，无疑应做重点处理。顶层用石，无疑应选用姿态最美观、纹理最好的石块，主峰顶的石块体积要大，以彰显假山的气魄。

在顶层用石选用上，不同峰顶要求如下：

①堆秀峰

堆秀峰的特点是利用其庞大的体积显示出来的强大压力，镇压全局。峰石本身可用单块山石，也可由块石拼接。峰石的安置要保证山体的重心线垂直底面中心，均衡山势，保证山体稳定。但同时也要注意到的是，峰石选用时既要能体现其效果，又不能体积过大而压垮山体。

②流云峰

流云峰偏重于做法上的挑、飘、环、透。由于在中层已大体有了较为稳固的布置，所以在收头时，只需将环透飞舞的中层合而为一。峰石本身可以作为某一挑石的后坚部分，也可完成一个新的环透体，既能保证叠石的安全，又能保障其流云或轻松的感觉不被破坏。

③剑立峰

剑立峰，顾名思义，就是用竖向条石纵立于山顶的一种假山布置。这种形式的特点在于利用剑石构成竖向瘦长直立的假山山顶，从而体现出其峭拔挺立、刺破青天的气魄。对于这种形式的假山，其峰石下的基础一定要十分牢固，石块之间也要紧密衔接，牢牢卡住，保证峰石的稳定和安全。

（六）假山石景的山体施工

一座山是由峰、峦、岭、台、壁、岩、谷、壑、洞、坝等单元结合而成，而这些单元则是由各种山石按照起、承、转、合的章法组合而成。

（1）安稳。安稳是对稳妥安放叠置山石手法的通称，将一块大山石平放在一块或几块大山石上面的叠石方法叫作安稳。安稳要求平稳而不能动摇，右下不稳之处要用小石片垫实刹紧。一般选用宽形或长形山石，这种手法主要用于山脚透空叵右下需要做眼的地方。

（2）连山石之间水平方向的相互衔接称为连。相连的山石基连接处的茬口形状和石面皱纹要尽量相互吻合，如果能做到严丝合缝最理想，但多数情况下，只要基本吻合即可。对于不同吻合的缝口应选用合适的石片刹紧，使之合为一体，有时为了造型的需要，做成纵向裂缝或石缝处理，这时也要求朝里的一边连接好，连接的目的不仅在于求得山石外观的整体性，更主要的是为了使结构上凝为一体，以能均匀地传达和承受压力。连合好的山石，要做到当拍击石一端时，应使相连的另一端山石有受力之感。

（3）接是指山石之间的竖向衔接，山石衔接的茬口可以是平口，也可以是凹凸口，但一定是咬合紧密而不能有滑移的接口。衔接的山石，外面要依皴纹连接，至少要分出横竖纹路来。

（4）斗以两块分离的山石为底脚，做成头顶相互内靠，如同两者争斗状，并在两头项之间安置一块连接石；或借用斗栱构件的原理，在两块底脚石上安置一块拱形山石。

（5）挎即在一块大的山石之旁，挎靠一块小山石，犹如人肩之挎包一样。挎石要充分利用茬口咬压，或借用上面山石之重力加以稳定，必要时应在受力之隐蔽处，用钢丝或铁件加轻固定连接。挎一般用在山石外轮廓形状过于平滞而缺乏凹凸变化的情况。

（6）拼将若干小山石拼零为整，组成一块具有一定形状大石面的做法称为拼，因为假山景观不会是用大山石叠置而成，石块过大，给吊装、运输都会带来困难。因此，需要选用一些大小不同的山石，拼接成所需要的形状，如峰石、飞梁、石矶等都可以采用拼的方法而成；有些假山景观在山峰叠砌好后，突然发现峰体太瘦，缺乏雄壮气势，这时就可将比较合适的山石拼合到峰体上，使山峰雄厚壮观起来。

（七）假山景观山脚施工

假山景观山脚施工是直接落在基础之上的山林底层，它的施工分为拉底、起脚和做脚。

（1）拉底

拉底是指用山石做出假山景观底层山脚线的石砌层。

①拉底的方式：拉底的方式有满拉底和线拉底两种。满拉底是将山脚线范围之内用山石满铺一层。这种方式适用于规模数较小、山底面积不大的假山景观，或者有冻胀破坏的北方地区及有震动破坏的地区。线拉底按山脚线的周边铺砌山石，而内空部分用乱石、碎砖、泥土等填补筑实。这种方法适用于底面较大的大型假山景观。

②拉底的技术要求：底脚石应选择石质坚硬、不易风化的山石。每块山脚石必须垫平垫实，用水泥砂浆将底脚空隙灌实，不得有丝毫摇动感。各山石之间要紧密咬合，互相连接形成整体，以承托上面山体的荷载分布。拉底的边缘要错落变化，避免做成平直和浑圆形状的脚线。

（2）起脚拉底之后，开始砌筑假山景观山体的首层山石层叫起脚。起脚边线的做法常用的有：点脚法、连脚法和块面法。

①点脚法：即在山脚的边线上，用山石每隔不同的距离做墩点，用于片块状山石盖于其上，做成透空小洞穴。这种做法用于空透型假山景观的山脚。

②连脚法：即按山脚边线连续摆砌弯弯曲曲、高低起伏的山脚石，形成整体的连线山脚线，这种做法各种山形都可采用。

③块面法：即用大块面的山石，连续摆砌成大凸大凹的山脚线，使凸出凹进部分的整体感都很强，这种做法多用于造型雄伟的大型山体。

三、施工中的注意事项

1. 施工中应注意按照施工流程的先后顺序施工，自下而上，分层作业，必须在保证上一层全部完成，在胶结材料凝固后才进行下一层施工，以免留下安全隐患。

2. 施工过程中应注意安全，“安全第一”的原则在假山施工过程中应受到高度重视。对于结构承重石必须小心挑选，保证有足够的强度。在叠石的施工过程中应争取一次成功，吊石时在场工作人员应统一指令，拴石打扣起吊一定要牢靠，工人应穿戴好防护鞋帽，保证做到安全生产。

3. 要在施工的全过程中对施工的各工序进行质量监控，做好监督工作，发现问题及时改正。在假山工程施工完毕后，对假山进行全面的验收，应开闸试水，检查管线、水池等是否漏水漏电。竣工验收与备案过程应按法规规范和合同约定进行。假山景观是人工地将各种奇形怪状、观赏性高的石头，按层次、特点进行堆叠而形成山的模样，再加以人工修饰，达到置一山于一园的观赏效果。在园林中假山景观的表现形式多种多样，可作为主景也可以作为配景，如划分园林空间、布置道路、连廊等，再配以流水、绿草更能增添自然的气息。

第五节　园林供电与照明工程施工

一、园林景观照明设计

（一）城市园林景观照明设计

每个城市都有其独特的风俗文化，城市的风俗文化外化后就体现在城市的景观照明设计中。一个城市的白天和黑夜是截然不同的，日间的景致无法仿效，而夜晚当然会使它多一些“神秘感”，并具有它自己的味道。人们往往能通过城市夜间的照明，直观地感受到城市的魅力，而园林景观照明设计作为城市景观照明的一部分，显得尤为重要。因此，对城市园林景观照明设计进行探究有其深层意义。

（二）城市园林景观照明设计的基本要求

1. 满足人们对照明的基本要求，使人们感到舒适和健康

街道、广场、建筑和人构成了一座城市，其中，人是最主要的元素。城市是人们居住的场所，城市园林景观设计要遵循以人为本的原则，城市园林景观照明设计更要如此。遵循以人为本的原则，最基本的就是满足各个场所照明的照度要求，满足物体的可见度的需要，确保安全性和对方向的辨认，使人们感到舒适和健康。

2. 强调光与环境的融合，达到相辅相成的效果

园林景观照明设计在满足各个场所照度要求的基础上，要注重与周边环境相融合，达到美化环境的效果。光与环境的融合主要体现在光的显色性上，光的颜色一定要与环境相适合，不可太突出，抢了风头，也不可太暗淡，达不到照明的效果。在差异中强调整体性，彼此之间要形成平衡和联系，使其达到浑然一体的效果。

3. 防止眩光，避免光污染

防止眩光是指必须对光在（接近）水平方向上的亮度进行限制或遮挡，这在照明设计中非常重要。眩光会使人眼对物体的识别产生偏差，导致判断失误。对于行驶在车行道上的车辆来说，严重的可能会造成交通意外。而“光污染”这个术语是用来形容过度的灯光或指向有误的灯光。恼人的灯光大多来自温室射出的灯光、被照亮的园区广告牌、过量照明的建筑、过分的道路照明等等，这些都是光污染的表现。

光污染是光的一种浪费，不仅会给公共区域的使用者和邻近环境中的居民造成烦扰，还会对植物的生长周期和动物的生命节奏造成一定的危害，所以城市园林景观照明设计一定要防止眩光，避免光污染。

（三）城市园林景观中不同建筑物类型的照明设计

（1）园林道路照明

园林道路作为整个园林的骨架，其照明设计必须在保证照度安全、均匀的同时，还要突出主次差异，让游客和行人一目了然，不至于迷路。

①照度均匀、安全

在园林道路的照明中，必须根据灯具的高度和灯杆之间的距离采取相应的措施以确保灯光的均匀度，“锥形光束”必须彼此交叠。而行人行走的道路、区域，安全感总是关注的重点，要有足够的光线，不要有太多黑暗的地方，要看得到来往的交通，利于行人与车辆之间的避让。当某处光线很强的时候，与它相邻的四周看起来就会比实际情况暗。人的视觉会跟随眼前的光线进行调整，如果周围没有更强的光亮就会觉得该点的亮度是足够的，这就是亮度平衡问题。

②突出主次

在园区的主要街道和次要街道之间，景观照明设计在照明强度上有强弱之分，在灯光色彩的运用上也有很大差异，这种差别对区分不同区域是有益的，可以使游客一目了然，清楚地知道园区的道路分布，了解自己所处的位置及目的地的方位。但在设计的时候，不可一味地突出差异，还需考虑整体性，注意彼此之间形成平衡和联系。

（2）公共活动区域照明

在园林设计中，建筑设计师总会设计一部分供游客小憩的开放性场所，比如园区中间的小广场，园林的休息区、咖啡厅、品茶店等等，通常这些场所都会在户外设置长椅、座椅和石桌来供游客休息、用餐，需要给游客提供一种轻松愉悦的气氛，让游客疲惫的身心得到舒缓。因此，在该公共区域的照明设计中，景观照明设计师要有无限的创意和浓厚的艺术素养，有独特的艺术欣赏力，通过采取降低照度、采用彩色灯具等来调节情调，烘托气氛，营造舒适静谧的氛围，给人以轻松愉悦的享受。

（3）绿植和水景照明

在园林景观设计中，绿植和水景往往是少不了的，毕竟园林主要是让人放松的地方，绿色植物能给人以新鲜的空气，水景也能让人的心瞬间平静下来。植物的照明为表现其生机勃勃的色泽，一般是采用白光或与植物色相近的光源，主要有卤素等、金属卤化物灯以及荧光灯等。其中，金属卤化物灯适合中等或大尺度的树木，荧光灯和卤化灯适合于中小尺度的树木及灌木、矮树丛。水景分为静态和动态两种，静态的水景比如说平静的人工湖面、池塘，动态的水景比如说喷泉、小溪。静态的水景照明主要烘托一种宁静的氛围，该照明设计一般利用反射的光学原理，采用反射比较高的材料灯具，反射岸边景物来突出水体的存在和景观效果；动态的水景照明主要给人一种魔幻、戏剧性的感受，该照明设计一般以彩色的灯具设计居多，在流动的水中设置不同位置的灯具，利用水的落差和灯具的配合，使水的动态效果因为光线的作用变得更加强烈。

（四）特色建筑物照明

园林景观中，有很多有特色的建筑物，如纪念碑、桥梁、塔楼等建筑物，这些建筑物都需要进行独特的照明设计，以突出建筑物的特色。

（1）纪念碑

纪念碑是为了纪念某个重要人物或是某个重要事件而建设的，往往是整个园区的标志物。为了突出纪念主题的严肃性和内涵，纪念碑的照明设计一般采用单纯的暖白色调为基本色调，通过光影变化突出建筑自身特点，塑造建筑形象，营造出一种庄重、大方的环境气氛。

（2）桥梁

桥梁是由石材、砖或混凝土建造的功能型建筑，有的则是全木结构，或是为实现某种设计特点而采取的材料组合。不同材质和不同性质的桥梁都应该有不同的照明设计。例如石桥的照明，主要利用灯光来凸显其材质和细节；铁桥的照明，主要用冷色光呈现其架构；古迹桥梁的照明，主要利用灯光强化其历史、文化方面的色彩。而园区里的桥梁照明设计一般是夜晚用来引导桥上的行人和交通，因此，在照明设计上，要求在距桥较远处不应该看到眩光，而桥下的通道必须清晰可辨，满足桥上和桥下两方面的要求。

（3）塔楼

一座塔楼基本分成三部分，分别为基座、塔身和塔顶。在进行塔楼照明设计时，应该对不同的部位有不同的照度要求，但同时又要求塔的整体性。一般来说，塔的基座主要体现塔的完整性，照度比较小，主要是轮廓照明；塔身主要承载了塔的设计风格和建筑特色，一般在塔的檐口和上挑的四个角做特殊照明，照度大一点，凸显其特色；塔顶一般都是供人们远观的，照度最强，与塔身和基座在照度上形成一定的强弱差异，产生惊心夺目的效果吸引人们的注意，给人以惊艳的感觉。塔楼的照度从下往上逐渐增加，满足了人眼对光的视觉过渡，营造出一种高耸入云的感觉。

二、园林景观照明设计应该遵循的原则

（一）以人为本原则

在城市园林景观照明设计中应该突出以人为本的思想，每一个设计细节都需要考虑到人们的需求，考虑不同的要求，反映不同的观念，突出人性化。

（二）低碳节能原则

由于现代社会大力倡导可持续发展，实行低碳经济计划。因此，园林景观照明设计者要提高环境保护意识，自觉遵守国家节能降耗指标的要求，把低碳节能的理念深入到园林景观照明设计中去。

（三）文化特色原则

园林景观照明设计不仅要看出其科技的发达程度，还需要遵循园林绿化与历史文化相结合的原则，通过对历史文化的挖掘与传承，设计出有独特城市文化的园林作品，展现城市的文化内涵，改良城市的自然景观和人文景观。

三、关于园林景观照明设计的有关对策

（一）制定行业标准

园林景观照明行业应该制定一定的行业标准，因为行业标准的制定最能够体现出一个行业的技术含量，如果园林企业能够参与制定行业标准，就会尽量把企业的技术加进去。这样，园林企业制定行业标准，国家职能部门、行业协会进行组织引导，能够充分反映市场的需求，避免了园林行业的恶性竞争，使得园林景观照明设计人员有标准参照，从而提高园林景观照明设计的质量，真正为人民的高品质生活服务。

（二）应形成现代城市园林照明设计理念

园林景观照明设计应该随着社会经济的发展而发展。在建设园林景观时，将生态学原理充分应用到园林建设中，逐步形成生态园林景观建设的理念。准确认识生态园林的概念，从人与自然共存的角度出发，认识到生态保护的重要性，创新现代园林景观照明设计理念。不仅要从园林景观照明设计的美观效果出发，还要结合园林植物的生长特性、

能源的消耗，从而高度统一现代城市园林景观照明设计理念，从真正意义上实现低碳环保节能。

（三）加强对复合型园林景观照明设计人才的培养

现代社会的竞争，其实质就是人才的竞争，园林景观照明设计行业也是如此。园林景观照明设计企业要想坚定地站在园林行业中，就必须要加强对复合型园林景观照明设计人才的培养。在对复合型设计人才进行培养时，应该摒弃高校采取的传统“重专业轻基础，重技术轻素质，重知识轻能力”的培养模式，而要重点培养复合型设计人才的基础知识、创造能力。通过对园林照明设计人员系统而理论的培训，对审美知识的培养，对园林照明设计技能的考核，提升园林景观照明设计人员的设计质量。

（四）园林景观照明设计应该严格遵循其设计原则

园林景观照明设计者在进行园林景观照明设计时，应该充分认识园林景观照明设计应该遵循的原则，根据原则来设计出高质量的作品，最终使园林景观照明有良好的视觉效果。

四、园林供电与照明施工技术

（一）照明工程

在施工过程中，主要分为以下几大部分：施工前准备、电缆敷设、配电箱安装、灯具安装、电缆头的制作安装。

1. 施工前准备

在具体施工前首先要熟悉电气系统图，包括动力配电系统图和照明配电系统图中的电缆型号、规格、敷设方式及电缆编号，熟悉配电箱中的开关类型、控制方法，了解灯具数量、种类等。熟悉电气接线图，包括电气设备与电器设备之间的电线或电缆连接、设备之间线路的型号、敷设方式和回路编号，了解配电箱、灯具的具体位置，电缆走向等。根据图纸准备材料，向施工人员做技术交底，做好施工前的准备工作。

2. 电缆敷设

电缆敷设包括电缆定位放线、电缆沟开挖、电缆敷设、电缆沟回填几部分。

（1）电缆定位放线

先按施工图找出电缆的走向后，按图示方位打桩放线，确定电缆敷设位置、开挖宽度、深度等及灯具位置，以便于电缆连接。

（2）电缆沟开挖

采用人工挖槽，槽梆必须按 1:0.33 放坡，开挖出的土方堆放在沟槽的一侧。土堆边缘与沟边的距离不得小于 0.5 米，堆土高度不得超过 1.5 米，堆土时注意不得掩埋消火栓、管道闸阀、雨水口、测量标志及各种地下管道的井盖，且不得妨碍其正常使用。开槽中若遇有其他专业的管道、电缆、地下构筑物或文物古迹等时，应及时与甲方、有关单位及设计部门联系，协同处理。

（3）电缆敷设

电缆若为聚氯乙烯铠装电缆均采用直埋形式，埋深不低于 0.8M。在过铺装面及过路处均加套管保护。为保证电缆在穿管时外皮不受损伤，将套管两端打喇叭口，并去除毛刺。电缆、电缆附件（如终端头等）应符合国家现行技术标准的规定，具备合格证、生产许可证、检验报告等相应技术文件；电缆型号、规格、长度等符合设计要求，附件材料齐全。电缆两端封闭严格，内部不应受潮，并保证在施工使用过程中，随用、随断，断完后及时将电缆头密封好。电缆铺设前先在电缆沟内铺沙不低于 10 ㎝，电缆敷设完后再铺沙 5 ㎝，然后根据电缆根数确定盖砖或盖板。

（4）电缆沟回填

电缆铺砂盖砖（板）完毕后并经甲方、监理验收合格后方可进行沟槽回填，宜采用人工回填。一般采用原土分层回填，其中不应含有砖瓦、砾石或其他杂质硬物。要求用轻夯或踩实的方法分层回填。在回填至电缆上 50 ㎝后，可用小型打夯机夯实，直至回填到高出地面 100 ㎜左右为止。回填到位后必须对整个沟槽进行水夯，使回填土充分下沉，以免绿化工程完成后出现局部下陷，影响绿化效果。

3. 配电箱安装

配电箱安装包括配电箱基础制作、配电箱安装、配电箱接地装置安装、电缆头制作安装四部分。

（1）配电箱基础制作

首先，确定配电箱位置，然后根据标高确定基础高低。根据基础施工图要求和配电箱尺寸，用混凝土制作基础座，在混凝土初凝前在其上方设置方钢或基础完成后打膨胀螺栓用于固定箱体。

（2）配电箱安装

在安装配电箱前首先熟悉施工图纸中的系统图，根据图纸接线。对接头的每个点进行涮锡处理。接线完毕后，要根据图纸再复检一次，确保无误且甲方、监理验收合格后方可进行调试和试运行。调试时要保证有两人在场。

（3）配电箱接地装置安装

配电箱有一个接地系统，一般用接地钎子或镀锌钢管做接地极，用圆钢做接地导线，接地导线要尽可能的直、短。

（4）电缆头制作安装

导线连接时要保证缠绕紧密以减小接触电阻。电缆头干包时首先要进行抹涮锡膏、涮锡的工作，保证不漏涮且没有锡疙瘩，然后进行绝缘胶布和防水胶布的包裹，既要保证绝缘性能和防水性能，又要保证电缆散热，不可包裹过厚。

4. 灯具安装

灯具安装包括灯具基础制作、灯具安装、灯具接地装置安装、电缆头制作安装几部分。

（1）灯具基础制作

首先，确定灯具位置，然后根据标高确定基础高度。根据基础施工图要求和灯具底座尺寸，用混凝土制作基础座，基础座中间加钢筋骨架确保基础坚固。在浇注基础座混凝土时，在混凝土初凝前在其上方放入紧固螺栓或基础完成后打膨胀螺栓用于固定灯具。

（2）灯具安装

在安装灯具前首先对电缆进行绝缘测试和回路测试，对所有灯具进行通电调试，确保电缆绝缘良好且回路正确，无短路或断路情况，灯具合格后方可进行灯具安装。安装后保证灯具竖直，同一排的灯具在一条直线上。灯具固定稳固，无摇晃现象。接线安装完毕后检查各个回路是否与图纸一致，根据图纸再复检一次，确保无误且甲方、监理验收合格后方可进行调试和试运行。调试时要保证有两人在场。重要灯具安装应做样板方式安装，安装完成一套，请甲方及监理人员共同检查，同意后再进行安装。

（3）灯具接地装置安装

为确保用电安全，每个回路系统都安装一个二次接地系统，即在回路中间做一组接地极，接电缆中的保护线和灯杆，同时，用摇表进行摇测，保证摇测电阻值符合设计要求。

（4）电缆头制作安装

电缆头制作安装包括电缆头的砌筑、电缆头防水，根据现场情况和设计要求，及图纸指定地点砌筑电缆头，要做到电缆头防水良好、结构坚固。此外，在电缆过电缆头时要做穿墙保护管，此时，要做穿墙管防水处理。先将管口去毛刺、打坡口，然后里外做防腐处理，安装好后用防水沥青或防膨胀胶进行封堵，以保证防水。

五、电气配置与照明在园林景观中的应用

近几年来，随着城市建设的高速发展，出现了大量功能多样、技术复杂的城市园林环境，这些城市园林的电气光环境也越来越受到城市建设部门的重视和社会的关注。对园林光环境的营造正逐步成为建筑师、规划师以及照明设计工程师的重要课题。目前，我国的园林设计行业仍处在初期发展阶段，不仅缺少专业设计人才和系统的园林电气技术规范，而且缺乏正确的审美标准和理论基础。

（一）园林景观中的电气配置与应用

优秀的环境电气设计一定要准确分析把握环境的性质，在电气照明方式的选择上力求融入环境设计，使电气照明策划成为环境设计的有机组成部分，支持并展现园林环境的创作意图，帮助达成环境整体风格的照明塑造。环境照明设计应依据环境各类景观特点，做到风格一致。在策划设计园林环境夜间照明中，应考虑各种光元素对环境夜间基本性质的影响，使得观察者在相对于该环境的任何位置，都能获得良好的光色照明和心理感觉。不同的环境电气照明设计对灯型和光源的选用必须和灯具安装场所的环境风格一致，和谐统一。在选择电气照明方式和光源时，环境现有景观的布置方式、建筑风格形式、园林绿化植物品种等因素都需综合考虑。此外，环境照明灯具的选用除了考虑夜间照明功能外，白天也必须达到点缀和美化环境的要求。

园林环境照明所要求的环境主题包括领域感、归属感、亲密性、公共性、科技性、趣味性、虚幻感、商业性、民族性等。环境照明的主题定位是至关重要的，它决定了其他各要素的安排。通过充分解剖被照对象的功能、特征、风格，透彻理解光影与环境的特定作用，模拟各视点和视距的夜景状态，加强建筑及环境对视觉感知的展示。借助夜景照明对环境关键特征的表现或夸张来丰富该主题。充分利用非均匀照明、动态照明，在需要光的时间，把适量的光送到最需要的地点，以人为本，展现主题个性化的设计，加强照明调控，关怀不同主题对光的不同需求，追求个性化的照明风格。仔细分析被照主题的方向与体量，环境主题照明要求根据设计目标来安排光的方向、体量。

（二）园林景观中的照明对象

园林照明的意义并非单纯地将绿地照亮，而是利用夜色的朦胧与灯光的变幻，使园林呈现出一种与白昼迥然不同的旨趣，同时，造型优美的园灯亦有特殊的装饰作用。

1. 建筑物等主体照明

建筑在园林中一般具有主导地位，为了突出和显示硬质景观特殊的外形轮廓，通常应以霓虹灯或成串的白炽灯安设于建筑的棱边。经过精确调整光线的轮廓投光灯，将需要表现的形体用光勾勒出轮廓，其余则保持在暗色状态中，这样对烘托气氛具有显著的效果。

2. 广场照明

广场是人流聚集的场所，周围选择发光效率高的高杆直射光源可以使场地内光线充足，便于人的活动。若广场范围较大，又不希望有灯杆的阻碍，则应在有特殊活动要求的广场上布置一些聚光灯之类的光源，以便在举行活动时使用。

3. 植物照明

植物照明设计中最能令人感到兴奋的是一种被称作“月光效果”的照明方式，这一概念源于人们对明月投洒的光亮所产生的种种幻想。灯光透过花木的枝叶会投射出斑驳的光影，使用隐于树丛中的低照明器可以将阴影和被照亮的花木组合在一起。灯具被安置在树枝之间，将光线投射到园路和花坛之上形成类似于明月照射下的斑驳光影，从而引发奇妙的想象。

4. 水体照明

水面以上的灯具应将光源隐于花丛之中或者池岸、建筑的一侧，即将光源背对着游人，避免眩光刺眼。叠水、瀑布中的灯具则应安装在水流的下方，既能隐藏灯具，又可照亮流水，使之显得生动。静态的水池在使用水下照明时，为避免池中水藻之类一览无遗，理想的方法是将灯具抬高贴近水面，增加灯具的数量，使之向上照亮周围的花木，以形成倒影，或将静水作为反光水池处理。

5. 道路照明

对于园林中可有车辆通行的主干道和次要道，需要使用一定亮度且均匀的连续照明的安全照明用具，以使行人及车辆能够准确识别路上的情况；而对于游憩小路，除了照亮路面外，还要营造出一种幽静、祥和的氛围，使其融入柔和的光线之中。

（三）园林景观中的照明方式

1. 重点照明

重点照明是为了强调某些特定目标而采用的定向照明。为让园林充满艺术韵味，在夜晚可以用灯光强调某个要素或细部。即选择特定灯具将光线对准目标，使某些景物打上适当强度的光线，而让其他部位隐藏在弱光或暗色之中，从而突出意欲表达的部分，以产生特殊的景观效果。

2. 环境照明

环境照明体现着两方面的含义：一是相对重点照明的背景光线；二是作为工作照明的补充光线。其主要提供一些必要亮度的附加光线，以便让人们感受到或看清周围的事物。环境照明的光线应该是柔和的，弥漫在整个空间，具有浪漫的情调。

3. 工作照明

工作照明就是为特定的活动所设，要求所提供的光线应该无眩光、无阴影，以便使活动不受夜色的影响。对光源的控制能做到很容易地被启闭，这不仅可以节约能源，更重要的是可以在无人活动时恢复场地的幽邃和静谧。

4. 安全照明

为确保夜间游园、观景的安全，需要在广场、园路、水边、台阶等处设置灯光，让人能看清周围的高差障碍；在墙角、丛树之下布置适当的照明，给人以安全感。安全照明的光线要求连续、均匀、有一定的亮度、独立的光源，有时需要与其他照明结合使用，但相互之间不能产生干扰。

（四）园林景观中的电气设计

园林景观照明的设计及灯具的选择应在设计之前做一次全面细致的考察，可在白天对周围的环境进行仔细的观察，以决定何处适宜于灯具的安装，并考虑采用何种照明方式最能突出表现夜景。

1. 供电系统

用电量大的绿地可设置 10kV 高配，由高配向各 10kV/0.4kV 变电所供电；用电量中等的绿地可由单个或多个 10kV/0.4kV 变电所供电，用电量小的绿地可采用 380V 低压进线供电。绿地内变电所宜采用箱式变电站。绿地内应考虑举行大型游园时临时增加用电的可能性，在供电系统中应预留备用回路。供电线路总开关应设置漏电保护。

2. 电力负荷

绿地内常用主要电力负荷的分级为：一级，省市级及以上的园林广场与人员密集场所；二级，地区级的广场绿地。照明系统中的每一单相回路，不宜超过 16A，灯具为单独回路时数量不宜超过 25 个；组合灯具每一单相回路不宜超过 25A，光源数量不宜超过 60 个。建筑物轮廓灯每一单相回路不宜超过 100 个。

3. 弱电和电缆

绿地内宜设置有线广播系统，大型绿地内宜设公共电话。除《火灾自动报警系统设计规范》指定的建筑外，国家、省、市级文物保护的古建筑也应作为一级保护对象，设置火灾探测器及火灾自动报警装置。绿地内的电缆宜采用穿非金属性管理地敷设，电缆与树木的平行安全距离应符合以下规定：古树名木 3.0 米，乔木树主干 1.5 米，灌木丛 0.5 米。线路过长，电压降低难以满足要求时，可在负荷端采用稳压器升高并稳定电压至额定值。

4. 灯光照明

无论何种园林灯具，其光源目前一般使用的有汞灯、金属卤化物灯、高压钠灯、荧光灯和白炽灯。绿地内主干道宜采用以节能灯、金卤灯、高压钠灯、荧光灯作为光源的灯具。绿地内休闲小径宜采用节能灯。根据用途可分为投光灯、杆头式照明灯、低照明灯、埋地灯、水下照明彩灯。投光灯可以将光线由一个方向投射到需要照明的物体，如建筑、雕塑、树木之上，能产生欢快、愉悦的气氛；杆头式照明灯用高杆将光源抬升至一定高度，可使照射范围扩大，以照全广场、路面或草坪；低照明灯主要用于园路两旁、假山岩洞等处；埋地灯主要用于广场地面；水下照明彩灯用于水景照明和彩色喷泉。

总之，在园林景观规划中电气设计要全面考虑对灯光艺术影响的功能、形式、心理和经济因素，根据灯光载体的特点，确定光源和灯具的选择。确定合理的照明方式和布置方案，经过艺术处理、技巧方法，创造良好的灯光环境艺术。它既是一门科学，又是一门艺术创作。需要我们用艺术的思维、科学的方法和现代化的技术，不断完善和改进设计，营造婀娜多姿、美轮美奂的园林景观艺术。

第六章　园林景观布局

第一节　景观园林艺术布局

一、景观园林设计中的空间艺术布局意义

在景观园林设计工作中，对其空间艺术进行合理的布局，其意义主要体现在以下方面：

首先，通过对风景园林空间艺术的布局进行综合考虑与规划，能够使风景园林所具有的娱乐观赏性得到大幅提升。娱乐观赏是景观园林的基本功能之一。通过对景观园林中的各个要素进行巧妙的空间设计，可使观赏者在景观园林中获得更多的趣味。而且空间合理的布局也能使观赏者在景观园林中获得更加舒适的感受。

其次，景观园林的空间艺术布局能够使其给人带来的立体化感受更加强烈。对于景观园林来说，需要利用图案与色彩等要素，以此增加风景园林的立体感和层次感，这有助于增强其艺术感染力。

最后，通过对景观园林进行空间布局，可使其类型变得更加丰富，空间布局能够使自然景观与人工景观变得更加契合，进而使园林的景观效果得到有效提升。

二、空间艺术布局的目的

对于景观园林来说，其空间艺术布局需要依据空间组织中所具有的尺度概念，以其尺度概念来规划草图，以此确保园林景观的功能得以充分发挥，其空间艺术布局的目的能够顺利实现。在将景观园林的实施功能与平面规划进行融合的过程中，需要以“以人为本”这一基本原则为主要前提，以确保实施原则中的均衡性、对比性、韵律性以及对称性能够得到体现，进而使其在视觉艺术形式上变得和谐而融洽，并能够满足人们的审美特点。

设计人员在针对风景园林的平面尺度进行具体设置时，需要从生理与心理两个方面来对人体功能进行分析，以确保所设立的空间尺度参数能够满足人体在心理与生理上所

具有的功能，进而使平面设计形态得以明确地凸显出来。在平台中，点、线、面是其基本构成元素，正是应为有了这些元素，景观布局形式才变得更加富有视觉美感。举例说明，在对景观园林的车行道进行设计时，需要确保行车空间充足，为了达到这一目的，如果树木位于行车道的两侧时，则需确保树木与行车道之间的空间能够预留出 0.6 ~ 1.5m。在空间艺术布局中，纳入平面空间布局，并对设施、场地等尺寸调控模式进行了解，能够使这些设施在建设中的标准性与舒适性得以充分体现。

三、景观园林设计中的空间艺术布局原则

（一）景观丰富

要想提升景观的立体感，需要合理规划不同种类植物的布局，详细分析空间分配，合理分配不同颜色植物的数量和位置。景观丰富表现在多个方面，主要包括：景观园林的植物种类丰富；景观中人工景观的内容丰富；空间规划的内容丰富等。空间艺术设计需要合理分配景观中不同的元素，不同元素的主要装饰作用不同，不同种类的植物的颜色也不尽相同。只有合理地分配各种元素，才能达到良好的空间布局效果。要合理地把握人工景观与各种植物的配比，在空间设计时，还要考虑人们实际需要的丰富性，如可设计走向丰富的小路供人们行走。景观的丰富性不仅可提升景观带来的美感，还能增加景观的实用价值，使景观设计能更多地满足人们亲近自然、欣赏美景的实际需要。

（二）绿化环保

城市的景观园林设计最基本的要求是满足环保的需要，景观不仅是美化城市的基础，更是改善城市自然环境的基础。在空间设计中，景观必须满足改善城市生态环境的实际需要。在进行景观园林设计时，需要制订科学的绿化方案，使园林改善城市环境，特别是起到减少城市噪声、扬尘和改善城市空气质量的作用。绿化环保原则对景观园林空间设计的主要启示是，在对景观园林进行空间艺术布局时，必须要深入考究景观的实用性。此外，在用人工景观进行点缀时，要确保人工景观的环保性，避免选择对环境产生污染的人工合成材料。景观园林中的软景部分设计要注意选择合适的植物种类，改善环境的同时，保证植物能适应城市的气候，避免气候适应不良造成的植物资源浪费，使各种植物和人工景观形成一个具有多样化功能的小型生态系统，改善城市环境，提升人们的生活品质。

（三）功能丰富性

在景观园林的空间艺术布局中，不仅要确保其所具备的观赏功能得到充分体现，还要重视其实用性功能的体现。通常而言，在景观园林中需要应用到许多设施，如假山、

座椅、路标等，这些设施的设置需要遵循功能丰富性原则，以此实现对这些设施的合理安排，使每个设施的功能都能得以充分发挥，进而使其利用率得到有效提升。例如，在对景观园林内用于休憩的座椅进行设置时，需要考虑到游客在使用座椅时的舒适性，因此，需要将其设置到周围有密集景观。而且能够比较阴凉的地方，以确保游客在休憩的过程中，既能通过环境温度获得舒适的感觉，也能在休憩之余观看各种景观。

（四）以人为本

在景观园林的空间布局中，还要遵循以人为本这一基本原则。以人为本是将人的需求作为设计过程中的考虑范畴，确保游客能够对园林内的资源进行有效享受。而这就需要从以下两个方面进行考虑：一方面，在对景观园林进行设计时，需对人的体能进行有效考虑，避免游客在景观园林内长时间游览而无法获得足够的休息，以减轻游客的疲累感；另一方面，还要依据不同游客的年龄、性格特征、身体状况等，在固定范围内，必须设立相应的休息区、厕所、游乐区，使小孩子和老年人在园区内的基本需求得到有效的满足。

四、景观园林设计中的空间艺术布局

（一）园林建筑的空间艺术布局

在设计景观园林时，应考虑城市美化的不同层次需要，合理搭配不同种类、不同形态的植物。同时，在建设立体景观时，要让观赏者站在不同视角观赏的视觉体验不同。在分割园林建筑空间时，可用多种方法提升空间布局特点的多样性，如延伸、错位等技巧能丰富空间结构。我国很多城市中均有具体实例可作为参考，在苏州园林设计中，就实现了建筑物与植物的合理搭配，使园林中的植物与建筑物之间形成默契配合，提升了不同景观在园林中的艺术魅力。园林建筑的空间布局与城市的空间舒适度具有一定的联系，园林建筑风格需要与城市的整体建筑风格相协调，建筑空间要与植物空间形成一个有机统一的整体，使园林建筑在具有美感的同时，体现实用性。

（二）园林地形地貌的空间艺术布局

在景观园林的空间艺术布局中，地形是实现布局的基本框架，对地形结构进行科学的塑造，能够对景观园林的空间艺术布局效果产生直接影响。因此，在空间艺术表达中必须高度重视地形要素。就目前来看，我国在对景观园林的空间艺术进行布局时，其整体布局效果呈现出非常明显的地理区位特征，所以设计员在景观园林的空间艺术布局时，需彻底转变以往的“人工造景”这一陈旧落后的设计思路，通过对天然地理形态进行巧妙的利用，采取对景、透明、接景等多种应用方法，使景观空间在远、中、近上呈现出丰富的空间层次，进而使景观园林能够与本地的实际地情相符。

（三）园林水体景观的空间艺术布局

在景观园林的空间艺术布局中，水体在空间艺术上的主要特点是具有流动性，能给人一种灵动感。水体在空间设计中的主要作用是分割空间，提升空间设计的灵活性，水体可作为空间的软分割手法，但空间设计中，水体的运用也属于空间设计的重点和难点。科学地把握水体的空间划分技巧，能借助水的流动性，使整个景观更加生动自然。湖泊或鱼塘出现在景观中，可提升景观的观赏价值，提升城市景观的环境调节能力。

（四）园林植物的空间艺术布局

在对景观园林进行空间艺术布局时，植物是不可或缺的一环，其作为一个重要的软空间元素，是景观园林空间艺术布局方案中的一大重要元素。对于植物来说，其在空间艺术上的布局，以其形态构成与颜色搭配为主要体现。所以对于设计师而言，在对植物这一元素进行空间艺术布局时，需要依据景观园林所采用的施工类型，对适宜的植物进行合理选用，通过多种栽植方法的灵活运用，实现对景观园林的合理规划。

植物在空间艺术形态上有着多种表现，如水生植物、常绿灌木、草本植物等，在对植物空间艺术形态进行选择时，需结合主题需求来进行。举例说明，如果主题景观是以休闲娱乐或观赏为主，则采用的景观植物在空间艺术形态上应以部分水生植物或盆栽为主，以确保主题景观在氛围营造上能够变得轻松而舒适；如果主题景观具有纪念性意义，则植物应采用松树、柏树、竹子等来展现其空间艺术形态，以确保空间艺术在布局上能够营造出一种严肃而庄重的效果。在对庭院景观中的植物进行选择时，以杉木、乔木最为适宜，这有助于给人带来一种“庭院深深”之感。在对景观园林中的小尺度空间进行设计时，还可适当地栽种一些颜色鲜艳的花卉，以确保景观效果能够满足不同游客的观赏需求。对植物的搭配与选择，能够为景观园林营造出不同的空间艺术气息，进而使空间在视觉冲击力上变得更加强烈。特别是针对植物高度来进行合理的组合，能够使景观的视觉空间变得更具层次感、错落感。

第二节　园林景观动态布局

一、园林动态景观在城市美化中的地位和作用

园林景观有动态和静态之分。所谓的园林动态景观就是在一定的园林空间范围内，人们在时间和空间转换过程中，景观在动态变化之中，构成丰富的连续景观，形成动态

景观序列，或具有直观动态效应，在构图造型、图案上给人以视觉动感。园林景观具有动态艺术效果，可令人产生愉悦的感受。

动态景观是静态景观的延伸，与静态景观是统一的有机整体，尤其是植物一年四季不同形态、色彩变化，增添了环境的动态美化效果，同时也奏响了一首首动态的生命回旋曲，令人回味无穷，得到极大的满足和愉悦感。园林动态景观增加了城市景观的生机和活力，为园林艺术在城市中的运用提供了更大的空间，其动态的喷泉、瀑布；植物形、姿、色的动态变化；鲜艳的花卉；动感的植物图案和造型等给城市园林景观注入了无穷的韵味。动态景观与静态空间形成鲜明对比，可产生突变作用，增加游人动态情感，丰富景观层次，从而使景观始终吸引住游人的视线。

二、动态景观在城市园林中的运用类型

（一）时间转换型

通过园林植物合理配植和生长时间的转换变化，形成有规律的季相景观，构成植物景观时间变化序列。植物是园林景观的主体，又是活的生物体，具有独特的生态生长变化特性，利用植物的个体、群落在不同季节、不同发育阶段丰富变化的形、姿、色、韵，可塑造出绚丽多彩的动态序列景观。

（二）空间转换型

通过园林空间的转换和变化，通过视点移动使游人在游览过程中产生步移景异的感觉，构成园林景观空间变化动态序列。这种类型通过园林道路系统和空间分隔手法变换园林空间，引导游人在不同的视角对植物个体和群落、园林建筑、小品、地形、空间开合、假山等园林构成要素产生动态景观效应，以艺术手法展示景观程序，达到动态的观赏效果，以满足园林功能要求，提高园林艺术品位。

（三）动态构图型

以树木、花卉、道路、雕塑、地形等要素，采用动感图案、流线型线条、林冠线的起伏变化、交错变化的地形塑造、动感立体造型等形式，打破静的空间，愉悦人心，构成视觉动态景观。

（四）运动表现型

它是以直观的实体景观要素运动表现园林动态景观。近年来，人们利用喷泉、水幕墙、溪流、瀑布等动态水的运动及运动的风车、旋转的动画造型塑造园林动态景观，从听觉和视觉上勾画出最直观的动态景观。

（五）动态意念型

园林景观艺术表现中，采用多种景观元素合理地注入具有较深意境的历史文化，使游人产生动态遐想，使城市景观空间向更深更远的层次延伸和发展。

（六）光影艺术型

园林动态景观与科技的发展密不可分，光影技术的运用使园林景观的观赏性具有极大的动态效应。

三、园林动态景观设计塑造的美学基础

“动态”从美学来讲就是变化，有变化才有活力，变化是兴味的源泉，动态产生于变化之中。对构图来说就是以不对称均衡表现其动感，对称均衡只宜表现静态，使人感到规则、稳定和沉静。构图上具备动感，只有打破平衡，形成不对称均衡，塑造一种运动感，才使构图具有生气和趣味。从运动学上讲，就是事物处于运动变化之中，只有运动变化的景观，才能吸引游人，引起游览的兴趣，提高景观的观赏效果。

（一）通过变化来表现园林景观的动感效应

变化中的园林景观，可以增加园林艺术的趣味，创造出无限的园林意境，调动游人的情趣，但多样变化必须统一在整体之中。变化与统一是自然法则中的矛盾统一关系，自然动态景观就是变化的和谐统一关系，它可以使变化中的景观既具有鲜明的独立性，又可表现为本质上的整体性。过分强调景观动态变化，而缺乏整体感，这种动态园林景观群体就会杂乱;反之，景观群体就无动感，显得呆板、单调。变化有序的动态园林景观，有起有结、有开有合、有低潮有高潮、有发展也有转折，它是寓变化于整体之中。只有这样，创造的园林动态景观才能使游人得到艺术享受，园林空间艺术、视觉艺术才能表现得淋漓尽致。

（二）动态景观

动态景观群体空间关系是建立在不均衡基础之上的。静态景观的均衡表现为稳定、庄严和稳固；而动态景观的均衡是有意识打破局部静态均衡，强调群体景观之中具备视觉构图中心，使互相关联的局部园林景观之间在总体上取得动态均衡。而利用不对称构图创造的动态景观，则强调构图的重心，使动态景观群体处于均衡之中。在立体或平面上利用动态线条美、图案美和装饰美表现的园林动态景观在整体视觉空间上也要取得均衡。

（三）园林动态景观的差异

园林动态景观必然存在显著差异，这种差异现象也就是动态景观群体之间的对比关

系。它既有空间大小、开敞与郁闭的对比，也有主景与附景、高潮与低潮、流畅与曲折的对比。它们所表现的动态群体景观就存在于这些对比关系之中，它是表现动态景观园林美必不可少的，只有通过和谐的对比关系，才能真正表现具有园林形式美的动态景观。

（四）比例与尺度

比例与尺度是人类在长期实践中形成的一种美感效应。园林动态景观比例关系包括园林动态景观自身的长、宽、高之间的关系和动态景观群体之间或动态景观与整体的大小比例关系。它要求动态群体景观之间、人与景观之间的比例尺度符合人类心理经验，使人得到美感。动态景观表现不能超越合乎逻辑的比例关系，如果为了塑造动态较强的景观，使景观之间差异过大、体量比例失调，只能创造出失败的动态园林景观。

（五）节奏与韵律

节奏与韵律是表现动态景观的最常用手法，利用地形、植物配置、园林建筑、道路等组成有规律的抑扬起伏的节奏和韵律，塑造动态园林景观，给人更富于浓厚的抒情色彩，产生具有音乐的律动感和较强的视觉效果，使游人的视线随着园林景观曲线、形态、色彩、质感、动态、变化、节奏和韵律流转萦回，使动态园林景观更具吸引力。

四、动态园林景观的塑造方式和手法

（一）植物的季相景观运用

植物的季相景观运用是园林造景的一个重要手法。园林植物是风景园林主体，在不同季节、不同立地条件，其植物个体和群落在外形、色彩、质感均富于变化。通过配置季节特征明显的园林植物个体和群落，形成丰富的具备动态景观效应的季相园林景观。最典型的是扬州个园，春植青竹；夏植槐树、广玉兰；秋植枫树、梧桐；冬植蜡梅、南天竹，并把四种配景合理布置于庭园之中，创造四时季相景序。

（二）利用园林构成要素不同组合形式在视觉上勾画动态园林景观

现代园林艺术常常采用不同色彩树木、花卉有机组合，构成具有强烈动感色彩的线条和色块；采用流线型园路分割园林空间；采用地形整理塑造高低错落的自然地形；利用树木群体的自然形态和林冠线的变化表现园林动态景观。

（三）运用具有动感的立体造型在空间布局中表现动态园林景观

如在园林绿地中配置具有动感效应和园林雕塑、座椅、景石、曲廊等园林建筑小品突出景观的动态感应；现代园林采用五色草、盆花及其他配套材料搭制成具有动态效果的立体花坛都是塑造动态园林景观的最常用手法。

（四）采用光影艺术化手法

运用水系空间变化使游人在听觉、视觉上产生直观动态园林景观。动态的水让游人在视觉、听觉上产生动态感受，给人们以轻松愉悦之感。园林设计中运用动态水系如音乐灯光喷泉、瀑布、水幕墙、溪流等合理配置在园林绿地中，游人能产生直观动态效应，增加园林景观的活力。如苏州狮子林的瀑布，水流入湖池，“滴水传声”既可以衬托出园林幽静的氛围，塑造园林的空间意境，又可以增添游人的心理动态感受。

（五）客体参与化

客体参与化也是表现园林动态景观的重要方法之一。它是利用游人在游览过程中深入体验变化设置步移景异的效果，创造园林动态景观。景观设置可采用节奏断续、平面曲折、竖向起伏、反复交替、空间开合等手法合理分隔空间，设置游人不同的观赏点，塑造动态园林景观空间序列，使游人随着视点的转移始终感到景观处于动态变化之中。如苏州拙政园的建筑群起伏、道路峰回曲折、闭锁空间与开朗空间合理运用，真正使游人从不同视点、不同角度欣赏园林景观的动态变化，领略古典园林动态的景观神韵。

（六）以动感意境化的表现用法

运用匾额、楹联、诗文、碑刻、浮雕等内容的提示，使游人产生动态联想，从而表现园林意境动态感受，体现景观的动态效果，这也是园林空间布局中动态景观的表现方式之一。采用词简意丰的匾额、楹联等来记事、抒情、写景、言志，可启发游人动感联想，加强其景观的艺术感染力。如亭两侧的一副对联“一亭俯流水，万竹影清风”将园林意境包容其内，通过蜿蜒曲折的流水，烘托出清风吹动、万竹清雅这一颇富动感的园林意境。

第三节　园林景观空间布局

一、景观空间概述

人们关注的空间无非是以现代几何学为基础的空间三维设计，空间设计注重的是两个方面：空间和节点设计。长、宽、高的意义在于表达空间边界限度。一般设计中最重要的是空间的形态。景观设计也不例外，设计和重构美化空间。伴随研究深度和考虑的因素，空间设计中不只是空间尺度、设计功能不同、运用生产要素不同、营造的方法不同，更多的是在塑造场所精神。人是空间的主要感受者，应提高人的视知觉和心里的感受。对于景观来说光影是一种实用也出彩的元素，光作为空间的一个元素存在，如合理地加以利用会达到事半功倍的效果。空间中光可以是一种量的存在，比如说光是有方向、强度、色度等，在空间中的作用是揭示空间的长宽高的维度。光并不是与影以一对矛盾出现的，是相对的一个并列的条件相互影响相互制约，这些变量的光影可以影响人对空间的感知。园林艺术的美正是运用自然要素来创造生态优美的环境生活。而环境正是由空间来呈现，其重点内容就是对空间的设计，人的视觉是空间设计中的视线。空间关系的组织源于光影，适用于空间规划和分类。

二、特征

景观空间必须强调围合的大小和形态，处理的方法通常用尺度和比例来表示。围合的这个形态必须由量来确定其关系。美感的表现也是需要光影作为尺度来丈量，形成空间领域。景观空间中构件标准围就是高低起伏的地形、地势以及建筑物的边界线，高低不同的乔灌草本等植物也是实体空间的组成部分。探讨科学的倍数关系来用数学比例的理性方式处理空间的大小、边界，那么空间存在更具有形象化。在同一环境下，空间是人活动的一个大背景，认识光与影的明暗空间也是对人的行为属性和领域的理解。

现代景观设计是在城市规划大空间下的小空间设计，在场地规模有限的围合空间创造出更大的围合感。通常阳光直接照射的园林的区域被我们理解成亮空间，照不到的部分便自然成了暗空间，公共部分的半光影状态便形成了灰空间。灰空间的区分很难有真正的划分和限定空间，只是从人的主观感受出发，人为地划分，是心理上的空间区域。空间的大小与光影的强度、方向和被照物具有明显的联系。比如在太阳高度角低的情况下，光照强度越强，由投影产生的暗空间也就越大。在景观设计中掌握不同空间中由光产生的光影是营造景观虚空间良好的手段。

虚空间不是固定不变的，比如一棵大树随着一天时间延续而变化形成不同的空间形态，设计者掌握其造型手段就可以营造有趣和实用的空间关系，形成构成感丰富的光影变化，惟妙惟肖地界定外部空间。虚空间可以很好地延续时空间形状，比如廊的阴影可以使得室内和室外都融为一体。

日本建筑师芦原义信在他的《外部空间设计》中说，“空间基本上是由一个物体同感觉它的人之间产生的相互关系所形成。”这说明空间的形成必须具备三个条件：一是要有存在具形实体；二是存在观察具形实体的人；三是具形实体必须被人所感知。作为外部空间的景观空间是人对外部自然空间的划分，使人能够很好地感知外部空间。准确完整的规划外部空间，创造出别具一格的空间的特征，塑造的外部空间考虑不同物体之间的关系，而是又加入了观察和感受的人形成合乎人与自然的和谐。光影的特征表现光线的强弱、虚实，人对一个空间感受，越明亮的空间越容易反映到人的大脑中，光线变得微弱，空间变得模糊看不清时，就会感知不到空间的边界，使得空间尺度难以捉摸。会发生两种可能，既感觉空间变小，也感觉空间变大，心里会有一种不安定感。光影空间中还有反射或镜像，空间还体现在镜像反射上。空间光影的特征不仅可以分割空间，更能统一空间，利用光影在不改变各个要素属性的情况下，统一光影将风格空间的景观通过其他植物或构筑物的阴影将其统一到环境中。

第四节　园林景观布局设计

一、园林景观建设对城市发展的重要性

（一）自然生态性

自然生态性包含空间意志性和多样化、协调性等多个因素。空间意志所指的是外部空间的特点与整体结构之间的关联，通过调节内部格局，能够提升园林景观与外部环境的适应性。多样性指的是不同区域在进行园林景观的施工与养护时所选择的类别。自然心态性，则是需要根据环境的变化调整种植，进入新的社会时期后，人们越来越重视人与自然的交流，人与自然在相处中更多地开始追求一种更为原始的自然美感，这也直接导致自然生态性受到了现代民众的高度重视。所以在选择时，需要全面了解植物的生长习性，尤其是在北方和南方以及热带地区和温带地区，需要结合气候特征进行选择，以保障自然生态的特性。

（二）艺术性和美学性

从美学性的角度进行分析，主要针对施工与养护的构图、造型以及色彩选择的多个要素进行综合分析，主要内容包括植株、树形、花叶色彩等。在进行建设时，需要分析观赏性，并且结合自然建设的需求评价构图造型的重点，同时，还需要注意季节性变化，在不同季节同一种景观所展现的也有极大的差异，可以结合季节的变化选择，从整体的美学角度出发，审视构图和造型，以保障园林建设的美感。

（三）绿色环保性

在优化城市园林景观工程节能设备的建设时，需要尽可能融入绿色环保原则，将现代社会环境中的绿色能源应用于园林节能设备的安装与使用中，如可应用太阳能等能源，降低能源损耗，提升绿色能源的利用率。绿色环保原则不仅能提升能源的利用率，还能

实现不同产业的可持续发展。在景观工程的整个产业中，可以根据人们对光照的需求开展景观工程节能施工与养护，尽可能地满足人们光照需求的同时降低能耗。无论是何种景观控制设备，在进行施工与养护时都需要按照相应的规章制度进行，并且使整个景观控制设备符合相应的标准需求，才能达到现代园林环境的使用标准。例如，在进行园林施工与养护时，部分园林施工与养护单位会设置一定的灯光展现美观，但在低碳环保的理念中，需要尽可能减少这种施工与养护方式，或者对相应的电路及灯光进行进一步的优化，降低能源的损耗量，在现代的园林施工与养护中应用绿色节能。

二、园林规划设计遵循的原则

园林规划的相关建设原则对于城市化建设中绿化建设的内容具有重要的借鉴意义，在进行城市化建设中，要注重园林规划对城市整体环境质量的重要作用，促进园林规划不断创新，将城市化与自然系统相融合，实现城市的可持续发展。

（一）以人为本的规划原则

以人为本的建设原则是城市园林规划需要遵循的首要原则，城市化建设的最终目标是实现人们生活质量以及生活水平的提升；以人为本的建设原则也是城市化建设需要遵循的根本原则，只有规划内容符合人们对环境的要求，为人们的日常生活以及工作生活带来便利，才能实现城市建设的快速发展和本质意义。因此，在进行相关建设规划时，要注重将城市绿化的内容与人们的生活相结合，设计方案要符合人们的认知和环境接受能力，符合人们日常生活的特点和模式，使得服务群体能够对城市绿化建设有一定的要求和了解，从而提升园林设计对于城市化建设中人性化的要求。只有园林规划符合以人为本的规划要求，才能真正实现园林规划对于城市化建设的发展及人们生活质量和生活总水平提升的具体作用，发挥园林规划的环境效益和社会效益。

（二）环境适宜性的规划原则

城市化建设中的园林规划不同于一般景区或者景点的园林建设。城市化中的绿化建设是要以城市主要的发展类型和建筑规模相符合，通过园林规划的辅助作用，实现城市的综合全面发展。这就要求在进行城市园林规划中要保证绿化建设符合因地制宜的原则要求。例如，在适当的规划区域配备合适的绿化建设，在人们经常进行日常娱乐生活以及家居生活的地方设置一些绿化公园，了解当地人民的生活和情况，对当地城市化建设的规模、地形等进行合理的分析，使绿化建设能够发挥出最大的环境适宜性。另外，设计人员在进行规划时，还要注意气候的适宜性，建立科学的规划方案，将合适的园林植被应用到适宜的地区，达到自然与社会相融合。只有园林规划符合因地制宜的要求，才能实现园林植物以及相关建设资源充分利用，降低建设规划成本和减少资源浪费，实现园林规划对于经济发展以及环境保护的作用。

（三）创新发展的规划原则

随着城市化建设水平的提升，人们对于城市化建设中的质量要求及规划要求也越来越高，不同的城市具有不同的发展速度和发展水平，这就使得在进行园林规划建设中要保证园林规划的创新型，通过借鉴以往的园林规划经验，将传统的园林规划模式进行合理的创新。例如，区别于以往大面积利用绿色植物进行园林规划的作用，配备一些具有城市特色的植被，将同一植被类型设计成不同的形状等。另外，目前城市化建设中还存在将硬性的消防车道进行隐形的设置，将消防车道与城市绿化道路相融合，不但提升了城市化建设的土地应用效率，还可以通过两者的有效结合，实现城市环境更加美观的要求，在不影响消防作用的同时，加强了美观性。这也是目前城市化建设中园林规划创新型的实践。园林规划的创新型是城市化建设中绿化建设的源泉和动力，只有不断创新园林规划的应用方式和内容，不断革新传统的规划方法，建立符合现代化发展的新的园林规划模式，展现现代化城市发展的新面貌，才能实现城市化建设及现代化水平的可持续发展。

三、城市规划中园林规划设计的运用

（一）城市公园规划的适宜性

城市公园的主要作用是通过与城市化建设商业性的融合，体现一个城市建设的全面性和系统性，在促进城市工业化发展的同时，不断促进城市的环境保护作用。城市公园的设置要体现城市的适宜性，在合适的区域设置不同类型的公园建设。例如，在居民区，可以设置规模较大的城市公园作为人们进行日常娱乐生活和锻炼的区域，在繁华的商业区，可以建设规模较小的绿化休憩场所，使人们在繁忙的工作中享受到环境的美好带来的体验。

（二）科学利用绿化资源环境

园林规划要注重对自然资源的保护，要实现每一种自然资源都能够有效利用和发挥真正的效用，充分考虑城市区域的环境、地形、天气等自然因素，将合适的植被科学地应用到不同的区域。例如，在一些常年温度较高的地区，可以栽种一些枝叶较大较繁茂的植被；在一些偏远的西北地区，要注意植被的防风防沙的效果。

（三）园林规划要符合个性化建设的原则

不同的城市建设具有不同的类型和不同的发展规模，城市建设的种类多样，有主要针对文化建设的文化底蕴较为丰富的城市，也有商业建设比较发达的商业化城市。不同类型的城市，体现园林规划的个性化原则。另外，具体到城市的不同发展地区，也要因地制宜地进行相关园林规划的内容，使城市景观能够融入不同的城市环境中去，形成良性的发展模式，从整体上提升城市的环境建设水平。

第七章　园林景观设计

第一节　园林景观设计基本理论

一、园林景观设计原理

（一）园林景观设计理念

园林设计只有遵循一定的设计理念，园林景观的结构才会全面化、系统化和规范化。而景观园林设计时要遵守的设计理念包括很多方面：

1. 以人为本

园林景观最主要的功能就是供人欣赏和休息，所以在进行设计时，要充分地考虑到人的感受，坚持以人为本。园林景观中，可以设计一些休憩的场所和一些娱乐设施，比如凉亭、广场、走廊和长形座椅。在园林景观中种植各类花草，在人们休息的时候还可以供人们欣赏，将美观和功能充分地结合，使园林景观符合绿色生态的要求，满足人们的休闲需要。根据本地的气候特点和人文风情，进行园林的规划设计，实现人和自然的和谐相处。

2. 因地制宜

园林景观进行设计时，要注意场地的选择和周边的环境。将地形因素和环境因素融入设计理念当中，这是现代风景园林设计的最基本原则。风景园林设计师在进行设计时，要根据实际情况，加上一些创新的理念，用专业的眼光和专业的技术手段，对园林景观进行合理的规划，根据风景园林的特有属性发掘风景园林的价值和潜力，将风景园林设计成符合生态环境和人们要求的结构形式，使风景园林可以发挥出其本来的作用。

3. 注重空间

园林景观的构成分为两部分。一部分是由一些景观要素构成的实体；另一部分是由实体构成的空间。风景园林的实体是可见的，也是最受人们关注的。而由实体构成的空间则是一种感觉性的存在，并没有什么实体存在，所以往往会被人们忽视。就目前园林景观的设计而言，设计师们很注重对园林中基础设施的设计，比如凉亭、长形座椅和走廊等等。他们将这些具有实体的实物进行完美的规划和设计，却往往忽略了这些实物在规划时所产生的空间感。这些实物如果安排得不合理，那么整个园林设计就会失去美感，其自身的价值也得不到挖掘。因此，要充分重视园林景观设计中的空间结构和景观格局，合理地规划园林景观的布局，从人们的审美角度和欣赏角度出发，对园林的整体格局进行规划和统筹，使其能够满足人们的审美观，发挥出园林景观的真正价值。

（1）深度挖掘和坦诚表现

在进行园林景观的设计时，要对各个园林景观中的组成要素进行详细的分析和研究，制订合理的设计方案，以保证园林的设计能够顺利进行。而且设计的方法可以采取简约的形式，既可以减少成本的投入，又可以很好地抓住重点进行规划，以最小的改变换来最大的成就。在设计手法上，也可以采取简约的形式，运用少量的基础设施和景观要素进行设计，这样更能够突出园林景观的主要特征。园林景观的设计要达到符合自然的目标，因此，要充分地考虑设计方案，顺应当地的人文特点和自然特点进行合理的园林景观设计，使其能够顺应自然，保持原有的自然特色。

（2）注重生态景观理念

设计景观时要对土地和空间进行设计，因此，在设计过程中考虑自然的各种属性对资源进行合理的利用。园林景观的建设不能以破坏生态自然环境为前提来创造人工环境，而是应该尊重原来的生态环境，以保护生态植物、生物，保持自然资源为前提进行改造。生态化的景观理念强调资源的合理利用、能量的节约和环保，能够真正实现人们生活环境的改善和城市环境的美观。因此，节约、环保等词语已成为园林景观生态理念的重点思想。

园林景观设计的生态理念包括以下几方面内容：

首先，保护不可再生的资源。对于比较独特的元素如湿地等应该加强保护而不是毁坏。

其次，提高资源的利用率。园林景观设计要尽量地少使用自然资源和以采用多品种的自然林地来代替草坪，这样就可以大大地降低资源的消耗和节约资源。

最后，对于废弃的东西可以进行循环利用。一些废弃的场地经过设计后可以成为休闲的场地。在很多发达国家，改造废弃的场地供人们观光已经十分普遍。可持续发展理念：园林景观的设计为促进人类和自然的和谐发展、完善城市的功能、促进社会经济的可持续发展，既要符合自然的规律也要维护生态环境。在土地水电以及植物等资源的利用上要加强节约环保的理念，科学合理地运用。人们居住的环境既要美观也要绿色无污染，园林景观正是为满足这些要求而生，其体现的可持续发展理念要求园林景观设计要遵守绿色环保的原则。

（二）园林景观设计中的低碳理念

生态低碳型园林设计，主要体现在园林绿化景观设计、园林水体景观设计、园林景观施工和维护、园林景观材料的优化选择等方面，要实现三大和谐，即人与自然的和谐、人与社会的和谐、历史与未来的和谐。其中人与自然的和谐是重中之重。

1. 园林绿化景观设计中的低碳理念

在园林绿化景观设计中，增大绿化面积，丰富绿化植物品种，多样化其层次，提高植被的固碳效率，总体上营造良好的园林绿化景观。

（1）常见的措施主要有以下几种：

①选择固碳释氧能力良好的植物。已有研究表明，垂柳、木芙蓉和醉鱼草等植物的固碳释氧能力较强（固碳值大于 12g/mi）。另外，碧桃、夹竹桃、金钟花、金叶女贞、广玉兰等固碳释氧能力也很强。在园林绿化景观设计中，要运用低碳理念，优先选择固碳释氧能力良好的植物。

②注意植物固碳能力的优势互补，提高植物群落的整体固碳能力，营造科学合理的低碳绿化景观。

（2）营造科学合理的低碳绿化景观具体表现在以下几个方面：

①常绿灌木与落叶乔木的合理搭配

实验研究表明，不同植物类型单位土地面积上固碳释氧能力表现为：常绿灌木 > 落叶乔木 > 常绿乔木 > 落叶灌木。对园林景观中的植物群落，加大常绿灌木与落叶乔木的比率，合理搭配使用，不仅可以改善冬季景观，还可以增加绿地景观的固碳释氧能力。

②高龄树种和低龄树种的合理搭配

一般而言，低龄树种的固碳能力优于高龄树种的固碳能力。但就单株树木的碳贮量而言，古树远高于常规树种，而古树碳贮量有限，对固定大气中 CO_2 的贡献较小。将低龄树木与高龄树木搭配种植，不仅可以营造低碳园林，同时也保护了自然资源和历史文化价值。

③慢生植物和速生植物的合理搭配

研究表明，慢生树种的固碳能力明显低于速生树种的固碳能力，但有些速生植物固碳能力很强，但释碳能力也很强。综合考虑，应选择固碳能力强、周期长的植物。将速生植物与慢生植物合理搭配种植，既具有较高的固碳效益，又能形成长久良好的植物景观与生态效益。

④乡土植物和常规园林植物的合理搭配

乡土植物是最能够适应当地的生境条件的物种，而且某些乡土树种固碳率高，将乡土植物和常规园林植物合理搭配，不仅可以提高其生态稳定性和适应性，而且对发展本土园林植物资源有显著的价值。

（三）园林水体景观设计中的低碳理念

水体设计也是低碳景观设计的一个重要部分。比如，对于景观设计的高差部分，通常设计溪流从山上往小区门口流，雨水集中在溪流里，溪流两旁种植水生植物，起续水作用。这样的设计能形成一个小型生态圈。在该生态圈内，植物种植密度高，CO_2 的吸收量大。雨水资源得到净化和循环应用。这就是一个简单的低碳生态的水体景观设计。水体设计中融入低碳理念，不仅要考虑其景观效果，还需要注重其生态性、创造性和亲和性。首先，要考虑就地取材、因地制宜，依靠地形、自然水源进行水体景观地址的选择。不仅合理利用了资源，同时也降低了设计、建造的成本；其次，对于辅助设计效果的追求，要合理控制成本，减少水的消耗和能源的损耗；最后，合理种植水体植物。水体植物不仅具有自净功能，减少污染，还能增加景观效果。另外，从低碳角度看水体设计，将设计和房地产概念结合在一起来看，某些水景还有“一箭双雕”的效果，没有水的时候作为一块活动空间，有水的时候形成景观。

（四）园林景观施工和维护的低碳理念

园林景观从前期施工到后期维护，都必须考虑到低碳理念的融入。一个成功的景观设计，需要有高水平的施工质量，长久的景观效果。在施工过程中，节约资源、保护环境是我们应该秉承的原则，应尽可能地减少使用机械化操作，减少 CO_2 的排放量，尽可能较少对自然资源完整性的破坏。采用良好的后期维护，尽可能使景观效果保持良好。施肥、病虫害防治、修剪、灌溉等后期维护活动中，CO_2 的排放是一个持续的过程。在园林景观设计中，选用粗放型管理的植物种类，丰富植物多样性，这些都是可取的低碳理念。

（五）园林景观材料的优化选择

随着新型环保低碳材料的研发与应用，需要逐步淘汰高能耗、高污染的传统材料，尽可能多地使用低能耗、低污染、低排放，使用寿命长，且不产生有害物质，循环利用的新型材料，比如木材料的应用。同时，木结构的大量使用，可以促使森林资源的可持续发展，更好地固定碳的排放。上海世博会中的万科馆就是一个合理利用环保材料的典型景观建筑。这座建筑由天然麦秸秆压制而成。麦秸秆作为主要建筑材料，不仅实现了废弃物的循环利用，同时也唤起人们欣赏、尊重和顺应自然的态度，探求与自然的和谐相处之道。从另一方面来讲，尽可能地利用一切可以利用的资源。比如园区内的废弃材料，既可以用来塑造景观地形，也可以作为原材料进一步循环利用，其中，比较有名的是日本十胜川千禧森林园。该园林的设计巧妙采用了减法原则，充分运用了当地的景观材料，并对其进行循环再利用。

二、园林在城市景观规划中的作用

随着人类的不断进步，居住环境日益城市化。城市，是人们集中生活和工作的环境。城市景观规划设计便是改造自然、创造集中的人居环境的做法。随着人类对居住环境要求的不断提高，在城市化的进程中，就必然包含有人工重建城市自然生态环境，使城市人群更贴近自然而生活。如何才能将与自然分离的城市通过人为的手段有机地融汇到大自然中，成为城市规划中的重大课题，而这一课题的实施，有赖于园林规划设计的再创造。

在城市中营造园林，将自然景观融入人造环境中，使之成为一个自由、合理、平衡的新的生活空间，这种自然回归也一直在有力地抗衡着城市与自然彼此疏离的倾向。这样，园林已不仅仅是提高人们休憩、娱乐、观赏的场所，必须同时考虑到城市居民的生活需求及对社会功能的满足和实现。园林，在为人类的活动环境创造美景的同时，还必须给予城市居民以舒适、便利和健康。这一设计理念的提出，使园林规划设计被提到了一个前所未有的深度和广度，将园林设计运用到景观规划中，创造良好的城市生态环境。

第二节　园林景观的表现手法

一、园林景观的文化内涵

（一）民族文化

我国是一个多民族国家，不同民族的民族文化有着很大的差异。因此，在进行园林景观建设中，需要充分尊重民族文化特色和宗教信仰。若从大面上来讲，我国传统的民族文化主要可以从道、儒、佛这三方面得到体现。道家讲究“无为而治，顺其自然”，佛家讲究“众善奉行，自净其意”，而儒家思想则是几千年来影响我国文化发展的主流思想。在不同种类的民族文化的发展中，对园林景观设计手法也起到了极大的影响作用，从而体现出各种各样的民族文化特色。

（二）名人文化

名人，就是指一些为当地的社会发展、民族理论形成、观念意识形态变化、精神文化弘扬等做出巨大贡献，而在当地或社会产生深远影响的人物。而名人文化正是这些人物所做出的社会贡献形成的一种综合文化。在我国，各地都有不同的名人文化，这些名人文化也是构成我国文化体系的一个重要组成部分。在园林景观设计中充分体现出当地的名人文化，不但具有较好的教育宣传意义，更是对文化历史的一种传承，是良好文化发扬传播的一种重要手段。

（三）地域文化

地域文化是带有鲜明地域特征的文化，即在经过长期的地理、政治、历史以及风俗习惯等自然和社会条件下所形成的具有当地特色的文化。在园林景观设计中，地域文化是首先需要考虑的一个主要因素，这是因为当地的园林景观建设必须要体现出当地的人文特色，这样才能更加体现出本地与其他地区与众不同的地方。若在一个城市的园林景观建设中一味地抄袭照搬其他地区或是国外的园林景观，不但会使本地文化流失，也难以树立鲜明的城市景观特色，甚至会流于俗套，极大地降低城市的整体形象。在我国的园林景观发展中，对于地域文化的体现一直备受园林设计师的重视。即在设计园林景观时，尽可能地结合自然景观，将具有本地或本民族特色的人文景观与之巧妙融合在一起，达到天人合一的生态园林景观。可以说，在园林景观设计中，地域文化是其根本所在，只有以地域文化为艺术设计的基础，才能在实现良好自然景观的同时，赋予景观一定的文化内涵，使其更具观赏品味价值。

（四）中西文化

我国独具东方特色的园林景观设计与西方多样性发展的园林景观设计是分属于不同体系的园林艺术，设计手法和景观特色都有着明显的差异。在全球文化一体化的发展潮流下，中西文化交流日趋频繁，我国在进行园林景观设计时也会适当借鉴西方园林景观艺术设计手法，将中西方文化完美地融合在一起，形成一种后现代园林景观设计手法，既体现了中国传统的居住景观特点，又能满足现代人的生活习惯。

二、园林景观的表现手法

任何园林景观都有一定的主题和意义，而园林中的表现手法，也是达到某种文化的具体表现。以下笔者主要从外在表现与内在形式这两方面来谈一下具体的表现手法。

（一）外在表现手法

外在表现手法是最简单、最基础的表现手法，主要是通过文字、园林的设计等来体现园林的气氛，在表达上更加的直接、具体。这种表现手法常用在纪念碑、雕塑和具有纪念性的广场上，它最大的特点就是具有严格的规则性和对称性，因此，这种手法能够非常容易地营造出一种肃穆庄严的气氛。

（二）内在表现手法

与外在表现手法不同的是内在表现手法更注重场景意境的设计，能够让人触景生情，给人一定的启示。含蓄、深刻也是该种表现手法的特点。意境之美不但是我国园林设计的最主要的特色，同时也被认为是景观园林设计的灵魂与核心。

内在表现手法具体可分为：内在意境表现手法和内在结构表现手法。

1. 内在意境表现手法。

内在意境表现手法和方式有很多，总结起来主要包括如下几个方面：首先，在意境表现手法上一定要确保能够给人强烈的视觉冲击，创造出优美的意境，这在主题公园的设计中尤为重要。有时为了突出主题，设计者常常把最能够体现民族文化内涵的核心景点设计在最引人注目的位置，如雕塑、喷泉，以及花园等。这很容易给人带来强烈的视觉冲击，使人们产生强烈的心灵震撼，从而能够更好地领悟我国的民族文化和特征；其次，通过诗文、碑刻等来渲染意境。在我国古代的园林设计中，诗文、碑刻以及匾额等都是常用来渲染意境的表现手法。如在上海大观园中，就可以看到很多古代名人的诗文和碑刻。这不但是对我国古典文化的一种良好的传承，同时，对激发人们的爱国情怀也是有一定的促进作用；最后，合理地对自然资源进行利用和开发。从古代园林景观的设计中我们就可以发现，自然资源（如瀑布、小溪等）都被人们恰当地利用到了具体的园林景观设计中，充分地利用了大自然的鬼斧神工，使得园林景观的设计更富有韵味和意境。

2. 内在结构表现手法。

除了内在意境表现手法之外，内在结构表现手法也是园林设计内在表现手法的一种。与内在意境表现手法相比，内在结构表现手法通常比较注重园林景观内在结构之间的联系。即在进行园林景观设计时，将其内在所有的组成部分完美地衔接融合在一起，使其自然地完成两个景观之间的过渡，而不会出现突兀的现象。这种内在结构的表现手法也正是我国传统园林景观设计的艺术精髓。例如，借助一个长廊，或一个小桥，将两个不同特色的景观连接起来，在给人一种别有洞天的感觉的同时，又不至于使观赏者觉得过于突然，从而达到较好的景观设计效果。

第三节 园林景观的色彩设计

一、色彩艺术与园林景观的必然联系

色彩在生活中无处不在，不同的色彩对人们的生理和心理会产生不同的影响。例如，红、橙、黄属于暖色，人们看到它们时，会感受到阳光般的温暖，产生安全感、舒适感。因为这三种颜色的波长较长，会迫近和扩张视线，所以人们在视觉上会产生扩散和拉近的效果；青色和蓝色属于冷色，人们看到它们时会产生清凉、神秘、宽广的感觉。因为冷色的波长较短，在视觉上会有收缩和退缩的效果。除了生理方面的影响，色彩也会影响人们的喜怒哀乐。因此，在园林景观设计中合理应用色彩，会对景观的装饰起到重要作用。设计师需要深入了解色彩，将其融入景观设计，让色彩点缀我们的生活，营造出美的氛围。

色彩艺术和园林景观艺术之间是相辅相成、相互提高的，无论是在古典园林还是现代园林中，准确合理地掌握植物色彩的奥秘和规律是尤为重要的。园林景观中的任何一个元素，如园林植物、建筑体、山石小品、水体均可通过园林色彩的融合搭配进行配色，科学地运用色彩的色相、明度、纯度，给人们一种视觉艺术的美的享受。同时，色彩艺术也越来越符合现代新城市新园林步伐的现代园林景观，形成园林景观中的郁郁葱葱、花红柳绿、姹紫嫣红、绚烂缤纷的生态画卷。色彩艺术应用在很大程度上影响了园林景观设计的质量，能够使园林景观元素的结构更加立体，也使园林景观在不同变化过程中更大程度地体现自然色彩和人工景观的融合和呼应。

二、园林景观设计中色彩运用的意义

塑造园林景观城市形象。当下，城市园林景观建设成了城市建设中不可或缺的组成部分，各地均主张以建设“国家生态园林城市”及“国家森林城市”为线索，积极推进各项城市绿化美化工程的建设工作。目前，城市园林景观建设已逐步发展成为基于可持续发展的城市形象代表和城市软实力的象征。色彩是园林景观设计中人们视觉交流的关键手段，也是美化环境的重要内容。不同的色彩组合往往能表现出差异化的景观视觉效果，又能体现城市文化的差异性。

（一）调节生理和心理的和谐

园林景观设计中植物色彩的差异性，往往会受人们生理及心理各方面因素不同程度的影响。相关研究成果显示，色彩能帮助人们缓解疲劳，减轻学习和工作压力。人在感到疲惫时，只要适当眺望远处的绿色植被，便可感到轻松或恢复平静。处于绿植较多的工作环境中，人的神经不会过分紧张，更有利于帮助人们自我调节，投入到工作状态中去。另外，园林景观设计中，各种不同的色彩赋予了人们不同的感受及感知。如红色、橙色或黄色等暖色，往往给人一种生动愉悦的感觉。这些颜色波长较长，可拉长或扩展人的视线，进一步拉近人们与景观的距离感；反过来，如果使用绿色、蓝色及紫色等冷色调，往往使人们感到镇定并且平静。从生理因素考虑，人们的视线会收缩，进一步增加人和景观之间的距离感。

（二）补充园林色彩自身的意义

中外园林景观设计从古至今都具备各自不同的特点。如在法国众多园林建设中，更侧重于布设浓重色彩的几何形方阵，更多利用色彩之间的强烈对比体现视觉冲击感。中国的古典园林主要以朴素淡雅为主，给人一种静谧和谐的感觉，对植物造景或色彩的搭配使用恰恰表现出设计者的文化背景及审美情操。在整体园林景观设计中，不同的颜色组合会影响整体园林景观设计的效果，所以合理有效的园林景观色彩搭配往往能展现不同的设计风格，在对园林景观设计风格进行定位时发挥主要作用。

三、色彩在园林景观设计中的应用原则

（一）主题突出原则

园林景观设计中使用彩叶植物时，必须彰显设计主题，尤其在较重要的位置配置孤植时，要综合考虑周围环境的衬托效果，还需特别考虑周围灌木及花木配植的数量或配置颜色等，进一步烘托出应用效果。

（二）协调性、整体性原则

根据设计理念与设计者想要带给观赏者的感受搭配颜色、确定主色调，根据色调为植物搭配其他的颜色。相同色调进行融合搭配，确保在整体上能够协调统一。如果在同一种色调植物中加入与其反差极大的颜色，会让人在视觉上产生奇怪的感觉，观感不适。在园林建筑的搭配上也是同样的道理，与建筑风格颜色相协调，植物景观为建筑点缀搭配，互相不抢风头；或建筑景观在植物中伫立，营造林深幽静的隐秘感。色彩的配合平衡可以引起人的舒适感，使人放松惬意。

在园林景观设计中，彩叶植物的配植主要遵循色彩调和美学的基本原则，不仅能使设计更科学，还能满足设计的生态性、功能性及观赏性，使彩叶植物和周围环境之间形成协调的和谐美。通常人们对色彩感官较敏锐，特别对一些邻补色或对比色及协调色等。在选取色彩时应遵循科学合理的原则，不同色彩往往能带给人不同的感受，如对比色会给人一种“万绿丛中一点红”的感觉，而邻补色则又带给人一种优雅和谐的感觉。另外，将粉色和绿色荷叶互相映衬，就能给人以自然可爱的含蓄色彩感知，另外，以红、黄、蓝及橙、紫、青为主的二次色彩搭配，则进一步体现了一定的协调效果。

（三）配色原则

设计师在调和色彩的过程中，合理运用配色原则能使相同的色相因素更加协调统一。统一调和原则的主要目的是使不同色彩具有相同的色相因素。设计师在安排与设置景观元素时，一定要保证每种元素具有类似或相同的色相，从而使园林景观设计获得理想的色彩效果。园林景观设计配置过程中，应用彩叶植物必须从多方面考虑季节性变化的因素，充分利用各种彩叶紧随植物变化的规律进行合理化配植，产生不同的设计效果。由于不同的彩叶植物的生长周期与生长习性各不相同，往往在不同的季节会有各自不同的颜色及姿态，设计配植时，要协调不同的花期和色彩及形态，达到月月有花、季季有景的目的，满足人们的观赏需求。

四、色彩在整个现代中国园林景观色彩设计中的作用

（一）生理与心理之间的作用

由于园林色彩在人们日常生活环境中的广泛应用，人们在生理和心理方面对各种色彩现象产生了不同的视觉认知力和反应。如看到红色，就会让人联想到温暖的太阳、火光等；看到绿色，就会感受到生机勃勃的生命及希望。由于这些园林景观通常是由人们观看和感受的，所以园林景观的整体色彩结构组合必须充分考虑人们心理及生理的不同感受。

（二）缓解压力的重要作用

随着现代都市生活节奏加快，工作、生活压力明显增大，自然园林景观逐渐成为人们十分留恋的地方，自然的美丽色彩可以放松心情，有效减轻身体方面的病痛或者痛苦。色彩具有治疗和保健身体的功能，如粉红色可以有效刺激神经系统，增加急性肾上腺素钠的分泌和促进血液循环；黄绿色具有镇静作用，对昏厥、疲劳和产生消极情绪都有一定抑制作用。

（三）识别的主要作用

在园林景观中，色彩识别可以作为景观标识，区分不同类型建筑物和不同小品，显示其不同的艺术功能和景观用途。如同交通工具中的红绿灯和信号灯一样，色彩的自动识别显示功能，是目前现代城市园林景观设计中广泛研究运用的重要技术手段。

（四）文化的色彩作用

园林景观的文化色彩主要受制于人的民族、地域、宗教、民俗等文化习惯，是一种传统文化美的象征。不同的文化色彩在不同的国家、不同的民族中都可能产生很大的文化差异，所以其发挥的文化作用很大，值得仔细研究。

（五）美感的发挥作用

建筑色彩表现美感，往往能在第一时间带给人视觉上的强烈冲击，这是建筑色彩设计作为一种建筑造型设计语言，在建筑园林景观中运用的表现目的。通过园林色彩的搭配合理布局，还可以将园林景观构成的主要元素，如园林地面、水面、植物、小品、建筑物等，在视觉上形成色彩对比与空间平衡感的效果，创造不同的园林色彩设计观念，由此衍生出不同的建筑园林设计运用方法。

五、色彩艺术在园林景观中的不同应用形式

（一）植物色彩在园林景观变化中的应用

大自然里的植物是多彩多姿的，种类繁多、色彩艳丽。植物因地域、气候种类的不同而展示出不同的色彩之美，植物叶色、花色、果色构成了千变万化的植物色彩群体，植物色彩的变化对园林景观的变化起着特别重要的作用，给人们的视觉感受也最为深刻。在园林景观变化中，园林植物是园林色彩构图的骨干，园林植物会在不同时期呈现出不同的色彩变化，色彩的表达也会丰富多彩地展现出来，植物色彩的不同运用会产生不同的园林效果。园林景观中植物多以绿色为主旋律，绿色系颜色由浅到深，成为主色调或背景色，同时又以植物开花时的色彩表现为点缀色调或重点色。因此，植物色彩在园林景观中的变化应用不仅要从城市背景总体考虑，还要从不同园林环境空间上进行植物色彩的过渡，兼顾考虑季节变化科学的搭配。

1. 不同植物季节时令变化

不同植物季节时令变化呈现不同的色彩变化，植物本身具有多样化的颜色，春季自然界万物复苏，植物色彩多为浅绿色；而在四季中应充分考虑夏季和秋季的色彩，因为这两个季节在四季中时间较长，夏季是以呈现冠大荫浓的绿色覆盖色彩为主，而秋季更

多的是金黄色和红色色系，如乌桕、银杏树种在秋季发生叶色变化反而更具美感，从而使园林景观风格更有层次性和艺术性。色叶树种随季节的不同变化复杂的色彩，运用最佳的色彩稳定定律；冬季更应注意植物品种常绿树种和落叶树种的栽植数量合理配比，避免冬季色调单一缺乏，设计者一般可将两种以上的植物色彩，根据不同的设计目的性，按照一定的组合搭配，利用对比突出植物景观层次感，在相互作用下构成美的色彩关系。因此，在园林景观设计时应进行科学配植，将不同的植物在四季交替中展示出绝佳的色彩景观。

2. 相同植物的不同品种呈现的色彩变化

植物叶子中含有一种叫作花青素的物质，在不同的 pH 环境里会呈现不同颜色。在园林景观整体设计时选择颜色应该错落有致。植物色彩在布局时，植物的色点不宜过多，可使同一色调的植物尽量集中布置，避免因为分散而使整体色彩杂乱。考虑相同植物不同色彩，可以通过色块设计大面积的园林色彩效果，相同的植物是没有违和感的，即使是不同的颜色形成的色块的花境效果也能很好地成为体现色彩效应的手段，而色块的排列又能突显园林的形式美。例如，盐城大丰荷兰花海中植物品种色彩丰富繁多，花海中特色植物品种郁金香呈现的多种色彩让游客享受在花色的渲染和感染中，其所表现的特色美景就是以郁金香的色块色彩来设计符合现代人的审美节奏的园林景观。

3. 不同植物满足不同人群的色彩变化

在园林景观种植设计中，色彩对人的心理影响变化是最大的，也是最直接和快速的，因而在园林景观中合理运用色彩可以促进人的身心健康。针对不同年龄对象、室内室外环境、生态改善功能等进行不同的植物色彩搭配，使整个植物色彩应用选择更具有园林景观的可持续发展的效应。充分利用植物丰富多变的色彩美可以满足人们对园林景观设计的需求，针对景观变化中植物色彩能为不同人群需求园林色彩的温度感、色彩的距离感、色彩的面积感，创作气氛和传递情感。经调查，老年群体更偏爱暖色调，糅合淡雅的色彩系列，儿童需求色彩明快和纯度较高的色彩系列，而青年更喜欢清新的色彩感，即使是东方色彩的柔美和西方园林色彩的浓重相结合也很容易适应和喜欢，因此，人们会随着年龄的变化对园林景观变化有着积极的感觉和追求。

（二）建筑色彩在园林景观变化中的应用

在园林景观中，对于硬景部分建筑及构筑物一般展现在人们眼前的是几何体、线条体。通过不同的造型，色彩表达的运用智慧，不仅表现在建筑规划和布局上，其色彩的运用也体现在建筑细节的视觉感受。每个建筑单体从地面的基础机构到屋顶不同组成部分都有着合理的色彩运用，之间互为协调和补充，给人以整体的美感。一些园林建筑构筑物的色彩又是构成这些建筑整体美观与否的因素之一，一般建筑的色彩设计既要与周围环境相协调，又要适当对比布置。我国的古典园林艺术内涵深厚，各种类型的建筑形式和精湛的造园手法形成了色彩风格迥异的建筑。例如，皇家园林建筑色彩都采用色彩浓重的艳丽色调，多数以红色、金色突显出整体的园林景观气势宏大，能够尽显皇家气派。以私家园林居多的苏州园林，建筑色彩更多是灰色、白色等追求朴实淡雅的颜色，能够显示文人墨客的清淡和高雅。而现代园林的色彩更有着各自不同的特点，通过色彩对比和空间的围合来加强人们对现代建筑及一些构筑物的色彩印象。

（三）水体色彩在园林景观变化中的应用

水体设计是园林景观设计中最灵活自然的，水本身透彻纯净既可以映衬出岸边湖光山色的美景，也可以直接反映出天空的颜色。在园林设计中，天然水会受水质透明度的影响，水质的好坏决定欣赏者是否可以清晰地看到水底的鱼嬉游，水质的干净清澈自然让人形成最佳的园林水景色彩观赏体验效果。园林中水的周围常可设计一些鲜艳的植物来增加水体的色彩，同时，在设计中通过对水面的自然色彩设计，结合周围植物及倒映的色彩明暗效果，构成水面优美自然的和谐画面，也使得水面更加活泼生动。

（四）铺装色彩在园林景观变化中的应用

在园林景观设计中铺装的色彩设计元素也很重要，设计师可以通过独具匠心的设计合理地利用色彩对环境的变化效应，设计出别具一格的铺装，让园林空间更充满艺术情趣和视觉美感，使游客或居民身心愉悦。一般来说，铺装的色彩应结合环境设置，不宜将色彩铺装过于突出刺目，在草坪中的道路铺装可以选择亮色，而在其他地方的铺装应以温和、暗淡色为主。在园林景观中铺装的运用越来越广泛，但是绝大多数都作为辅助景色，很少成为主要景色。铺装的色彩变化可以随着园林景点整体趋势走向设计或者极大的反差变化追求特色化或个性化的色彩。即铺装的色彩要与整个园林景观相对比或相协调，或同时运用园林艺术的色彩原理，利用环境的空间感和人们视觉上的舒适感调节色彩变化，突破铺装常规设计的定向思维感，表现出鲜明而不俗气、稳重而不沉闷的色彩表现。

（五）山石色彩在园林景观变化中的应用

景观园林中常根据不同的自然环境选用不同的石材，利用岩石构造、肌理、年代的风化效果，呈现出不一样的深浅和色调的山石色彩。无论是现代园林还是古典园林中，假山石一般选用烟灰色、土黄色、褐红色，无论是组合堆砌的山石群体，还是独具特色的单石成景，都给人以稳重内涵的沧桑感。山石的纹理色泽具有一定的美感，通过合理布置能够使园林景观彰显出蕴含美，如因园林环境特殊要求或一些人工材质参与，而选用了一些其他山石颜色，利用各种园林丰富的树种自然巧妙地搭配这些假山石，用来过渡假山石在色彩方面缺乏的自然色彩效果。通过艺术加工，营造山林景色，提供给人们观赏游憩的良好环境。

第四节　园林景观墙设计

墙是园林景观设计中的重要组成要素，发挥着极为重要的作用。在现代社会中，建筑材料和建筑技术不断提高，人们的环境保护意识不断增强，因此，在选择建筑材料的过程中，设计师要在坚持可持续发展思想的基础上，进行合理创新、设计与选择，从而在空间设计、功能设计上更加满足人们的个性化需求，促进和谐社会的建立。

一、城市景观墙的概念及意义

城市景观墙是指将建筑物的墙体表面进行绿化处理，使建筑物起到绿化、环保以及满足人们审美需求的作用。城市景观墙能够对城市的热岛效应起到调节作用，并且会使城市的绿地面积和空间得到延伸，为城市景观的美化起到促进作用。城市景观墙建设的目的主要是为了满足人类社会的发展需要，提高人类生活环境质量，在社会的经济建设、文化建设及未来城市发展方面实现可持续发展。现代城市建设随处可见城市景观墙，它们已经成为现代城市公共空间建设必不可少的建设环节。一道好的城市景观墙的建设，已经不仅仅具有一定的实用价值，它更代表着一种文化、一种人文情怀。伴随着这些优点再加入现代先进的设计理念以及科学技术，城市景观墙将会发挥越来越重要的作用，将会成为一个城市文明发展的标志。

二、景观墙对园林景观的影响分析

（一）完善内在因素

城市景观墙在园林建设中的主要作用就是为了园林景观元素的融合性更为紧密。城市园林在运用景观墙以后不仅使园林内部元素的处理更加协调，而且还使城市园林的品质得以提升。城市景观墙采用美学原理与生态学相结合的手法，在为人们带来视觉美感的同时也给人们的生活环境质量带来提升。与此同时，城市景观墙还承载着城市发展的文化内涵以及人文精神。在拥有如此多功能的城市景观墙的作用带动下，城市景观园林的品质自然得到提升，也使得园林的建设价值得以充分地体现。

（二）优化动态循环

为了实现城市景观墙的生态作用，在进行设计时一定要使景观墙与周边环境达到完美的融合。这就要求建设过程中一定要关注生态系统的互动循环性。景观墙的建设主要是为人类服务，是为了人类可以获得更好的居住空间以及得到精神愉悦。因此，为了使景观墙具有生态互动性，可以发动群众参与到园林建设中来，使园林的空间性、时间性及服务性得以达到最好的效果，满足大众对园林的多样化需求，使整个园林建设的动态循环过程得以发挥，最终实现城市建设的可持续发展。

（三）协调城市环境

我国城市化建设的加快，给城市带来了不堪重负的环境问题。大气污染、热岛效应、尾气污染等环境问题，已经成为城市发展的重大阻碍。城市景观墙对城市的环境具有协调作用。如城市景观墙可以通过设计理念的表达，使大众加深环保认识。同时，景观墙建设一般会选用环保材料建设，其中，绿色植物偏多，这样会对城市空气质量以及热岛效应起到很好的调节作用，进而使整个城市的环境得以改善，实现城市可持续发展的绿色环保节约型发展理念。

三、应用分析

（一）传统园林景观墙的分类、选择及应用

园林景观设计中，一般将园墙分为两种类型。即为将园林与周边环境隔开的分隔围墙，通常是设计成高墙。也是由于安全和空间的要求而设计，其主要作用为屏障及保护隐私；可以将园林内部划分成许多空间，并根据院内不同的布景而设置园墙的位置，也可以将园墙用来安排人们导向游览的隔断。中国传统园林景观中的园墙根据建筑材料和结构设计可以分为版筑墙、磨砖墙、乱石墙及白粉墙等，不同的墙具有不同的要求。如白粉墙在园林景观设计中用于分隔园林空间，一般在墙头配以青瓦。将白粉墙作为纸，并在其上作画，既符合中国传统园林景观的山水画意境，又与假山、幽静小路、花木等元素相互配合，构成一幅立体式中国山水画。园墙在设计过程中还需要根据地形设计成不同形状，例如，在平坦地区可以设计成平墙，同时，在其上雕刻各种图案丰富园墙的观赏性元素；在坡地和山丘等地区可以设计成阶梯形或者波浪形的园墙。但是在设计园墙时还需要对其中的一些细节进行处理，如设计土台或者土山等元素将墙体隐藏起来，以淡化园墙的概念，使园墙与周围的环境更加和谐。

在中国传统园林中还可以在墙上设置洞门、空窗以及砖瓦花格等元素。其中，洞门是指没有门框仅有门扇的结构形式，一般是以圆洞门和月亮门为主，此外，还有六边形、

八边形等形状，以起到游览、观赏的作用。同时，设置洞门能够增加园林景观内的采光程度和通风程度，利用洞门观赏景物可以用不同的框景欣赏园林景观，在阳光的照射下能够形成光影效果。例如，在一条轴线上的园林可以设计出多个洞门，形成门内门、景中景。

空窗又名花窗、漏窗，是指在窗洞内设计多种镂空图案。空窗主要应用于长廊和半通透庭院内的分隔墙中。空窗的形式多样，其上的花纹图案多是使用瓦片、薄砖等材料制作，图案样式为曲尺、回文、万字等。出于与观赏者视线相平的要求考虑，漏窗的高度一般在 1.5m 左右，人在游览长廊的过程中能够透过空窗欣赏窗外景观，同时，随着游客脚步的移动，窗外的景色也在发生变化，增加了园林景色的空间感和层次感。在洞窗的两边可设置假山、怪石以及其他植物，从洞窗处看去就是一幅风景画。因此，在园林设计中，可以在轴线方向上连续设置洞窗，从而达到在有限空间内欣赏无限景色的作用。

砖瓦花格在中国传统园林景观设计中具有十分悠久的历史，也是园墙装饰的一种方式，根据园林风景景观适当选择砖瓦花格，可以增加园林深度和特色。此外，中国园林景观内的墙也可以与假山、雕塑等相互配合，充分发挥园林景观的特色。

（二）现代城市景墙的分类、选择与应用

不同于传统园墙的隔断、漏景以及景墙功能，在现代城市园林景观设计中一般是将景墙作为背景展示墙，从而达到文化宣传、改善市容市貌的作用。现代城市景墙需要满足美观和耐用两个作用，而从景墙形式上来划分则分为独立景墙以及连续景墙、生态景墙等。独立景墙是指以一个凸起物为基点，设置一面墙安放在景区内，从而吸引游客的注意力，形成视觉焦点。例如，南京大屠杀纪念墙就是将墙作为景观引起人们的注意，从而达到宣传教育效果。连续景墙是指以一面墙作为基本单位进行排列组合，形成具有一定序列感、连续感的景观设计，同时连续景墙与周围的花草、树木和建筑物进行有效融合，增加园林景观和城市景观的美感和谐感。

生态景墙则是将植物、植被作为重要元素，将藤蔓植物进行科学合理种植，既能够发挥生态观赏效果，又能够发挥植物的抗污染、杀菌和降温的作用。例如，当前许多古城内具有古典气息的园墙能够增添城市的质朴气息，为游客带来精神和情感上的感受。而在小区内则以文化景观墙为主，这类景观墙需要在设计过程中考虑与附近环境的有效融合，一般在凉亭或者绿化带处设计藤蔓类植物组成的生态景墙，以增加小区内绿色气息。随着科学技术的不断进步，在园林景观的设计中，设计师对于设计理念有了更加深刻的理解，而且能够运用新型材料和技术，充分发挥园林景观墙的作用。例如，城市公园绿地附近的围墙，一般是采用花格加混凝土栅栏的方式，既经久耐用又美观。

（三）现代城市园墙景墙的分类、选择和应用

园墙、景墙作为墙的一种组成形式，最基本的功能就是保护隐私、隔断区域。虽然也具有装饰作用，但从总体上看还是会对园林景观整体空间造成影响。因此，为了园林景观的整体效果考虑，需要增加通风透光的地区设立墙，尤其在现代公园设计中，一般使用混凝土材料作为景墙的基本组成部分，墙的屏障功能比较明显。如果设立过多的墙会使人们感受到压迫感，选择逃离或者远离。因此，在现代城市内设立园墙和景墙要充分利用空间环境的自然优势，达到分割空间领域的作用，充分考虑到园区两侧水体、植被的高度差，做到分而不隔，充分实现园林景区的空间立体感。

第八章　园林景观艺术

第一节　园林景观艺术概述

一、园林艺术观

园林，是一种人类凭借对外在世界和内在自我的认知，然后借物质的形式手段使实用的需求得到满足，使情感得到表达的艺术——它还是一种空间营造的艺术形式。景观这种物质实体不仅是对生活美的呈现，还是对设计师审美价值和审美意识的展现。运用总体布局、空间组合、体形、比例、色彩、节奏、质感等园林语言，构成特定的艺术形象，形成一个更为集中典型的审美整体。园林艺术常常与其他的艺术形式（例如建筑、诗文书画，还有音乐）互相融合，从而形成一门综合的艺术。因为错综复杂的园林景观语言和多种选择的园林景观材料，园林艺术通常还牵涉到不止一个艺术门类，就因为如此，园林艺术在艺术界很长时间也没得到明确的定位。

园林艺术观是指设计师对艺术创作和现实人生两者关系的总体认知和态度，而决定这种认知和态度的则是设计师对园林艺术的价值、功能在人类的精神生活中应负的使命的看法。设计师园林艺术观的形成受外在环境因素影响的同时，还受内在个人喜好的影响。园林艺术观不仅是园林设计师的内在核心，还是设计师思想的外化，是设计师的主观精神的物质化过程。设计师们互不相同又独具特点的园林艺术观取决于他们文化背景、生活环境和教育经历的差异，他们的言论和设计作品是他们的设计思想与园林艺术观最好的展示。

二、园林景观艺术的特征与要素

（一）园林景观艺术的特征

1. 园林景观艺术的地域性

由于受到文化历史、政治经济、自然地理、民族风俗等外部环境的影响，园林景观又在一定程度上成为地域文化的载体，呈现特定的地域文化特质。中国的园林艺术不光要用眼睛去欣赏，还要用心去领悟，关键在于意境的创造。意境是一种感受，是一种精神层面的东西，是通过描绘产生的情趣与境界，这一独特的手法是其他园林景观所无法比拟的。

2. 园林景观艺术是自然美和生活美相结合的产物

园林景观艺术不同于建筑艺术或其他艺术，它最大的特点是运用植物、山石、水体和地形等自然素材来表现主题，塑造的是自然空间，刻画的是生动的自然情趣与境界。这就需要设计者从大自然当中提取美的元素，把握美的规律，应用于园林景观的创作之中。同时，由于园林与人们的生产、生活息息相关，又需要设计者更好地理解人们的生活诉求，创造不同的空间和场所，把生活之美注入其中。

3. 园林景观艺术的多样性

园林景观艺术的地域性是其多样性的基础。园林景观艺术的多样性强调的是宏观整体的特征与格局，以及本质和规律性，解决的是具体的功能诉求、审美取向和时段形态问题。比如，从功能的诉求来看，有儿童公园，体育公园，动、植物园，雕塑公园，湿地公园等；从审美取向来看，有整形园林、自然园林、抽象园林；从形成的时段来看，有古典园林、近代园林、现代园林等可以说，园林景观艺术是一门综合性的跨界艺术。

4. 园林景观艺术是四维时空的艺术

园林景观艺术既是空间艺术，又是时间艺术，即所谓的四维时空艺术，主要体现在三个方面：

（1）通过流动的空间来组织人们观赏周围不断变换的景物。这在中国传统园林中表现得尤为突出——人们随着游览路线的更迭和游览时间的推进，看到的是开合收放、起承转折、富有韵律节奏的空间；领略到的是“山重水复疑无路，柳暗花明又一村”的情趣与境界。在这个过程中，自然信息都被融入有界无痕的时空转换之中。无怪乎，很多外国专家在研究和考察中国的园林景观艺术之后感叹：真正的流动空间在中国!

（2）植物是园林景观的主体，它漫长的生命周期，演示了生长过程中各阶段的特点，如幼年的茁壮、中年的繁茂、老年的苍劲。植物揭示了自然发展的规律，给人以生命的感悟，又在一年四季的时段之中，演绎了春花秋叶、夏荫冬姿的季相变化，展现了大量的自然信息，给人以愉悦的心情和艺术创作的灵感。

（3）从形成过程来看，园林景观建设从构思到创作，从施工到管理，每个环节都有形态的修改和意境的再创造，是一个不断完善的过程。园林景观的艺术价值要在其形成过程中得到去伪存真、去粗存精的提炼和升华。因此，它是一个需要不断完善的艺术。

5. 园林景观艺术的继承与创新

不同的民族因地域环境的不同创造了各自的文化艺术（包括园林景观艺术），这个文化艺术反过来又培养了一批欣赏它自身的人群(民族)。周而复始，文化艺术得到传承。在这个过程中，每个民族都会因为他们永不满足已有的艺术形式而通过自兴和与外界的交流，创造出了更为新颖、更为先进的艺术形式，于是文化艺术得到了发展。现今，我国的园林景观在改革开放的推动和国外先进景观理念的影响下，迈进了现代园林景观的行列。但是因为发展速度太快，同时，受功利主义的驱使，加上重理念、轻理论思潮的影响，园林景观在总体格局上千篇一律，在具体形态中千差万别，有的甚至排斥了本土的地方特色，只重功能实用性，忽视了文化艺术性，全盘西化，没有特色，使人身在其中，很难辨认其右。

（二）园林景观艺术创作的三个基本要素

社会在发展，时代在进步，人们对园林景观的审视越来越挑剔，其艺术创作的手法也越来越多样化。要创作一个好的园林景观艺术作品，关键在于要把握好三个基本要素，即功能、性格和尺度。

1. 功能

功能是因人的需求而产生的，我国的建设方针是实用、经济和美观。实用就是功能的需求，这是第一位的，唯独在园林景观中，欣赏作用也是重要的功能之一。园林景观旨在营造一个强调生态、突出文化、充分满足不同人群的各种活动需求的场所，最大限度地解决人们在工作、生活和休闲等诸多方面的基本诉求，突显“以人为本”的服务宗旨。园林景观一般来讲需具备三大功能：生态功能、活动功能、观赏功能。

（1）生态功能

生态功能强调生态效应，突出植物造景，优化生态环境。

（2）休闲功能

休闲功能注重参与性，创造多种形式的休闲活动场所和设施，营造生动的活动空间。

（3）观赏功能

观赏功能突出园林景观的视觉效果，尊重地方历史文化，关注人们日益提升的审美情趣，使园林景观富有文化内涵、地方特色，满足人们审美的需求。现代的园林景观是开放的系统空间，是城市的有机组成部分。在创作中，园林景观的三大功能要从城市设计的整体出发，考虑与外部大环境的整体协调，考虑文化历史的延续，考虑因时、因地、因人制宜，同时，还要考虑到可行性和可操作性。这些都因人而异，这就是人本主义。

2. 性格

园林景观的性格是一种由内而外的精神和文化特质，它是通过三个结合体现出来的，即内容与形式的统一、功能与审美的统一、传承与创新的统一。园林景观的性格具有外在与内在的双重表征。外在表征是指具象的空间形态、格局、风格、尺度、质感等，只需眼睛去看；内在表征是抽象的场所精神，如情趣、境界、格调、氛围，需要用心灵领会。性格的运用对一般设计者来说有一定的难度，把握是否恰当是要靠经验和领悟力才能做到的，只能在实践中摸索和积累。

3. 尺度

尺度是指事物之间量的判断的比较。园林景观的尺度，特指园林景物与外部环境或参照物进行比较时产生的量的判断，并由此来决定所要建造的景物的体量。园林景观与外部环境之间比较的尺度叫作环境尺度，与人体之间比较的尺度叫作人体尺度。前者也可称为宏观尺度或者风景尺度；后者可称为微观尺度或者园林尺度。园林景观的尺度作用非同小可，在中国传统园林的创作中就特别强调“精在体宜”，可见尺度是园林创作成败的关键。尺度没有绝对的数值，是相比较而存在的。一般对某一景物的体量进行评价时，在中国多以“恰当适度、恰到好处”做出定性的判断。西方园林对雕塑的高低和空间的封闭程度进行设定时，常采用定量的办法，用观赏者与被观赏对象之间的距离和视角来做出确定。这种办法较为科学，但是在具体操作中会受到个人喜好和被观赏景物的色彩、体积和材质等因素的影响。由此可见，判断尺度的大小，人为的经验还起到了一定的作用。

当今的社会，人们衣食无忧，审美情趣有了很大提高，加上时间充裕，对物质的需求越来越多地转化为对精神的诉求。在回归自然、返璞归真的心灵召唤下，人们纷纷走出家门、走进自然，对园林景观也有了更高的期盼。作为中国园林景观的工作者，在深感责任重大的同时，要有所担当。我们必须明确己任，在园林景观的设计中，要配合整个社会，注重生态的考量，在继承我国优秀的造园手法基础上不断创新，使我们的园林景观艺术重整旗鼓、与时俱进，自立于世界园林景观艺术之林。

第二节 现代园林景观设计艺术

一、园林景观设计的原则

在外部空间景观设计中，表现为满足居民的心理需求，将外部空间景观环境塑造成具有浓郁居住气息的家园，使居民感到安全、温馨及舒适，产生归属感。人性化设计原则即想居民之所想，造居民之所需。在设计开始前，应对整个住宅区进行朝向和风向分析，以利于组织好住宅区的风道。在景观规划阶段，需考虑到向阳面和背阳面的处理，人们在冬天需要充足的日照，而在夏天又需要相对的遮阳，还有提供和设置娱乐交流的场所。

居住区的环境景观设计要在尊重、保护自然生态资源的前提下，根据景观生态学原理和方法，充分利用基地的原生态山水地形、树木花草、动物、土壤及大自然中的阳光、空气、气候因素等，合理布局、精心设计，创造出接近自然的居住区绿色景观环境。

居住区公共空间环境设计应着重于强化中心景观，层次感是评价住区环境设计好坏的重要标准，住区景观设计应提供各级私密空间，并且各层次之间应有平缓的过渡。住区中公私动静变化细致，应努力营造一个“围而不闭，疏而不透”的空间氛围。居住区的环境景观设计要在保证各项使用功能的前提下，尽可能降低造价。既要考虑到环境景观建设的费用，还要兼顾建成后的管理和运行的费用。

二、园林景观的设计方法

（一）景点的设计方法

在园林景观设计中，多寄托在景点形式中。首先，点的布局要能够突出重点，且疏密有致。景点的分布要按照“疏可走马，密不透风”的原则进行，要充分考虑到游客聚集和分散的情况，做到聚散有致、动静结合；其次，点要做到相互协调、相互映衬，以点作为吸引游客视线的核心，并在视域范围内将点与其他景观进行联系，景点之间要能够相互协调，注重游客的视线范围和角度；再次，点要做到主次分明，且重点突出，要有一个点能够体现出园林的主景或是主体，表达出园林景观的构思立景中心。这个点既可以是人文景观，也可以是自然景观。在园林景观设计中，点主要包括置石、筑山、水景、植物、建筑、小品和雕塑等。点的布置既要协调，又要突出。例如，在植物设计时，要突出植物既能够作为单景又能够作为衬景的作用，既可以单独欣赏又可以突出其他景观。再如在建筑点的设计中，即使是一些用混凝土建造的建筑物，也最好用竹、茅草等进行装饰和覆盖，要体现出朴素、自然的情境。另外，还要注意建筑造型风格和园林的主题风格应保持一致。

（二）景观线的设计方法

在园林景观设计中，线的功能主要为审美功能、导向功能、分隔功能。审美功能即每一种线的变化都能够带来特殊的视觉效果，粗细线条、浓淡线条、曲直线条和虚实线条等能够带给观赏者不同的视觉印象和美感；导向功能即线条的方向性，能够引导人流；分隔功能即通过线条来展示出路径、植物、地形等的区分，分隔出特定的空间。在线的布局时，要遵循自然性原则、序列性原则、功能性原则。由于园林要表达的是自然美，因此在对线进行布局时，要达到“虽由人作，宛自天开”的境界。另外，线要能够发挥出满足人们观赏、交往、交通等的需要。在园林景观设计中，线主要包括以下几种：路径，即供游客散步、观赏、休闲的风景，以曲折为主，通过与道路两旁景观的结合，表现出步移景异，丰富变换的特点；滨水带，即陆域和水域的交界线，让游客能在观赏美景的同时，感受到水面的凉风；景观轮廓线，在设置轮廓线时，要考虑到观赏角度和距离的问题。

（三）景观面的设计方法

在城市地理学中对面的定义为：地球表面的任何部分，如果在某种指标的地区分类中是均质的，那么便是一个区域。按照活动要素来讲，可以把园林景观设计中的面分为游憩区、服务区、管理区、休闲区等。面的布局原则首先要遵循整体性原则，要能够在总体上有机完整地进行空间分割和关联，在空间的排列序列中，要能够理清主从关系和各个景观的特征；其次，要遵循顺应自然的原则，要与周围的自然环境、山水、土地等进行组合，最好和自然地形的分界线一致，这样稍加点缀，便能够呈现出如画的风光；再次，要遵循生态原则，让土壤、植物、动物、气候、水封等条件能够相互作用，并维持景观环境的平衡在园林景观设计中。面主要包括植被、硬质铺地和水体。植被主要为各类树木和花卉、草坪等，植被的作用是以形、声、色、香为载体体现，为园林增添独特的、变化的风景。硬质铺地的功能不仅仅是为游客提供活动的场地，还能够帮助园林景观的空间构成，通过限定空间、标识空间，能够增强各个空间的识别性。水体主要包括河、湖、溪、涧、池、泉、瀑等，水体的功能是十分重要的。首先，水体的审美价值较高，主要通过视觉和听觉体现；其次，水体能够提供一些活动形式，如划船、游泳、钓鱼等；再次，水体能够调节微观气候，为园林中的动植物提供水源。在对水体进行设计时，要充分对地形、意境等进行考虑，避免营造出死水的感觉。

三、现代景观设计的发展趋势

（一）“尊重自然、和谐共存”

自然环境是人类赖以生存和发展的基础，其地形地貌、河流湖泊、绿化植被等要素构成了城市丰富的景观资源。尊重并强化城市的自然景观特征，使人工环境与自然环境和谐共处，有助于城市特色的创造。在钢筋混凝土林立的现代都市中积极组织和引入自然景观要素，不仅对构成城市生态平衡、维持城市的持续发展具有重要意义，而且自然景观以其自然柔性特征“软化”城市的硬体空间，为城市景观源源不断地注入生气与活力。

可持续发展是人类21世纪的主题，城市建设活动与可持续发展的两个重要方面（自然生态、经济社会）都是密切相关的，且其最高境界是创造健康之地、养育健康之人，这与可持续发展追求的高质量生活一致，因此，可持续的城市建设活动应是可持续发展的一个重要组成部分。在城市环境景观中更应坚持这一原则，崇尚自然、追求自然、力求人与自然的高度融合。加强自然景观要素的运用，恢复和创造城市中的生态环境，改变现代城市中满目的沥青、混凝土、马赛克、玻璃、钢材等工业化的面貌，强调天然材料和自然色彩的应用，让人尽量融入自然，与自然共生共存。

（二）“以人为本”

人是城市空间的主体，任何空间环境设计都应以人的需求为出发点，体现出对人的关怀，根据婴幼儿、青少年、成年人、老年人、残疾人的行为心理特点设计出满足其各自需要的空间，如运动场地、交往空间、无障碍通道等。时代在进步，人们的生活方式与行为方式也在随之发生变化，城市景观设计应适应时代变化的需求。在景观设计中，以人为本的思想首先表现在创造理想的物理环境上，在通风、采暖、照明等方面要进行仔细地考虑；其次，还要注意到安全、卫生等因素。在满足了这些要求之后，就要进一步满足人们的心理情感需要，这是设计中更难解决也更富挑战性的内容。例如，在具体的设计时，在选材上，尽量避免运用使人产生冰冷感的材料；在造型上，多运用曲线和波浪形；在空间组织上，力求有层次、有变化，而不是一目了然；在尺度上，强调人体尺度，反对不合情理的庞大体积。

目前提倡的“无障碍设计”就是一个极好的以人为本的例子。它考虑到了构成我们社会中一个特殊的群体——残疾人和老年人，他们自身的生理特点决定了他们对环境有许多与健全人不同的要求，因此，目前只以大多数的健康成年人为标准的环境设计就显得很不全面。西方发达国家早在20世纪50年代末就开始关注残疾人和老年人对环境的特殊要求问题，在城市景观中为残疾人和老年人提供了各种非常方便的设施条件，如在公共环境中设有专供残疾人使用的电话亭、卫生间和通道，使残疾人的活动可以有足够的自由度，可以安全地出来像正常人一样参加多种社会活动。从一些国外的经验和实例来看，"无障碍设计"本身并不复杂，也没有深奥的大道理，更不妨碍景观效果。只要考虑周到，在建设中无须投入太多的人力和财力就可以满足环境"无障碍"的要求。

可见一个好的景观设计要处处为人着想，从宏观到微观充分满足使用者的需求，这样才能吸引人，给人留下美好的印象，才能真正达到景观设计的目标，为人提供舒适优美的生活空间。可以说，"以人为本"的趋势是现代景观艺术发展的基础，由于有了"以人为本"的设计思想，景观艺术设计才有以下的发展趋势。

（三）"协调统一、多元变化"的趋势

协调统一、多元变化就是要景观的整体艺术化，强调空间、色彩、形体以及虚实关系的把握、功能组合的把握、意境创造的把握以及与周围环境的关系协调。城市的美体现在整体的和谐与统一之中。美的建筑集合不一定能组成一座和谐而美的城市，而一群普通的建筑却可以生成一座景观优美的城市，意大利的中世纪城市即是最好的例证。城市景观艺术是一种群体关系的艺术，其中任何一个要素都只是整体环境的一部分，只有相互协调配合才能形成一个统一的整体。如果把城市比作一首交响乐、每一位城市建设者比作一位乐队演奏者，那么需要在统一的指挥下，才能奏出和谐的乐章。

（四）系统化的趋势

环境景观设计总的来说是一种系统化的综合设计，它涵盖了方方面面的因素，包括社会形态、地理环境、科技水平、历史背景、人文精神、审美情趣等等。以往那种凭借设计师的直觉和主观性进行设计的方法会受到很大的挑战，在复杂的设计对象面前，如果没有系统分析和综合方法，就难以迅速、全面、科学地把握设计对象，也不利于提高景观设计的理性水平。系统论的精华在于系统的功能大于构成系统因素的总和，因此，城市环境景观这个系统工程只有形成合理的系统才能发挥其更大的作用。而且系统化的设计方法能够从宏观、整体的层面上把握设计对象的特征，为设计创造提供必要的理性分析依据。因此，它是景观设计中应该借鉴的方法，也是景观艺术设计发展的一个重要趋势。

第三节　现代园林植物造景意境

一、线性空间的特性

（一）视觉连续性

线性空间是城市中最主要的景观视线观赏线，它们可以提供连续的、以平视透视效果为主的、高潮迭起而富有变化的“视”景观效果。结合结点分布，可以创造出有特色、令人印象深刻的城市景观。由于线性空间的线状性质属性，因而具有引导性的固有特性，人们只要行走在这类空间环境中，就会无意识自觉地去感受空间连续性的一系列景观，是人们在行进运动中逐步体验的一个连续过程。人们在连续的引导过程中，不仅在视觉上感观所看到的事物，并且通过一系列连续的画面可能唤醒我们的记忆体验以及那些一旦勾起就难以平息的情感波澜，当环境与我们的意志相统一时就会引起人们情感上的反应。可见，线性空间植物造景意境的营造要充分掌握和利用线性空间的视觉连续性特征，使连续的植物景观更富有戏剧性，能引起人们的反应。这就要求必须巧妙地处理好植物的连续性的布置，使一连串植物的组合排列出连贯完整的戏剧，激发人的深层次情感，即将各种不同的植物组织成能够引发情感的层次清晰的环境。

（二）序列性

线性空间从宏观上来说是属于长线形的带状或面状的空间，是由一系列次空间单元构成的。即使在直线型的道路线性空间中，也可由不同性格的但总体协调统一的空间形成一系列的空间序列。空间系列是指在模式、尺度、性格方面达到功能和意义相统一的多种次空间的有机组合。而线性空间是由一系列次空间组合而成的序列空间，因此，具有空间序列的基本属性，如空间的多元性、时间性、连续性、功能性、秩序性。但仅仅具备基本属性的空间序列还称不上是好的序列空间，好的序列空间还必须表现出特有的属性：流动性、意义性、节奏性。而序列空间的意义性主要表现为美学意义、环境意义和情感意义。

序列空间的美学意义指子空间集合具有韵律、节奏、协调、统一等美的规律，使人在使用序列空间的同时，还能体验美的存在；序列空间的环境意义指子空间的特征及环境要素的特点共同构成与空间功能相协调的鲜明的环境主题，可以加深对序列空间的理解和印象；序列空间的情感意义指序列空间浓郁的美学意义和环境意义能给人以心灵的振动，而诱发兴奋、愉悦、激动、依恋、压抑、悲痛等特殊的情感，这与意境美的内涵是一致的。因此，线性空间植物造景意境的营造必须表现出其特有的属性，因为意境特有的属性——意义性是有密切联系的，只有具有特有属性的线性空间景观才具有意境美。

二、线性空间植物造景意境

（一）从城市的地域风格分

由于地域的差别，城市都会呈现出一定的地域风格特色，它或多或少地影响着城市中线性空间的整体氛围，从而对其空间的软质景观也产生一定的作用，进而又影响着其空间的植物造景意境的营造。

1. 热带风光型

我国地处南方的许多城市都属于热带风光型的地域风格，由于具有热带气候，使之具有典型的热带性的植物群落，成为南方城市的一大特色。例如，西双版纳傣族自治州州府所在地的景洪市，在街道的树种选择和植物的配置方面，充分反映热带风光和热带地区植物生长的多层次结构，以体现热带自然景色为主，同时，起到庇荫、减少日晒的绿色屏障作用。配置时，以树体高大、树冠浓荫、四季常绿、观赏和经济价值高、绿化效果好的棕榈科植物为基调，如油棕、椰子、大王椰子、槟榔、糖棕、蒲葵、鱼尾葵、董棕等创造出热带常绿景观效果，并且为体现热带地区繁花似锦、果实飘香的特点，街道绿化还可选用热带果木，如杧果、波罗蜜、柚子、热带乔灌木花卉等观果、观花植物，成排成行配置，形成丰富多彩的路景。因此，在体现热带风光型的城市主题时，线性空间应主要种植具有热带风光植物的树种，使人们沐浴在充满热带风情的浪漫情怀中时，城市特色也得到了很好的塑造。

2. 江南水乡型

用精细、细腻、完美、生动、诗意、小桥流水等来形容江南水乡的意韵最贴切不过了，江南水乡型的地域风格城市给人的感觉就像一幅优美的水墨画，自然、清新！如扬州的瘦西湖线性滨水空间，十里波光幽秀明娟，通宛曲折延达十余里，秀润多姿，幽深不尽，其中的长堤春柳、绿杨林景点的植物配置很好地突出了江南水乡婀娜多姿、妩媚柔情的氛围。江南地区由于自然条件优越、水源和花木品种丰富，又是古代文人荟萃之地，更讲究细细品味，植物造景更加精致、更加恬静，因此，线性空间植物造景在突出江南水乡型的城市意韵时应该多选用枝叶细腻、姿态柔情的树种，自然、轻快地进行配置，使人能感觉到一股江南水乡的清新气息扑面而来。

3. 海滨型

海滨型的地域风格是由于与海滨接近而形成的，具有海洋文化特征。它既可以存在于南方，也可以存在于北方，从某种程度上来说，它包括南方的热带风光型的地域风格。海滨会使人想起海的宁静与活力，它多变的色彩、清新的海风、淡淡的咸味及浪花拍打礁石的响声……这一切构成了我们对于海滨的体验。海滨本身是一个具有强烈属性的地方，能激起人们潜在的某种渴望，所以很多滨海城市均建有线性的滨海观光大道，作为对外展示自我形象的窗口。山东的威海、江苏的连云港、浙江的台州和海南的三亚等都是具有海洋文化的城市。可见，海滨型的地域风格城市在具体进行海滨绿化树木种植时应该注意突出海滨的特色风光，如在沿海的线性绿带公园中选用代表性的滨海植物群落树种，并增加植物景观单元的尺度，以与辽阔的海滨空间尺度相协调，进行简洁的植物配置，营造清新、明朗、大气的意境美。

（二）从城市的文化内涵要素分

在传统社会里，文化景观是人类社会中的某一群体为满足某种需要，利用自然条件和自然所提供的材料，有意识地在自然景观之上叠加了人类主观意志所创造的景观。在现代社会里，城市文化景观是大众的产物。由于不同的人类集团和阶层的人，有着不同的文化需求和背景，文化景观也因分化的群体的不同而不同。从一个特殊层面来认识，文化景观是某种群体的文化、政治和经济关系以及社会发达水平的反映。

文化景观是人类群体和个人的某种需要。文化景观在最低存在价值上，是人类衣食住行、娱乐和精神需求的补偿，最高价值意义表现为不同群体的政治观念、价值观念、人文精神和宗教观念。作为“城市文化资本”要素之一，城市文化景观反映着不同城市物质与精神的文化差异。线性空间植物造景意境营造的主题应该充分反映城市的文化内涵，建造出高品质的绿化景观，只有这样才能适应社会的不断进步和发展，满足现代人越来越高的精神需求，推动城市文明的快速发展。

1. 自然文化

自然文化的形成是受自然环境的地质、地形、气候、动植物等因素影响，在长期的社会发展中形成具有区域特征的文化现象。它体现了一个地区人们对自然的认识和把握方式、程度以及审视角度。各个不同区域的人类群体文化都有各自不同的特点。比如，以苏州、杭州、绍兴等为代表的江南水乡型的城市，以重庆为代表的山城城市。又如，谈到海南岛，婀娜多姿的椰子树会浮现在眼前；谈到洛阳，让人不由得想起十大名花之一的牡丹。充分挖掘城市自然文化，营造线性空间植物造景意境，在于了解其地带性植物的布置情况。因为植物受地带性影响明显，尤能表现出城市的地方风格，如北京的槐树、广州的木棉、成都的芙蓉、武汉的荷花、扬州的垂柳……这些饶有风味的乡土树种，构成了别具一格的绿化景观，反映着城市的自然文化。在城市的线性空间中，特别是作为城市窗口的重要地段，其植物主要是以能够代表城市自然文化的树种为主，如乡土文化树种或者市树市花等植物。在上海外滩南京路到九江路段的植物绿化就是在以市花白玉兰为主调的基础上，在其下满种一片红杜鹃，红装素裹，相映成趣，很好地展现了城市的自然文化特色。以植物为基础营造的自然文化是最具生命力的，是传播植物知识、热爱故土的活教材，是建造文化景观的一条重要途径，当然也是植物造景意境营造的一种重要方法。

2. 人文文化

人文文化包括物质与非物质文化两类。

（1）物质因素是人文文化景观的最重要体现，包括聚落、饮食、服饰、交通、栽培植物、驯化动物等，并且是以聚落为人文文化的核心。如以大理、拉萨为代表的民族特色浓郁的名城。

（2）非物质因素主要包括思想意识、历史沉淀、民族传统、宗教信仰等。一方水土养一方人。每个地方的人群都有他们自身的生活方式、生活习惯及精神寄托。线性空间的植物造景意境营造时既要考虑与客观存在的物质因素所反映出的人文文化相协调，也要与当地人们的思想意识等非物质因素相协调，这样才能更容易打动人的心灵，使城市中的人们能深刻感受到意境美所带来的渲染力，外来游人又会强烈感受到该城市独具特色的魅力。

（三）从空间的主题内容分

线性空间的主题内容与意境美存在着若隐若现的内在联系。当客观存在的软质景观所反映的主题内容能够激起人的心灵深处情感的波澜、引导人们联想，进入一种超越于客观事物的理想境界，即意境开始生成，并随着主体的主观想象产生不同境界的意境内涵美。

1. 生态主题

生态主题的线性空间是指生态大道、生态绿带等相关的以生态为主题的线性空间。该类空间的植物造景要求在改善城市环境、创造融合自然的生态游憩空间和稳定的绿地基础上，运用生态学原理和技术，借鉴地带性植物群落的种类组成、结构特点和演替规律，以植物群落为绿化基本单元，科学而艺术地再现地带性植物群落特征的城市绿化。具体建造时应充分利用植物的不同习性及形态、色彩、质地等营造各具特色的景观区域，运用乔、灌、草相结合的多层次植物群落构筑。人们在具有生态绿化种植的空间环境中，能够满足渴望回归自然的心态，心灵也会得到宁静的洗礼和渲染，沉浸在一种生命和谐、忘我的境界，达到一种能够陶冶人们情操的美好境界，这时植物生态意境美得到充分的表达。

生态主题的线性空间植物造景首先要了解线性空间所在区域的地带性植物群落的基本特征，进而才能有选择地借鉴和艺术性地再现，利用乔、灌、草相结合的多层次植物群落的人工种植来营造森林群落沁人心脾的清新氛围，使人们达到一种回归自然的忘我境界，这样生态主题的线性空间植物造景意境的营造才得以成功的实现。

2. 地域文化主题

地域文化主题的线性空间是指借助某种地域文化的内涵为主题的线性空间。随着精神文明的不断提高，人们越来越追求具有深刻文化内涵的景观，而要设计出具有高品质的景观就必须充分挖掘周围环境的主题精神进行指导性设计。因此，在进行地域文化主题的线性空间植物造景时应该充分反映出主题的内容，传达其主题精神，以此来进行意境的具体营造。

3. 迎宾主题

迎宾主题的线性空间是指迎宾大道、迎宾绿带等相关的以迎宾为主题的线性空间，该空间一般布置于进入城市出入口或边界处，如靠近车站的大道或城郊接合的地方。在迎宾主题的线性空间上，其植物造景整体气势应该热烈、大方，营造喜迎八方来客、热情的植物造景意境内涵。

4. 花园主题

花园主题的线性空间是为了展现出自己独特的意境美。四季花卉大道等以花卉为主题的线性空间。这种类型的线性空间在花园型的城市中尤为多见，而谈到花园型的城市，我想人们首先想到的是改革开放后的深圳。在深圳，一年四季都可见到鲜花盛开的景致，尤其是那簕杜鹃（深圳市市花）和美人蕉与乔、灌木科学的配置，形成了色彩丰富、层次分明，且具南国风光的城市绿化景观，同时也象征着特区人艰苦创业、积极向上的奉献精神。今日的深圳，天蓝、地绿、花多、水清、城美，已成为一座绿化景观丰富、环境优雅宜人，且生物多样性与生态环境可持续发展的现代国际花园式大都市。花园主题的线性空间最大的特色在于“花”字，利用多种种植方式相互结合共同创造花的海洋（当然花园的美名也是离不开绿树的），花的具体种植方式可分为花坛、花境、花丛及花群。

5. 滨水主题

滨水主题的线性空间是指（如滨水带状公园等）以滨水为主题的线性空间，该类空间一般是与江、河、湖、海接壤的线性空间区域，它既是陆地的边沿，也是水的边缘。

人们对水有一种与生俱来的热爱和渴望，人们爱水并喜欢接近它、触摸它。人在水域环境中行为心理的一般总体特征是亲水性。人的亲水心理是人的本性。水是生命之源，人们对水有着强烈的依赖性，无论是生理上还是心理上，水都是绝对不可缺少的东西。因此，人们到了具有水域的滨水地区就像回到了母亲的怀抱，心中会感到特别踏实，其一言一行、一举一动，都有着天性的流露。水面使优美的景色在波光闪烁的光影中充分展示，形成城市中最有魅力的地区，结合滨水设计的绿化带线性空间成了最受人们欢迎的公共开放空间。人们在该空间的行为包括步行、休憩、观赏、社交等等，通过以上行为，充分接触自然、拥抱自然，从城市的紧张生活中解脱出来，从而获得回归自我的精神状态。人们在其中感受着水的各种迷人的姿态，如江水的流淌、潮汐的变化、静听江水击岸的回响，是久居都市的人们放松心情、悠闲散步的享受场所。因此，绿化种植总体上应该以自然式种植为主，能展现一种阳光、轻松活泼、向上的精神境界，使人们畅游其中，舒坦而真实。

6. 林荫主题

林荫主题的线性空间是指（如林荫路等）以林荫为主题的线性空间，该类空间一般由冠幅较大的树群组合成绿树丛荫的整体氛围。当线性空间宽度小于或等于树木冠幅时，绿树林荫的带状空间给人一种幽深、宁静的氛围，感觉沉醉在与外界隔绝的自我桃源中，悠闲而自得，并感到踏实、稳定，当然在黑夜中行走除外。而当线性空间宽度大于树木冠幅时，虽然没有绿荫覆地的感觉，但整体上给人绿树遮空的氛围。

（四）从周边环境的特点分

线性空间处在不同特性的周边环境，其空间氛围是不同的，因而人的心理需求、情感反应当然也是不同的，因此，其空间景观的塑造当然不同，植物造景意境的营造也随之有很大区别。例如，当线性空间是处于城市中一个社区与处于城市中的高速公路时，前者追求亲切温馨的情感氛围，后者追求简洁明快的情感氛围。可见，周边环境的特点决定着线性空间植物造景意境的具体营造。

1. 生活气息的氛围

居住区附近、居住区内的道路等线性空间通常都具有浓厚的生活气息。随着人们物质生活水平的日益提高，城市居民的眼光不再局限于建筑、户型设计、内部装修等方面的问题，也越来越关注于绿化质量的提高，希望得以“诗意地栖居”，希望在高质量的绿化环境中能产生美的感受以及美的联想，从而消除疲劳、恢复体力、促进健康。可见，能满足上述居民希望的植物造景可以算是良好地营造出了生活气息的氛围，使居民生活在一个安静、卫生、舒适的居住环境中，并且人的精神感受也能够得以提高。在该类空间中最好是多栽植开花植物，或色、形俱美的植物，具芳香味的更佳。如世界上最弯曲的生活性街道，丰富多彩、花丛紧凑的地被景观使得空间充满着浓郁的生活气息。还有布置以细小型树叶为主的树种也可以烘托优雅、安定的生活气息。

2. 自然恬静的氛围

当周围环境是田园风光、城郊接合的地段或公园小道等空间环境时，空间给人的氛围是自然恬静的，是久居闹市中的人们热烈渴望的一种绿色环境。自然恬静氛围的线性空间植物造景，首先，植物的种植一般都是尽量采用自然式的排列方式；其次，常选用花灌木作为地下植被营造自然界中丰富的林下植被的景象。

3. 气势磅礴的氛围

当线性空间处于城市当中一个重要的形象窗口或一个城市的标志区域时，并且是以一个大空间环境为基础时，营造令人震撼的第一视觉冲击是展现自己独特魅力的良好手段。其植物造景应该在营造气势磅礴的氛围下进行意境的营造。

4. 简洁明快的氛围

简洁明快的氛围一般是观赏者处于不能或不会慢速浏览景观的条件下所处线性空间的氛围。如在高速或快速道上，观赏者处于一种快速浏览的状态，这时由于观赏者行为心理特性，即在高速运动时，视野范围中尺寸较小的物体在一闪即逝中忽略掉，只有尺寸达到一定大小的物体才能被看到大体概貌，一般人眼需要 5 秒注视时间才能获得景物的清晰印象。因此，绿化景观的空间尺度应与在该速度下的视觉特性相符合，应该大尺度地布置，简洁明快，而非细致烦琐。

5. 庄重严肃的氛围

当周围环境为庄重严肃的氛围时，植物造景应该通过树种的选择及配置进行相应氛围的营造。如通往中山陵道路上整齐茂密的松柏、严谨的空间轴线、庄严的牌楼、密列的雪松、云梯般的踏步、耸入云霄的青山、时隐时现的陵堂，威严肃穆的环境氛围油然而生。置身于这样的环境中，无人不满怀感慨、崇敬、怀念和沉痛的情感，无人不经受这浓烈的肃穆敬仰环境气氛。因此，在类似的空间中，如纪念性、朝拜性的地方，植物造景的意境营造关键在于要突出庄重严肃的氛围，能够使人未进入主题空间中时，通过一系列线状布置的群植树林就能切身感受到场地周围环境散发出来的肃穆气息。植物在该类空间进行具体配置时，应该选用色彩比较深绿的针叶常绿树或柏树类群植，因为深绿色显得端庄厚重，群植时可造成庄重、沉思的气氛。如各种松柏类的植物就是很好的可选用树种。

6. 商业气息的氛围

在商业性楼盘中间的线性空间一般都具有商业气息的氛围，这时植物造景应该以此为设计依据，结合商业性主题的特点进行具体的配置。如上海某商业步行街的植物造景，植物以规则、简练的方式进行种植，干净利落，富有现代感的气息，很好地烘托了该步行街的现代商业氛围。商业性氛围的线性空间充满现代气息和繁华的特点，其空间树木种植形式应该简洁明朗，密度不宜过密，否则就不能营造出应有的商业气氛；并且应选用常绿性的无果树木进行造景，以免到季节时树叶与果实掉落到铺砖地上，购物者来回踩动破坏他们的购物心情，也会在无形中也影响该空间的商业气氛。

7. 开阔明朗的氛围

一般靠近滨水的区域（如滨海、大江、大湖、大河等视域开阔的空间环境）都具有该氛围。该空间环境的最大特色在于其空间的开阔性，在植物造景时，很多时候是根据该特色进行总体布局，总体格调为简洁、明朗，充分与该类空间的总体特性相协调，与开阔的空间尺度相统一。

第九章　现代园林景观设计中离经叛道的大众形式

第一节　现代园林景观艺术与装置艺术的交织与互动

一、概念

（一）装置艺术的定义

装置艺术通过室内短暂陈列的立体展品表现，将人类常生活中的文化思想实体进行艺术性的有效利用、改造、组合，最后演绎出新的展示个体或群体丰富的精神文化意蕴的艺术形态。它们彼此之间相互独立，表现手法和传达的感情不一，往往需要感受者去慢慢体会。它们所突出的物体和空间，超出人们正常生活的体验，但又是源于生活最初的本质。艺术家并不满足于只给观众一场冲击性的视觉体验，而是希望从不同的感官角度调动起人们的情感。同样，装置艺术也不局限于任何艺术领域，绘画、诗歌、录音、电影、摄影、戏剧、建筑、雕塑等都能涉足其中。材料也是装置艺术中最为丰富多样的，只有观众想不到而没有艺术家用不到的材料，比如纤维、塑料、陶瓷、木材、橡胶等等，生活中随处可见的不起眼的物品都可以成为装置艺术中的主角，而且这些角色往往都被艺术家们所颠覆，创造出独特的艺术语言。

（二）现代景观装置艺术

景观是一种文化意象，设计师用有形的方式对周围环境进行再现、提炼及象征。可以用各种材料展现不同的空间，可以是画中的景、纸上的文字、大地中的植物与花卉，以及地面上的泥土、铺装、石块。一些景观艺术与装置艺术结合的作品我们可以称之为景观装置艺术。景观装置艺术是景观艺术与装置艺术特点融合的设计产物，它存在于公共空间中，影响着人们的生活等，在具备装置艺术基本特点的同时，也富有景观艺术所表达的情感及公共服务性。它将装置艺术所传达的“场地、材料、情感”这一理念更好地传达给享受公共空间乐趣的人们。结合装置艺术的概念与景观设计的特点，景观装置艺术可以理解为在城市公共空间里应用装置艺术的空间构成、丰富的情感表达、多样性的材料、互动性的设计、强烈的视觉表达与丰富的色彩空间等方面的设计手法来创造可供大众欣赏、体验、使用和休憩的景观空间，包括景观装置的游乐观赏性空间、公共艺术空间、标志性建筑、景观小品与公共设施等等。

二、现代园林景观艺术与装置艺术的交织与互动

现代园林景观设计学是一门建立在广泛的自然科学和人文艺术科学基础之上的环境艺术门类。它是人类社会生活发展到一定阶段的产物，也是历史悠久的造园活动发展的必然结果。景观设计涉及建筑、风景园林、环境、生态、农学、地学艺术等多个学科领域，其核心任务就是协调人与自然的关系，为人类创造安全、健康和舒适的环境。景观设计也是人类的世界观、价值观、伦理道德的反映，人类将自身对于生活与环境的爱与欲望通过设计大地景观形象作为实现梦想的途径。作为设计艺术学背景下的现代园林景观设计主要强调的是在景观学的引导下，依据艺术和谐原则涉及协调各景观系统的规划与设计，实现人与环境均衡关系的建立。同时，强调景观生成时对人精神上、视觉上、生理健康上的基本需求，通过景观空间艺术的创作，提升和陶冶公众的审美情操。装置艺术的再生性也是将大家所熟悉的感知物从人类视觉感受要求出发，根据美学规律、利用空间场所、研究实体形态如何创造赏心悦目且能与观众产生情感互动的综合环境艺术。而装置艺术的体量感、形式、轮廓和材料的色彩、肌理、质感等视觉要素可以成为公共景观设计中丰富视觉形象的积极手段之一。

装置艺术融合下的景观设计可以为现代景观设计提供更多主观创造性的设计思路，材料可以是非自然元素，能够更加自由地使用，环境设施的趣味性呈现多元的，如超现实的、诡异的、非理性的空间意象等设计，而观者仍然可以从中解读出某种神秘的内在秩序，并且完全可以对该景观的秩序组织存在的合理性进行肯定。装置艺术的创作者主观的设计意图释放于景观环境设计中，更直观地诠释了现代的景观设计别具一格的开放性与审美性的存在方式，不再仅拘泥于好山好水才能制造好景致的地域局限性以及过多地受限于天然材料、场地空间，打破了景观面孔的僵化与千篇一律。装置艺术参与景观设计的互动，探寻观者的心灵感受需求与行为心理乃至精神活动的规律，以及两者对于自然、生命的隐喻精神的互通性，能更好地创造出使人和谐丰富、浮想联翩、积极上进的多元化精神文化景观。

总之，装置艺术与景观艺术的融合可以借助于物化的景观环境形态，更多地参与以

视觉艺术占主导因素指导人们的精神感受与行为规律，实现物境、情境、意境的综合作用。装置艺术对于人与自然的互动的理解，打破景观设计中对自然元素的常规意义上的认识，并对向设计中的合理性的中庸式表达做出了超越。所以说，装置艺术的元素介入可以构建更加独特、造型饱满的景观形式，将景观设计艺术引向令人兴奋的视觉与情感思维新境界。

第二节　装置意象为现代园林景观设计注入活力

景观是一种文化意象，是用有形的方式对周围环境进行再现、提炼及象征。这并不是说景观是非物质的，它们也可以利用各种材料展现于不同的界面上——可以是画布上的画、纸上的文字，以及大地上的泥土、石块、水体和植物。景观空间具有多元化、错综复杂的概念范畴。将景观设计看作一种意识形态，它可以成为方法，启发人们思考人与自然的关系。单纯依靠对自然形态的感动与传统处理手法不能完全满足设计师们传达精神的需求，材料开放性的利用、物化造型实现设计意图、空间的非常规再创作、平民化的隐喻寓于景观设计等装置意象可以为现代景观设计提供更新颖的空间思维形式以及实现与观众更好的情感互动。像玛莎·施瓦茨的“面包圈花园”设计，她将面包这种生活中司空见惯的食物作为园林造景的一部分，模糊生活与艺术的界限，运用非常规性、反叛的思维方式对景观设计的空间功能属性与现成物进行综合利用，实现了环境空间的独特精神审美价值。

一、从意图出发，触发想象

具有装置意象的景观设计的作品是观念的介入与主观意图的思考后进行制作、模仿、管理所形成的，与传统园林景观以自然要素为构件不同，具有明显人工化、非自然景观的特性。

具有装置意象的景观，从意图出发，触发想象的表现有两种：一种是具有浅表性视觉刺激的色彩挑衅，打破原有的空间环境，让色彩跳脱于背景之外，制造富有冲击力与表现力的环境拾趣点。都柏林大运河广场设计就体现了这一点。设计者有意采用跳跃的红色有机玻璃作为铺装，以为港口铺设的红地毯为意象，用暖和又醒目的红颜色，从沉闷的大背景中跳脱出来打造活跃的空间气氛。景观设计中对于普通材料的组合、大胆的造型、重复或抽象的几何秩序以及象征、隐喻的处理手法制造景观形态，这与装置艺术的物化观念殊途同归。在设计观念上成为景观设计中有意识的文化创造，可以成为观者触发想象的第二种思路。有意识地将景观设计作为一种艺术形式进行表现，创建一个简洁、有艺术气息和无与伦比、美丽的空间是一个复杂的过程。

在现代的园林景观设计中出现了通过设计师着意而为，将乔木和灌木相配置，形成具有图案化、多视点简洁的流动平面形态或者动态均衡的造型形式；有的还运用环境中的质感对比，将植物修剪成具有隐喻的故事性与图案化的实体造型；有些甚至采用人造植物制造新的视觉迷惑性，产生了类似于装置般的实体，并同时满足了所有的功能需求。

二、非主流材料的使用

景观可以作为文化的人工制品，可以用现代的材料制造并使用，甚至通过作者对廉价材料的选择利用及物化处理后赋予意象特征来反映现代社会的需要和价值。像装置艺术一样，对世俗的、常见事物和普通材料的关注，通过所置身的大众文化的深刻、尖锐的思考，从常见物中得到能量和原生态的设计思路应用于景观设计中。非主流的材料或旧的熟知物在考虑平衡、节奏、和谐等的基本美学原则基础上可以让景观富有幽默与趣味的装置感。

三、动态的空间制造

装置艺术介入景观设计，加上波普主义、达达主义、超现实主义、大地艺术、极简主义等后现代风格的影响，让装置的意象体现在景观设计中的反诘与超越表现更加具有非理性、非常规的思维特点，特别是体现在空间的利用与再创造上，突破了平面与立面、静态与动态的思维限定空间，带给观者生动的感官体验。装置艺术的意象体现在景观设计作品中由静态到动态的转变。设计师为了生动、全方位地让公众感知参与互动，这类景观作品主题通常利用自然界中的自然元素与人工自然界中的声、电、光元素，激发公众的参与，让原本静态的景观“活”了起来，让景观设施成为生动的体验装置。

第十章　数字环境艺术设计的内涵解析

第一节　环境艺术设计的定义解析

数字化时代，各个领域都发生了翻天覆地的变化。在环境设计领域内，不但受到数字化的影响，而且借着数字化的发展，颠覆了设计方法，彻底改变了设计思维，将传统设计理念与数字化结合在一起，发现从主体构思到产品设计都得到了快速发展。

环境艺术设计指的是借助艺术的手段及表现方式，对建筑的室内外空间环境进行统筹规划与设计的一种活动，其主要目的是有效促进人们工作及生活环境的合理性、舒适度及美观度的提高。而作为一门边缘学科，环境艺术学科的设计过程涉及设计美学、城市规划学、环境生态学以及建筑学等多门学科知识。与传统设计相比，环境艺术设计的侧重点在于提高空间环境的艺术水平，摆脱了室内设计理念的束缚，将设计的范围延伸至整个环境空间，致力于构建和谐、完善的宜居环境。

数字技术指的是通过应用 0 与 1 这两个数字将数字编码完成，并借助通信卫星设备、电子计算机、多媒体等众多设备，对信息进行处理与传输的一种技术。具体分析，数字技术一般为计算机及数码等技术的统称，涵盖数字编码、数字调制调解、数字传输等诸多范畴，可促进数字信息化的实现。而环境艺术设计数字技术化则是指通过对先进数字技术进行科学合理的应用，将环境艺术设计中需要描述的文字、图像及声像等效果很好地呈现出来，属于一种结合静态图像与虚拟效果的全新方案。它不但可以充分促进完善及修改效果图速度的提高，为整合设计方案提供更多便利，而且还可将设计的核心理念更加生动且直观地表达出来。

环境艺术设计的初衷是改善人们的生活和生活空间。在追求人与自然的和谐关系中，满足人们的心理需求和实际需要，即依托自然环境和社会环境，运用各种现代技术，运用设计原则，有目的、有意识地设计出与之相符的作品。环境技术设计主要体现在两个方面。第一种是物质形式，它考虑了自然因素和社会因素。随着现代社会的发展，各种高科技技术的运用和高科技材料的使用使人们越来越充分利用物质条件，在自然环境中设计出更优秀的作品；第二种是精神形式，要求设计师理解和掌握自然规律、文化内涵和设计理念，以正确的价值观为指导，设计符合文化需求和社会需求的设计作品。

第二节　数字环境艺术设计的创作条件

一、环境艺术设计与数字技术的关系

现代设计的关键是要满足建筑需求，使样板设计模式逐渐被取代。但是现有的设计需求对行业设计师提出了更高的要求，导致很多设计者因为无法满足业主的要求而被淘汰。现代环境艺术设计要求设计师必须有较强的审美能力，这是建筑实现“美”的基础。另外，设计对环境塑造与外围环境的结合也提出了一定的要求，这对社会环境塑造力也是一种考验。但是在任何国家的建筑和装修领域中，真正能够满足用户要求的设计师少之又少，所以为了更好地满足市场需求，设计师应该从外部获得必要的力量，即借用信息技术为业主提供最优的设计方案。在实际应用过程中，数字技术能够为各个项目提供必要的信息支持，这是设计者获得数据信息的关键。

二、数字时代的设计表达

（一）环境艺术设计的传统设计表达方式

传统的设计表达是通过徒手绘画的方式，主要有钢笔淡彩、彩色铅笔、马克笔、水粉等表现方式，在快速表现中通常用的是钢笔淡彩、彩色铅笔和马克笔表现技法。钢笔淡彩是用钢笔勾绘出线条轮廓，再施以淡淡的色彩表现物体的立体感、空间层次感等效果的表现技法。彩色铅笔与马克笔的使用方法大致相似，是在绘制好的线条底稿上用彩色铅笔或者马克笔来表现具体的色彩、阴影、立体感、层次感。马克笔是目前比较受青睐的表现技法，它能够快速地绘制出效果，画面整齐、干净，效果出众。

（二）数字化技术设计表现技法

AutoCAD 作为一种计算机辅助设计软件，是手工绘图无法比拟的高效绘图工具。使用 AutoCAD 不仅可以准确快速地根据指令绘出图形，而且还可以准确清晰地输出图纸，主要优势表现在：提高了工作效率，比手工制图更快更省时；提高了设计制图的精确度，误差小，修改方便。

三、数字时代的环境艺术设计

（一）数字时代的环境艺术设计理念

第一，注重环境的协调性。随着资源的日益贫乏、环境状况的日趋恶劣，环境艺术设计越来越多地考虑生态性设计。设计更多以保护环境、节约资源为主题，倡导绿色设计。环境艺术设计努力追求绿色、休闲、健康的空间，材料的选用以节约为主，可循环使用，无污染，就地取材；第二，情感化设计。时代的变迁使得人们的心理需求变得重要，设计中不得不考虑受众的情感体验，将设计中融入不同的情感来体现人性化特色。

（二）数字时代的环境艺术设计构思

数字时代中，设计师的设计构思方法也有了改变。从以往的徒手表现草图，到如今的计算机技术，通过不同的设计软件可以将设计表现得更加细致、完善。

第三节 现代数字环境艺术设计的特点

一、现代数字环境艺术设计的特点

（一）表现手段虚拟化

以数字化手段进行环境艺术设计，以科学数据进行对现实的模拟，能够将原本不存在的、设计师臆想出来的设计理念以虚拟的手段方式呈现出来，通过声、光、电技术的配合，能够产生更为立体的模拟效果，主创方能够根据更为真实的模拟效果判断项目的可实行性。除了能够对当前情况进行模拟展示，数字虚拟还能够通过数字化分析，展示出作品对周围环境的影响作用，比如对环境的破坏，对生态的影响等方面，这是以往的设计所不能考虑到的方面，也无法推算的结果。数字化的数据分析，能够给我们带来完全不一样的设计体验，使环境艺术设计更为人性化，更有利于生态环境发展。

（二）应用广泛

1. 数字化技术是现代诸多技术的基础

数字化是软件技术的基础，可以毫不夸张地说，当前时代已经进入到一个数字化虚拟空间，在这个空间中，以 0 和 1 两个数字组合而成，不断变换组合，涵盖海量信息，按照不同的规则进行操作，能够表达出不同的结果。数字化技术在包括工业、通信、艺术在内的各领域都产生了极为深远的影响，尤其是在艺术设计领域，其改变是翻天覆地的。

2. 数字化技术改变了艺术设计的方法

数字化技术运用两个数字的不断变换组合，形成了无穷无尽的色彩、图像、图形，这些基本设计元素不再需要手工一点一点绘制，而是可以通过计算机呈现的方式进行任意改变和组合，以形成全新的作品。庞大的数据库支撑能够给设计师带来一个巨大的元素备用库、各种灵感的来源地。数据的任意组合特性，使得元素的整合更为便利，以前一点一点绘制的图片能够在几分钟之内完成，并能够随着设计师的想法进行便利的修改和整合，彻底颠覆了传统艺术设计方法。

3. 数字化技术改变了艺术设计的思维方式。

由于数字化的应用，传统思维方式也被打破，任何设计元素要应用到数字设计中去，都必须进行数字解构，进行分类和存储，并能够方便地在数据库之间进行调动，这是一种数据库与数据库之间进行交流和组合的思维方式，已经不同于传统的思维方式。通过数字化设计，能够将信息进行数字化运算分析后完成对现实的模拟，比如灯光的效果设计，传统思维下是以设计师的感官为准进行设计，而在数字化时代，则能够直接以厂家提供的光源真实效果资料输入到计算机中，通过数字分析，将真实效果呈现在作品当中。其对于现实的模拟效果与真实情况一般无二，完全摆脱了设计师的主观干扰。

（三）内涵表达更加直观

1. 图像直观。环境艺术设计作品的最终完成，是设计师与客户思想沟通的结果，其中，既有设计师的主观意志，也要有客户的认可，而二者的思想沟通除了通过语言完成之外，最主要的媒介体就是图纸。以直观成像的图纸进行交流，能够最大化保证作品符合客户的需求，也能够保证作品中包含设计者的主观思想。

2. 关系清楚。环境艺术作品不同于普通设计作品的一个主要因素就是涉及面较广，涉及关系较为复杂，普通设计作品很难满足涉及面如此之广的关系呈现，这就需要以数字化的方式来体现。数字设计更能将各个关系诉求清晰呈现，并能够及时进行修订。

3. 施工重要凭借。环境艺术作品设计最终要落到项目的呈现上，而不是一纸图纸，最终的环境艺术作品还需要施工人员极力配合，才能真正完成。而数字化技术的应用，能够更直观更真实地反映出作品应该呈现出的样貌，能够较为直观地与施工人员进行沟通，保障设计理念能够最终落实到实际产品当中。

二、数字技术在环境艺术设计中的影响

（一）改变了环境艺术设计方法

数字技术的应用，使得原本的手绘方式得到彻底改变，大数据、计算机的设计方法

颠覆了传统设计理念和方法，计算机软件的辅助作用，使得环境艺术设计的技术更为精良，设计元素更为丰富。设计师要能够保持一种与时俱进的设计理念，在信息时代运用数字技术呈现出更加精美的设计作品。

（二）促进了环境艺术设计发展

计算机辅助技术的快速发展，给环境艺术设计的发展提供了快速通道，计算机辅助软件能够促使设计师尽快进入角色，完成从设计新人到熟手的转变。更多元化的思维方式、多样化的设计元素充斥着整个设计领域，使设计师有更高的视角、更超前的审美意识，更能够把握作品的水平，设计出更优秀的环境艺术设计作品。

（三）提高了环境艺术设计效率

计算机软件的运用，设计元素被数字化结构，在数字化空间中，能够进行任意的组合和创新。这种任意性彻底改变了过去一个地方出错就需要重新绘制一张新图的烦琐工作，使得修改和整合能够快速完成，大大提高了设计的效率，也能够通过虚拟手段，更科学地测试作品中的问题，在设计阶段予以解决，避免重复设计和重复施工。

第四节　数字环境艺术设计的原则

一、现代环境艺术设计的价值意义

实用艺术设计，是按照审美的规律来从事创造活动的。这些活动属于最狭义的及本来意义上的艺术，同时也属于广义上的艺术。因此，要创作优秀的艺术设计，就要具有娴熟的技艺。从艺术设计活动而言，设计中的艺术性运用，是设计者的艺术思维及审美意识的物态化成果。因此，不同艺术设计种类的特点，应该由艺术设计者的审美意识水平、设计对象的制作工艺、技术和材料、艺术设计技巧手段等，将抽象的艺术形态设计图形以物态形象来表现的艺术，它包括通过感性的真实来展示的建筑及建筑装饰、雕刻、产品外观及造型、平面及立体的各类艺术设计。设计的定义，各类辞典有许多说法，综合起来可以解释为设计是人的思考过程，即是一种构想、计划，通过实施最终达到满足人类的各种需求为终止目标。在人类社会的不同历史发展阶段，设计具有各自的方向与使命。艺术设计内容与表现形式包含客观与主观、认知与情感、表现与再现、纯艺术与实用艺术、技术与艺术等关系的变化统一。

二、数字环境艺术设计应遵循的原则

（一）明确的目的性

环境艺术设计因为与周围的整体环境、人体体验有着密切关系，因此，它不是一个独立的设计产品，必须考虑其对周围环境的影响作用。设计者在进行设计的时候，必须明确设计作品的明确目的，除了明确作品本身的外形特征以及本身的艺术效果外，还应该明确设计的具体内容，其与周围环境的关系，以数字化分析的方法对周围环境以及人体体验进行分析，将结果综合到设计内容之内，不能仅凭主观臆想和偏好进行设计。

（二）形式的新颖性

环境艺术设计是艺术设计的一个分支，艺术设计是不断发展创新的艺术表现形式，环境艺术设计也必须不停地在原有基础上进行翻新，使得环境艺术设计的生命得到新的延续，更加具有吸引力。所以设计师需要不断开拓创新的艺术形式，充分发挥自己的聪明才智，让更丰富的艺术形式展现在世人面前。数字技术的加入能够给设计师提供更为丰富的数据资源，提供更多的灵感来源，通过数字技术的虚拟模拟特性，能够赋予作品更多元化的表现方式，以更为清晰具体的形式呈现在人们面前。

（三）数据的真实性

数字化技术能够给环境艺术作品提供更为真实可靠的设计数据，并能够通过对周围环境的数据评估，提供更为真实可靠的设计依据；设计师通过对真实的数据进行分析，能够设计出更为科学合理的艺术作品，使环艺作品更符合公众需求，更人性化，也更能符合环境保护以及生态保护的需求。

第五节　环境艺术设计思维的数字化

一、数字化技术在环境设计中的表现形式

作为环境艺术设计工作者，在实施一个具体的项目时，需要对项目做出市场调研，在信息完善的基础上进行构思和市场定位，提出初稿方案，在具体的施工中根据实际情况不断地优化设计方案，这些过程缺一不可。在设计的时候，很难发现一些微小的错误和细节部分的处理，只能在施工过程中不断地修正和更改，这就造成了整体成本的增加，施工的时间也有延误。此时，数字化技术出现在设计师的视野当中，数字化技术的来临

给设计工作者提供了便利，可以直接对整个设计方案进行更加全面的扫描和处理，给设计师提供更加直观的感受。因此，可以看出数字化技术在环境艺术设计中有良好的实用功能。

（一）利用数字化技术改良设计

在科学技术先进的现代，随着客户对环境设计要求的不断提高，也给环境设计师提出了更大的考验。在这个数字化技术普遍的环境下，设计师必须考虑用户的居住体验感，让用户身处在智能科学的居住场景中，可以多方位地感受设计的魅力所在。用户通过更改参数，展现出不同的场景感受，这也是设计的精髓所在。为了让用户更加直观地感受到这种居住场所，设计师必须熟练掌握专业技能和数字化技术，通过数字化技术的应用给设计提供方便，减少不必要的浪费，最大限度地减少成本。除此以外，数字化技术还能给相关设计人员和设计单位提供技术上的支持，比如项目评测工具，让设计师找到合适的设计参数，发现可能存在的问题，把问题掐断在萌芽期，从而使整体的设计更加流畅和顺利。

（二）利用数字化技术更好地展示设计成果

以前，设计作品定稿之后，都是利用手工画图的方式来向外界展示。这样的展示方式存在很多弊端，不能把整个设计思路展现出来，是一种平面的静态展现形式。随着数字化技术的引入，能够更加直观地展现出立体的设计效果。基于这种高科技的数字化技术，可以让设计作品更好地展现在人们的视野当中，达到良好的宣传效果。用户在观赏设计的过程中可以直观地看到设计中的欠缺，并及时指出问题所在，可以让设计师第一时间做出修改和完善，由此让整个设计作品更具备竞争力。设计师在进行设计的过程中，可以利用先进的 3D 建模软件来虚构出整个设计效果，从而在虚拟模型中找到灵感，得出设计模型。而且，利用数字化技术还能让设计模型更加细致，让设计作品更加准确地表现出设计的意义。

（三）利用数字化技术节约成本

大多数设计师都可能会碰到一个问题，那就是设计人员在设计的过程中会遇到甲方人员提出的修改意见。在以往传统的设计方式下，意味着原先的设计图纸就得全部作废，需要重新制图，浪费了前期制图的时间，极大地浪费了人力和财力，而且反复地更改图纸会让整个设计工作时间加长。数字化技术的到来，解决了这一问题，设计图纸可以在计算机设备上自由地更改，这样做的好处就是避免了绘图的重复工作，给设计师节约了时间，也降低了设计所需要的成本。

（四）利用数字化技术对施工方案做出检测

具体的施工过程中，因为工作的原因，设计工作者往往会有新的创意涌现出来，可但由于时间和成本的考虑，往往会放弃这些新的创新。当数字化技术出现之后，就可以利用数字化技术模拟出一个设计场所，在指定的环境中检验新思路是否可行。这里需要注意的地方就是，设计方案稿与项目工程施工的链接必须有专业的工程设计人员帮助指导才行，而且在施工的过程中能够根据实际情况做出相应的修改，最主要的就是检验的部分。如果将数字化技术应用到设计方案的验证中来，利用虚拟的场景对施工条件和施工材料进行科学的验证，从而得出大量的科学数据，根据实际数据和其相对比，便可提高方案的可行性，最大限度地减少施工时间。

二、数字技术在环境艺术设计中的运用

第一，AutoCAD 辅助设计软件。

AutoCAD 的制图功能在建筑、机械和电子等设计领域得到了重视，软件的平面设计和三维成像功能可以被用于环境设计平面图的绘制中。设计师通过对设计图形的研究，可以进一步细化整个设计过程，分解设计内容，把整个环境平面化，使设计师通过对已分解的平面构图的详细分析，形成独立的位图文件作为设计的基础。软件不仅灵活，而且容易操作，出图速度快、质量高，通过其在环境艺术设计中的应用，提高了整体的工作效率，将设计师的设计思维通过图像展示出来，让客户通过对图像的观察和思考，提出相应的设计意见。这样就能根据客户的要求修改方案，避免出现设计完成品不符合客户需要的情况，节省设计资金，有利于环境艺术工作者的分工合作。

第二，Photoshop 的应用。

Photoshop 也就是人们常说的 PS 技术，这一应用技术在各个设计领域都得到应用，是大家耳熟能详的图形编辑软件。软件的美化能力和修饰能力特别出众，尤其是图像的背景和光影的处理。在环境设计过程中，可以利用这一特点对设计的效果图添加光影效果，使图形的成像更为立体，还可以通过软件进行光线的附加展示，让客户能够直观地感受到从早到晚的设计光线变化。除此之外，软件自身具有的滤镜功能可以为初学者提供便利，软件对环境的设计渲染和完善，能够提高客户的满意度。

第三，三维制作软件的应用。

目前，应用比较广泛的三维设计软件主要有 3D-MAX、Pro-E 与 Creo 三种，其中，3D-MAX 是动态制作、渲染软件，可以完美地将图形以三维立体的形态展示出来。在环境艺术设计中，可以充分地进行利用，在设计师做好平面图形后，通过使用软件达到直

观审视的目的。呈现的 3D 效果图可以方便设计师发现自己设计构思中的不足，并及时修改。Pro-E 与 Creo 三维制作软件更多地被应用到室内环境的设计过程中，将设计师的设计理念呈现在客户面前。

三、现代数字艺术与环境景观设计的融合与发展

（一）注重三维技术在环境艺术设计中的应用

环境艺术设计可以在很大程度上改变我们的居住环境，对我们的生活产生很大的影响。传统的环境艺术设计主要是平面设计，但是随着数字媒体的应用，环境艺术设计可以更多采用三维立体设计，促进环境艺术设计的发展。首先，要利用好数字媒体，改变以往以纸质设计图为主的设计方式，利用数字媒体来设计三维立体图；其次，要根据客户需要的设计理念合理安排三维立体设计图，尤其是针对广场设计方向，要将广场和相关设施放进周围环境的三维立体图里来考虑，方便发现问题，及时调整设计方案。

（二）基于虚拟现实观的环境形态混沌式生成

混沌式生成原理是在三维环境景观模型的基础上，以环境形态的局部开始，从整体环境的最下层到最上层进行设计，该设计方法被称为混沌式生成方法。荷兰物理学家洛伦兹曾经对气象变化数据进行绘制，并将绘制完成的图像嵌入相位空间图内，由此原本杂乱无章的数据点组成了双螺旋线图，该图形轨迹永无交集，且运动永不停止。由天气数据嵌入相位空间图，引起的这一现象证明不确定数据流具有确定性特性，而随着初始环境内部的细微差异量的不断增大，使整体结果产生巨大差异。产生该差异的原理便是洛伦兹的“蝴蝶效应”原理。混沌式生成方法对初始条件具有很高的辨识度，具有感官随意、客观有序的特征。虚拟现实观是通过体验者对环境体验的过程实现环境形态的构建，该过程的混沌性较为明显。

（三）设计中各个方向的应用

在室内设计方面，在为客户展示案例和方案时，数字虚拟技术的应用无疑是节约了成本和时间，而且还能更加直观地展现环境艺术设计中存在的亮点，能够吸引客户，使客户更加直观地了解到该企业的真正实力。在景观设计方面，数字虚拟技术能够将收集测量的地理信息呈现出来，设计师进行设计的时候，也能准确地把握该地区的各个数据信息，结合气候环境的变化，以及地理环境对生态系统的影响，来进行适宜的景观设计，包括景观的种类、选择的树种、设计的层次等等。

（四）坚持因地制宜

首先，要了解小区实际情况，实地去观察，对相关信息进行收集、整理、分析；其次，在掌握所有环境要素的基础上制订设计方案，对方案进行修改，通过完善为环境设计提供参考依据。每个小区建筑风格是不一样的，这和环境景观设计有着直接关系，要和整体环境相协调。如果环境设计和建筑风格迥异，会让人感觉到很突兀。同时，要听取小区居民对于环境景观设计的意见和建议，对设计方案做出适当调整，可以进一步优化环境效果。

（五）注重与城市的联系

综合体环境景观承担着提供城市公共空间的责任，政府部门在建设城市公共空间时，要求建造一些广场、公园等，但这些广场、公园仅符合空间的要求，缺乏多样社会的功能，商业中心就是可以将多功能延续的载体。购物背后有着丰富的情感诉求，尤其是娱乐功能。一个商业综合体项目成功与否往往不是仅依靠店铺中的商品，而是店铺以外的公共空间吸引人的能力。可以说公共环境景观空间是决定商业项目成功的关键。设计中应注重与周边的联系，即保护城市中滨河廊道公共资源。综合体环境景观中的交通系统应成为城市交通系统（人行系统）的组成部分；综合体的环境景观应成为城市公共景观中的一部分，使人产生亲切感和归属感，模糊城市空间的边界。

（六）环境景观设计的方法层面

环境景观设计在实施过程中能够充分借鉴现代数字艺术的平台优势，进行设计理念的搭建、设计风格的选择与设计效果的预览。在传统设计过程中，只能通过设计构图的形式进行设计内容的表达，相对于设计要素的调整与修改存在很大的弊端。而通过景观设计与数字艺术操作平台的融合，借鉴现代计算机等技术设备，通过三维构建、虚拟呈现等先进方式，既能满足相应的设计效果预览，同时也为方案的调整提供了便利。

（七）寻求数字媒体技术与艺术的平衡

首先，我们应该认识到媒体技术是艺术设计的一种重要表现形式，环境艺术设计则承担着时代的精神内涵，二者密切联系，我们在人才培养和发展过程中都应该把握准这个定位，不能顾此失彼；其次，数字媒体虽然为环境艺术设计提供了更多的模型、便利的 App、广阔的视野，但是它并不能代替设计者本身的思想。数字媒体发展越完善，环境艺术设计工作者越应该把握住数字媒体的实质，寻求技术与艺术的平衡。

第十一章　水环境治理中的园林水体景观设计

第一节　水环境治理中的园林水体景观设计概述

一、水环境治理概述

（一）水环境治理的定义

传统意义上的水环境治理主要限于环境工程领域，其主要包括涉及水环境治理产业的产品设备制造、采购，以及水环境治理工程建设。产品如污水设备、机械过滤器、滤膜、污泥压滤机、除氧设备和离心机等的制造和采购。传统的水环境治理主要针对水污染进行治理，使用的不外乎是物理、化学手段，较为单一。当今社会水生态问题日益突出，水环境治理的定义已经远远超出水污染治理的范畴，它包括水体的修复、水生态系统的恢复、滨水景观的塑造、滨水区域的综合复兴等各个方面。随着各行业间的交流日益频繁，水环境治理也不再限于某一行业，而是风景园林学、规划、生态等各个领域携手面对和解决的课题。从风景园林学科的角度来说，生态环境在水环境治理中的地位越来越重要，水体景观设计在水环境治理中也就显得越发必要。

（二）水环境治理的必要性

联合国环境规划署预测水污染将成为21世纪大部分地区面临的最严峻的环境问题，且随着我国工业化与城市化进程的加快，城市水污染严重、水资源短缺，我国的水资源矛盾将尤为突出。当人类经由各种活动将污染物排入水体，污染物的总量超过了水体自净的能力，就会出现水质恶化、水生态系统遭到破坏等现象，这就是水污染。水污染对人类造成的危害是极其严重而直接的，其中，广为人知并且令人震惊的要数日本的“水俣病”和“骨痛病”。

20世纪的日本在经济迅速发展的同时，也不得不付出一些惨痛代价，1956年，水俣病事件就是一个典型的例子。日本熊本县水俣镇一家氮肥公司排放的废水中含有汞，这些废水未经处理直接排入海中，导致汞在海水、底泥和鱼类中富集，又经过食物链使当地人中毒。水俣病对当地的影响长达 30 余年，直到 1991 年，据统计仍有 2000 多人中毒。日本富山县的一些铅锌矿在采矿和冶炼中排放废水，废水中的镉元素在河流中积累，并通过食物链进入人体。人就会镉中毒，得“骨痛病”。病人骨骼严重畸形、剧痛，身长缩短，骨脆易折。我国目前的水污染状况也令人担忧。

我国水环境尤其是城市水环境的问题已经相当严重了。水污染对我国造成了显而易见的经济损失，据资料显示，其损失占国民生产总值的 1.5%~3%，这个数值甚至比旱灾和洪灾的损失更严重。与国外相比，国内对河流生态环境的正确认识较晚，只注重经济建设，忽视对生态环境的维持，这需要引起我们足够的重视。水污染所造成的严重后果使人们不得不重视起水环境的治理，在水污染将成为大部分地区最严峻环境问题的 21 世纪，水环境治理显得尤为必要。

二、水环境治理的发展历程

纵观人类水环境治理的发展历程，其关于水环境治理的核心与目的是不断变化的。农业时代生产力低下，人们的物质需求尚未得到满足，水环境治理多围绕水体实用功能的开发展开。工业时代生产力迅速发展，然而水环境被快速破坏，威胁到人类的生存环境与自身安全，此时，人们开始管理和反思水环境的治理。随着社会的不断进步，水环境的生态价值被放到了越来越重要的位置，作为户外环境构建的直接参与者，风景园林学科逐渐成为环境治理的中坚力量。

（一）农业社会的水资源开发

水是人类赖以生存的基本资源之一，人类从远古时期就开始了对水环境治理的研究与实践。古代多数著名的城市或人类聚居点大多“傍水而居”，古人也在处理与水的关系时显现出非凡的智慧。我国夏商时代大禹治水的传说、古巴比伦遗迹中人工修建的河道与灌溉系统，无不显示出一个结论：人类对水环境的关注与水系统规划很早就开始了，可以说水环境治理和城市规划几乎同时出现，相互影响并相互促进。同时，众多研究表明，在农业社会的水环境治理中，水的实用功能被摆在了首要位置，即“水利”的概念，水的实用功能包括生活用水、灌溉、航运、养殖、军事安全、能源等。各国古代人民也在水的实用价值上具有较多的实践经验，譬如，古埃及人测算尼罗河的泛滥周期，进行定期的耕种；古巴比伦人建造空中花园，引水进行灌溉；我国古人运用水车等工具，充分开发水的能源价值，而京杭大运河的修建，更是把水的航运功能发挥到了极致。

（二）工业社会的水污染治理

当人类步入工业社会，快速的机械化生产带来了巨大的生产力，同时也迅速加剧了各类环境污染，水污染尤甚。这个时期，西方大部分发达国家正处在工业化快速发展的道路上，也因此不得不走上了一条“先污染后治理”的道路。英国是工业革命的发源地，其首都伦敦的变化也极具代表性：这里出现了大量的工厂，同时，其最主要的河流泰晤士河的水质迅速恶化，1858 年被称为伦敦的“奇臭年”。第二次世界大战以后，随着城市重建和工业复苏，欧洲几大流域的水质也都开始恶化，也出现了多次令人震惊的污染事件。流域污染事故的高发使欧美各国开始重视水污染问题，认识到水环境治理的迫切性。人们对环境的治理主要集中在两个方面：一是在政策和组织架构上，许多环保法规和条文得以确立，许多环境保护组织和相关机构也建立起来，这些部门与相关专业人士开始共同探讨和解决环境问题；二是许多相关理论得到迅速发展，其科研成果和技术也得到有力实践，切实解决了许多地区的污染问题。

三、园林水体景观设计概述

水体在园林景观规划设计中起到非常重要的作用，水来自大自然，它带来动的喧嚣、静的和平，还有韵致无穷的倒影。因此，水景在公共艺术的范畴里，应该占有一席之地。

（一）园林水体景观设计的概况

水景总体概括起来可以分为自然型和人工型两大类。水景工程建设的基本功能是供人欣赏，所以园林水景在设计过程中，必须要最大限度地体现其美感，给人赏心悦目的感觉。根据水景在人们周围居住环境中的应用，满足人们日常生活的休憩功能，将居住小区水景、庭园水景、街头水景等较为小型的水景归为居住区水景；根据水景在滨水区域的应用设计，提供较大规模的活动空间，将河滨、海滨、湖等大型水景归为滨水景观；根据水景在湿地设计中的应用，优化、美化城市，保护生态环境，将滩涂、沼泽等归为湿地景观。

（二）应用范围

从大范围上讲，城市水环境的规划影响到整个城市的生态系统格局，城市水环境的治理直接关乎城市生态环境的优劣，因此，城市水环境的规划也是园林水体景观设计的上位规划，是其继续良好进行的基础。以风景园林学科的设计实践来说，对城市或区域中的某一水系、某一水体进行设计时，仍然要从城市生态规划的角度入手，以全局性的眼光看待设计区域与城市水系统和生态系统的关系，提出全面、科学和系统的水环境治理规划，然后再运用设计方法与技术手段使其得到实践。落实到具体实施层面，水环境规划需要水体修复技术的支持。

在进行水体的规划后，整个水环境修复拥有一个较为清晰的方向与思路；当整个项目要实施落地时，就要借助于水体修复具体技术的运用。而在具体项目进程中，可以说水体修复技术的运用与园林设计施工是同步进行的，因此，水体修复技术以环境科学（包括生物学、生态学、化学等）的研究为理论依据，通过园林设计付诸实践，是一个跨学科的综合性研究与实践领域。水环境规划在总体层面上为水环境治理工程确定了目标与方向，水体修复措施又在实施环节为水环境治理提供技术支持，园林中的水环境治理则是介于两者之间的一个层面，它对两者的衔接起到了重要作用。园林中的水环境治理在涉及的范围和层级上比较灵活，从大型的城市水系到小型的庭院人工水景，都属于园林水环境治理的范畴。

（三）发展历程

人类的园林水体景观设计几乎伴随着园林的出现同时产生，但是园林水体设计开始关注生态效益，却是随着生态学的发展才逐步开始的。传统古典园林中的水体最初由于生产的原因而出现，这一时期的水体设计非常关注水的实用功能，这一点几乎与水环境治理的初衷如出一辙。

在一些古埃及出土的壁画中，人们发现古埃及园林中的水体主要有三个功能：

一是作为灌溉用途，古埃及园林中种植着大量的果树，水池中的水可以进行浇灌，保证水果的丰收；二是创造湿润的小气候，这或许是一种原始的生态学观念萌芽，当然其目的并不是使园林更生态，而是为人们创造更凉爽的环境；三是成为人们游乐的场所，泳池、瀑布、游船……无疑为当时的人们带来了欢乐。在接下来漫长的时间里，园林水体的美学效益和精神价值成了设计的核心。在西方古典园林中，大量用精美雕塑装饰的水池、喷泉、瀑布、叠水出现，水体被认为是园林中最重要、最活泼、最富有观赏性的要素之一。水的精神价值也同时得到重视，在波斯园林中，十字形的水系是其典型特征，四个长方形水池分别象征着天堂中的四条河：水河、乳河、酒河与蜜河。我国早期园林“一池三山”的布局，也是当时人们朴素的世界观在园林水体设计中的体现。值得一提的是，在这个时期，一些关于水体的朴素生态观念就已经出现，《吕氏春秋》曾言“流水不腐”，计成更是在《园冶》中提到“水浚通源”“开荒欲引长流”。

随着生态学的发展和人们对环境问题的重视，园林水体设计也逐步开始重视水环境治理这一设计目的。一些风景园林师也开始了他们的实践。理查德·海格的西雅图煤气厂公园被认为是生态主义思潮在实践上的第一次成功尝试，同时也是滨水工业区改造和宗地治理项目的标志性作品，具有深远的影响。方案以“干预最小，自我恢复”为基本理念，完全颠覆传统的审美观。哈格运用植物修复的方式，在漫长的时间内逐渐去除土壤和水中的污染物，这一设计理念也深刻地影响了后来的生态实践。

四、水环境治理中园林水体设计的意义

园林水体景观主要是一种仿照大自然天然山水景观的形式，设计溪流、瀑布、人工湖等景观，这些在我国传统园林中有较多的应用。在现代园林的水体景观设计当中，更多地使用了喷泉、水幕以及池塘等形式。虽然在设计形式上存在一定差异，但是水体景观一直都是园林设计的重要组成部分——如果说山体是园林景观的骨架，那么水体则是园林景观的灵魂。园林水体景观的重要性不仅体现在利用水体改善环境、调节气候、控制噪声，而且还能够借助水体流动性的特点，减轻园林周围其他建筑物的凝滞感，动静结合使园林景观更加具有立体感。虽然现在随着时代的发展、科技的进步，人们的想法也在不断地更新，对园林水体景观的要求也发生了一些变化，但是纵观我国园林水体景观设计，其中，最直观的感受就是充分利用一种空间的、视觉的、听觉上的综合方式去设计园林水体景观的结构，并且在水体景观设计当中不断地融合传统与现实美从而达到艺术的创新，以创造更加轻松自在的景观环境。

从区域中某一水系、水体来看，水环境治理与园林水体景观设计对该区域、该水系生态系统、景观风貌乃至人文环境都起到了重要作用。我国乃至世界许多著名的水系和水体，都经历过“周边区域发展—水污染—水环境治理与园林水体景观设计—周边区域复兴”的过程。从较小范围来看，水体是园林环境中重要的组成部分，因此，水环境对整个园林环境的影响不言而喻。水环境在园林环境中主要有景观和生态两大效益，在生态方面，水体可以调节当地小气候，增加生物的多样性；在景观方面，不同的水体形态造就了丰富多样的景观（河流、湖泊、瀑布和喷泉等）。因此，园林水污染对整个园林环境的破坏是不可忽视的，园林水环境治理就显得十分重要。一方面，水环境的治理要与整个园林环境的生态相协调；另一方面，水环境的治理还要考虑其美学价值。根据生态学的观点，一个完整的生态系统由生物因子和非生物因子构成。本节将从该角度入手，探讨水环境治理中的园林水体景观设计。

五、水环境治理的流程

水环境治理一般分为现状调查研究、流域系统规划、水环境设计构建、长效管控。其中，风景园林工作者是水环境设计构建这一步骤最直接、最主要的参与者，也是长效管控步骤的参与者之一。

（一）现状调查研究

水环境的现状调查研究是水环境治理的第一步，它确定了水环境治理的基本方向和

程度。水环境的现状调查研究涉及的范围很广，所跨学科众多。在每一个部分都有许多内容需要调查研究。水环境的调查研究主要有两种方式：一是广泛查阅各类资料，了解水体的历史情况，掌握更多先进的治理技术；二是做实地调查研究，这涉及各学科之间的通力合作。实地调查研究要把握两点：一是需要足够长的调查时间，由于水环境是随着时间变化而变化的，因此短期内下结论很可能对后期的设计造成影响，此外长时间可以采集到更多的数据，更加客观地反映水环境问题；二是需要全方位的调查研究，因为遗漏项目可能会对后期的设计造成相当的困扰，导致一些设计无法实际实施。水环境的现状调查研究包括的内容十分广泛：水质调查、底泥调查、水体深度调查、动植物种类调查、已有规划调查，甚至周边环境的调查等等。各项调查又包括很多具体内容。还要注意，调查和勘测需要符合环境的要求，避免对水体造成污染。

（二）城市水系规划

城市水系规划是在城市规划层面对水系进行的分析研究和总体规划，作为水体设计构建的上一步骤，它对风景园林工作者的设计产生了十分深远的影响，城市水系规划一般可分为水环境区划、水污染控制、雨水系统规划、给排水系统规划等几个部分。

1. 水环境区划

水环境区划即根据水环境功能区的划分结果，确定各水域的环保目标。目前的城市规划中一般分为以下几类：水源地；自然保护区；旅游区（包括景观水域、划船功能区、游泳功能区等）；农业灌溉区；水产养殖区；工业用水区；排污口附近区。不同的水环境区划会对水环境治理的目标、过程及技术产生重要影响。此外，同一水体或水系也会包含不同的水环境区划，需要进行综合考虑。水环境区划可以说是整个水环境治理工程的第一步，这一步骤的主要意义在于协调该水体或水系与整个城市规划发展的关系，经过准确的定位，明确水环境治理工程所要达到的目标，为城市生态环境、景观、文化等方面做出贡献。

2. 水污染控制

水污染的控制与净化是水环境治理面临的基础问题之一。水体污染源若是得到控制，水环境将不再受到进一步的污染与伤害，而水污染的净化则关系到水环境的修复与再生。从范围、时间、使用技术上看，水污染的控制与净化应主要关注以下几个方面：水污染的控制与净化是一个大范围、长时间的系统工程。现在的水体普遍都受到污染的困扰，简单粗暴的分区治理很难解决水环境问题。因为水体并不是孤立的，相互联系的水网会将污染带到相邻的各个水域；水污染的控制是一个系统工程，需要在一个相对广大的范围内制订水环境治理规划，通过各部门和人员的共同努力与合作向前推进。规划可以在较长的时间内相对稳定，但又需要根据工程的推进进行不断的调整和修订，使之得到完善和提高。

3. 雨水系统规划

21 世纪以来，人们意识到雨水是一种具有很大开发利用价值的资源，对缓解城市水资源问题、促进城市生态环境改善都具有积极意义。关于雨水收集的理论研究与实践也很多，其中，较为著名的是海绵城市理论和水敏性城市设计。除了雨水收集相关理论的迅速发展，世界上多个国家已经在雨水收集利用方面做出了成功的实践。美国是最早在雨水收集方面进行成功实践的国家之一。美国的波特兰（Portland）被视为设计良好的城市典范，其雨洪管理最为出名。波特兰位于美国西北部，受到季风气候影响，雨量十分充沛，解决过多的雨水就成为城市建设的重要任务之一。为此，波特兰建立了遍布全城的雨水收集系统，同时，还有较为完善的法律法规和运营管理机制。波特兰的绿色街道（Green Street）和雨水花园（Rainwater Garden）十分有名。绿色街道是指在波特兰城市的许多角落都可以看到的将雨水收集池与道路绿化带结合的做法。地表径流在街道坡度造成的重力作用下向低处流，或通过透水铺装，进入收集池后经过水生植物和碎石边界的过滤，超出收集池容量的雨水会被排出，通过排水箅子，进入专门的雨水收集管道。雨水花园则结合公园和附属绿地设计，比起街边的雨水收集池，它们具有更强的净化功能。

4. 给排水系统规划

在水源被城市污水、工业废水及大气沉降、降水、农业废水等挟带的多种多样污染物污染的情况下，传统的城市给水处理工艺，已不能满足城市生活用水尤其是饮用水的水质要求，需采用更加有效和环保的处理方法。现在美国已建成了多座粒状活性炭滤池，通过活性炭的吸附去除供应城市的水中的多种污染物，尤其是有机污染物。与给水系统的规划设计相辅相成的是排水系统的规划设计，城市的排水系统在规划布局时需要综合考虑多个方面的因素，包括当地的自然条件、土地利用、经济条件、施工工程量和运行维护等等。好的城市排水系统不仅能够及时排除城市中的工业废水、生活污水和降雨，还能够按照最为经济高效的方式对各类废水进行处理或再利用。

（三）水环境治理的技术

水体修复技术，即通过各种有效手段减轻水体污染、使水体逐步恢复健康状态的技术。水体修复技术是一种有效经验的总结，在园林水体设计和施工中，巧妙地使用水体修复技术，往往能够更快速有效地达到水质净化、水生态系统恢复的目的。水体修复技术从原理来看，一般可分为物理技术、化学技术和生物—生态技术。

1. 物理修复技术

物理修复技术是指通过物理手段，借助简单外力改变和修复水环境的方法，一般主要对水体形态进行改变，如改变水口、驳岸、水底等。常见的物理技术包括引水稀释、底泥疏浚等。纯物理的修复技术由于操作步骤简单、技术含量不高，因此，拥有相当悠久的历史，在人类很早的治水实践中就被开发利用起来。其缺点是并不能对污染进行有效的净化，常常治标不治本。以引水稀释为例，引水稀释是指引进外部清洁水源来改善河道水水质。对于污染物的积累和浮游植物的生长来说，水体流动的速度是关键性的因素。因此，在外部水源充足的情况下，可以引进洁净的水源，增加水体的量，对污染物进行稀释。

引水稀释是一种操作简单、低成本且见效快的净化方式，一般作为水环境治理初始的几步，结合其他技术，才能完成水体的综合治理。另一种常见的物理技术是底泥疏浚。底泥疏浚是指通过挖除湖泊底泥的方式清除沉积物中所含的污染物，减少沉积物中污染物向水体的释放，从而达到改善水质的效果。底泥疏浚的历史十分悠久，我国古代的水利工程中就可以见到相关的记载。随着科学技术的发展，在纯物理的底泥疏浚技术基础上又发展出一种生态疏浚技术。生态疏浚是在纯物理疏浚的基础上结合工程、生态、环境等技术进行的一项工程。其目的是通过底泥的疏浚去除水体底泥中的污染物，清除水体的内源污染，为水体生态环境的恢复创造条件。我国的许多湖泊开展过底泥疏浚工程，如杭州西湖、太湖、滇池、南京玄武湖、安徽巢湖等，湖泊的疏浚工程与其他水环境治理手段相结合，使得水体的污染状况得到缓解。

2. 化学修复技术

化学修复技术是指用化学药剂去除水中污染物。典型的化学试剂如絮凝剂等。如今市场上有许多不同种类的新型高分子合成药剂。不同的药剂对水质控制参数的去除效果也不一样。总体来说，用化学药剂处理水体，使用方便、见效快、效果明显，但是费用比较高，而且易造成二次污染。

3. 生物生态技术

传统水体修复工程基本是依靠物理或化学手段来治水的。随着 20 世纪生态学的迅速发展，人们开始用生态学的眼光看待水体的治理。对待水质较好的水体，在进行开发利用的同时，尽量保留其生态学的特性，包括天然形态（溪流、河湾、浅滩和湿地等）、水文特性、水生态系统（水生动植物、微生物群落）等。对已经遭到污染和破坏的水体，则遵循生态学的原则对其进行环境的修复，其中会使用到多种生态学技术。人工湿地技术、生物膜法、生物操纵法是几种常见的综合性水体修复生态技术，它们具有净化效果好、对环境影响小、恢复后的水生态系统稳定等特点，非常适用于城市人工水体。

（1）人工湿地技术

人工湿地是指由人工设计建设并运作管理的湿地。人工湿地技术起源于20世纪70年代，当时利用原有的天然湿地进行改造；20世纪80年代，人工湿地大部分开始由人工建造。需要净化的污水在人工湿地中沿着固定的方向流动，人工湿地中的土壤、植物、微生物等发挥物理、化学、生物三重作用，对污水进行处理。这其中的作用机理包括吸附、过滤、沉淀、氧化、微生物降解、植物降解等。人工湿地具有效果优良、工艺简单、运行费用低等特点，非常适合中、小城镇的污水处理。应根据场地的各种状况，选择不同的人工湿地类型，打造生态、安全、高效的水处理模式。

（2）生物膜法

顾名思义，生物膜法的核心是一个膜状的载体，是微生物附着在该载体上，污水在流过载体表面时，通过吸附、扩散和氧化分解等作用，水体中的污染物便会被分解。生物膜法对于不同污染程度、不同污染物的水体均具有较强的适应性，可使用时间长，易于维护且更加节能。生物膜技术的典型实例包括生物滤池、生物转盘等，也在人工水体中以卵石浅滩、池底构筑物等形式出现。

（3）生物操纵技术

生物操纵技术是利用营养级链状效应，在湖库中投放选择的鱼类，吞食另一类小型鱼类，借以保护某些浮游动物不被小型鱼类吞食，这些浮游动物的食物正是人们所讨厌的藻类。生物操纵技术操作较为简便，施工和管理成本较低、实施效果好，不会导致二次污染，还能够与水体景观设计相结合。这种技术在国内外都已经有一些成功的工程实例。杭州玉泉景点利用人工湿地技术取得了较理想的效果，玉泉水体分为观鱼池和南园水池，两部分水体均使用了人工湿地技术。观鱼池的人工湿地面积配比为1 ∶ 1，以此降解水中的鱼类食物、排泄物和其他污染物对水体的污染；玉泉南园水池以2 ∶ 1的人工湿地面积配比完成对池水的净化，人工湿地运行一年后，水池水质明显改善。

第二节　水环境治理中的园林水体景观设计要素

一、非生物要素

根据美国诺曼·K.布思所著的《风景园林设计要素》一书，园林水体的要素被分为地形坡度、水体形状和尺度、容体表面质地、温度、风和光等。下文将针对这些要素逐一进行探讨。

（一）水体地形坡度

从水体断面来看，地形坡度影响了水体的形态。与水体相关的地形包括水体周边区域地形、水体边界地形（驳岸、湿地等）和水底地形。这些地形的设计和塑造都对水环境产生了深远的影响。以水体边界地形为例，水体的边界可以是缓坡，可以是台地，可以是较陡峭的崖壁，甚至可以是光滑的挡墙。水体边界的形态不同，水体的状态、流速、水中生物的环境也不同。一般来说，直线的水体边界水流较快，弯曲的水体边界水流较慢。而从水底地形来看，它也对水的状态和水生态系统造成了影响。一个直观的例子就是，河流的坡度直接影响了水的流速，坡度越大，水流动得越快。水底地形还能改变水的动态，比如台地式的地形，将使静水或流水变为跌水。

（二）水体形状尺度

由于水具有不稳定性和流动性，如果没有边界的阻挡和包容，水将向四处溢流，因此，容体的形状决定了水体的形状。在研究水体的形状尺度时，主要从水体形状、水体岸线、水体面域组织三个方面进行。水体形状指水的平面形状，一般可分为点状水、线状水和面状水。点状水包括池、泉、人工瀑布、叠水等最大直径不超过 200m 的水体；线状水指平均宽度不超过 200m 的河流、水渠、溪涧等；面状水指湖泊、最大直径超过 200m 的池塘以及平均宽度超过 200m 的河流等。水体岸线的形状大致可分为直线形和曲线形，两类线性对水体的流速、水生态系统都有显著影响。水体面域组织指水体之间的相互联系，在中国古典园林中又被称为“理水”。在园林水体中，水并不是单独成块，而是不同类型的水体相互联系，构成一个系统，这个系统的组织关系也对水环境产生影响。

（三）容体表面质地

容体表面的质地也影响了水的流动。研究表明，容体表面的质地越光滑，则水的流动无障碍，水更容易快速流动也更容易平静。在河流中，驳岸和河底质地越光滑，水流动的就越快，也越容易形成冲蚀；容体表面的质地越粗糙，水流动越慢，也更容易形成湍流。大多数自然水体的驳岸和水底都是比较粗糙的，水流相对城市中的硬化河道来说要慢一些。

（四）其他非生物因子

诺曼 · K. 布思在《风景园林设计要素》中还提到了几个和水体相关的要素，包括温度、风和光。温度可以影响水的形态，当降温时，水会结冰；风会影响水体的特征，比如使平静的湖面产生波纹；光与水也能够产生互动，如水中的倒影。这些元素对水体的美学价值影响较大，由于它们是设计时不可控的元素，因此，在这里不做过多的探讨。

二、生物要素

除了上文中提到的水体、光、空气等非生物要素，一个完整的水环境必须有生物要素存在。在园林水环境中生存和活动的生物包括植物、动物、微生物和人类。植物、动物和微生物长期生存于园林水环境中，它们与水环境共存亡。而人类与园林水环境的关系则更为复杂，是他的参与者和管理者，人类不会在园林水环境中生存，却会在其中进行各类活动，并对园林水环境进行管理和调控。

（一）生物群落

一个完整的水生态系统由非生物的环境和生物群落构成，生物群落包括植物群落、动物群落和微生物群落。其中，植物是生产者、动物是消费者、微生物是分解者。

（1）植物

在当今生态治理为主导的情况下，水生植物在水环境治理中起到了重要的作用，无论是水生植物的种类、水生植物所构成的生态群落，都对水环境的改善具有非凡的意义。水生植物是一个生态学范畴的类群，是不同分类群植物通过长期适应水环境而形成的趋同性生态适应类型。水生植物（排除藻类和苔藓）主要包括沉水、挺水、浮叶、漂浮和湿生等生活型。

水生植物对水环境治理的作用主要体现在四个方面：

a. 吸收作用：大型水生植物在其生长过程中，具有过量吸收 N、P 等营养元素的能力。水体中生活的藻类也能够大量吸收这类元素，但是水生植物生命周期更长——吸收 N、P 后，能够将其稳定地长期储存于体内。

b. 微生物作用：水生植物能在根区内提供一个有氧环境，从而有利于微生物的生长和其对污染物的降解作用，且根区外的厌氧环境有利于厌氧微生物的代谢。水生植物还能够增加水中溶解氧，并分泌一些有机物，促进根区微生物的生长和代谢。

c. 吸附、截留、沉降作用：水体中存在着许多悬浮物，包括能够造成污染的有机悬浮物。浮叶和漂浮植物发达的根系能够充分与水体接触并将这些物质吸附和截留，并通过根系的微生物进行沉降。

d. 克藻作用：水生植物会和水中的藻类竞争阳光和营养物质，而由于多数水生植物个体大，生理机能也更加完善，因此，在竞争中处于优势，对藻类具有较明显的抑制作用，有些水生植物自身也可以分泌一些克藻物质。

水生植物根据其生活型，大致可分为五类：

a. 沉水植物：在大部分生活周期中植株沉水生活，部分根扎于水底，部分根悬浮于水中，其根茎叶对水体污染物都能发挥较好的吸收作用，是净化水体较为理想的水生植物。其种类繁多，但一般指淡水植物，常见的有金鱼藻、苦草、伊乐藻、眼子菜等。

b. 挺水植物：这是一种根生底质中茎直立，光合作用组织气生的植物生活型。它吸收水体中的污染物主要是根，能够通过根系吸收和吸附部分污染物质，还能在根区形成一个适宜微生物生长的共生环境，加快污染物的分解。挺水植物有很强的适应性和抗逆性，生产快、产量高，并能带来一定的经济效益。常见的挺水植物有菖蒲、水葱、芦苇等。

c. 浮叶植物：这是茎叶浮水、根固着或自由漂浮的植物生活型。其吸收污染物的主要部分是根和茎，叶处于次要位置。大多数为喜温植物，夏季生长迅速，耐污性强，对水质有很好的净化作用，也有一定的经济价值，但正由于其较强的生存能力，容易过度繁殖和泛滥。常见的种类有凤眼莲、浮萍、睡莲等。

d. 漂浮植物：根不扎入泥土，全株植物漂浮于水面生长。根系退化或呈悬锤状，叶海绵组织发达。大部分漂浮植物也可以在浅水和潮湿地扎根生长。

e. 湿生植物：范围较广，常生活在水饱和或周期性淹水土壤上，根具有抗淹性。如喜旱莲子草、灯芯草、多花黑麦草等。

（2）动物园林

水环境中的动物是水生态系统中主要的消费者，其种类十分丰富，包括鱼类、鸟类、两栖类、爬行类、哺乳类和无脊椎的甲壳类。

a. 鱼类：鱼类是园林水环境中最主要的动物类群，在大部分水温适中、光照条件好、水生生物资源丰富的水体中，鱼类都可以生存。园林水体中常见的鱼类包括锦鲤、鲤鱼、鲫鱼、草鱼等。

b. 鸟类：鸟类也是园林水环境中主要的动物类群之一，它们有一些长期生活于园林湿地中，有一些则进行迁徙。园林水环境中的鸟类包括鹤类、鹭类、雁鸭类、鸻鹬类、鸥类、鹳类等，其中有许多珍稀濒危物种。

c. 两栖类：两栖动物是脊椎动物中从水中到陆地的过渡类型，它们除成体结构尚不完全适应陆地生活，需要经常返回水中保持体表湿润外，繁殖时期必须将卵产在水中，孵出的幼动物还必须在水内生活。园林水环境中常见的两栖类动物包括青蛙、蟾蜍、大鲵、东方蝾螈等。

d. 爬行类：爬行动物是完全适应陆地生活的真正陆生动物，但其中有一部分种类生活在半水半陆的湿地区，是典型湿地种。园林水环境中常见的爬行类动物包括乌龟、鳖、蝮蛇等。

e. 哺乳类：一些哺乳动物也生活在水中或经常活动在河湖湿地岸边，包括江豚、水獭、水貂等。

f. 甲壳类、昆虫：园林中的水生甲壳类按生态习性大体可分为浮游甲壳类和底栖甲壳类，包括各类虾、蟹等。园林水环境中还有类群众多的昆虫。

（3）微生物

微生物是水生态系统不可或缺的类群，对水环境中微生物的研究也多集中于环境工程学和生态学领域。园林水环境中的微生物主要包括四类：菌类、藻类、原生动物、病毒。微生物在水生态系统中主要有 4 个作用：维持生态平衡（是生态系统中的分解者）；降解作用（在代谢过程中产生一些有利元素）；吸附作用（是重金属污染物的良好吸附剂）；监测作用（可根据其存在与否、数量多少鉴定污染）。园林水环境中的菌类包括真菌、细菌、放线菌三类。细菌包括芽孢杆菌、大肠杆菌、变形杆菌、蓝细菌等；真菌包括酵母菌、丝状真菌等；放线菌包括链霉菌、诺卡氏菌等。藻类主要有蓝藻、绿藻、硅藻等。原生动物包括草履虫等。

（二）人类活动

前文提到，人类不是园林水环境的基本构成部分（不属于水生态系统的任何一个部分），却会在其中进行各类活动。从某种意义上来说，园林水环境的设计也是为人类自己服务的。园林水环境对人类的价值主要体现在三个方面：满足人的亲水性需求，审美价值，科普教育价值。

1. 亲水性需求

人类具有亲水性，这既是天性使然，又是历史与社会长期发展的结果。与动物的亲水性不同，水是动物维持生存的基本要素，动物亲水是出于实用价值的考虑，而人类亲水除了实用价值，还有美学和精神价值的考虑。人类对园林水体表现出亲水性，最主要的原因是实用价值，人类可以进行各类水上活动，包括垂钓、划船、游泳、溜冰、漂流等等。此外，水体还具有调节小气候、消除疲劳、使人保持心情平静等功能。

2. 审美价值

景观一词源于德语，原意是风景、景物之意，和英语中的“scenery”类似，同汉语中的“风景”“景致”“景色”等词义也具有一致性。美学价值是园林的基本价值之一，园林的美学特征主要体现在其赏心悦目的景色和特有的景物上。园林水环境具有独特的美学价值，这也正是人们愿意在其中进行活动的原因之一。园林水体之美是各具特色的：海洋广袤深邃，河川激越喷涌，湖泊宁静安详，溪涧欢快轻柔。在园林水环境设计时，需要把握水体生态价值和美学价值的平衡。不能因为一味追求美感而破坏水生态环境，也不能只考虑水体的生态价值，对美感不闻不问，这样就背离了园林设计追求美的初衷。

3. 科普教育价值

前文中已经提到，联合国环境规划署预测水污染将成为 21 世纪大部分地区面临的最严峻的环境问题，因此，唤起人们对水环境治理的关注，提高人们保护水环境的意识将变得十分重要。园林中的水环境与其他自然水环境不同，是人们经常进行亲水活动的场所，与人类的互动关系远远高于自然水环境，因此也自然而然地承担起科普教育的功能，向人们宣传水环境保护的重要性，进一步增进人们对水环境的了解。

（三）园林长效管控

园林水体不同于自然水体，它处在一个人为可以管理和调控的范畴，因此，在园林水环境的治理中，人为的长效管控就显得尤为重要。人可以在相当长的一段时间内对园林水环境存在的问题进行不断的调整，以达到更好的效果，并积累相关经验，为其他园林水环境的治理提供实践经验。园林水环境的长效管控一般包括分期治理规划、设施维护与即时监测、生态保护与管理三个方面。

第三节　水环境治理中的园林水体景观设计策略

一、水景设计的基本原则

（一）满足功能性要求

水景的基本功能是供人观赏，因此，它必须是能够给人带来美感，使人赏心悦目的，所以设计首先要满足艺术美感。水景也有嬉水、娱乐与健身的功能。随着水景在住宅小区领域的应用，人们已不仅满足于观赏要求，更需要的是亲水、嬉水的感受。因此，设计中出现了各种嬉水喷泉、嬉水小溪、儿童嬉水泳池及各种水力按摩池、气泡水池等，从而使景观水体与嬉水娱乐健身水体合二为一，丰富了景观的使用功能。水景还有小气候的调节功能。小溪、人工湖、各种喷泉都有降尘净化空气及调节湿度的作用，尤其是它能明显增加环境中的负氧离子浓度，使人感到心情舒畅，具有一定的保健作用。水与空气接触的表面积越大，喷射的液滴颗粒越小，空气净化效果越明显，产生的负离子也越多。设计中可以酌情考虑上述功能进行方案优化。

（二）环境的整体性要求

水景是工程技术与艺术设计结合的产品，它可以是一个独立的作品。但是一个好的水景作品，必须要根据它所处的环境氛围、建筑功能要求进行设计，并要和建筑园林设计的风格协调统一。水景的形式有很多种，如流水、落水、静水、喷水等。而喷水又因有各式的喷头，可以形成不同的喷水效果。即使是同一种形式的水景，因配置不同的动力水泵又会形成大小、高低、急缓不同的水势。因而在设计中，要先研究环境的要素，从而确定水景的形式、形态、平面及立体尺度，实现与环境相协调，形成和谐的量、度关系，构成主景、辅景、近景、远景的丰富变化。如此，才可能做出一个好的水景设计。

（三）技术保障可靠

水景设计分为几个专业：土建结构（池体及表面装饰）、给排水（管道阀门、喷头水泵）、电气（灯光、水泵控制）、水质的控制。各专业都要注意实施技术的可靠性，为统一的水景效果服务。水景最终的效果不是单靠艺术设计就能实现的，它必须依靠每个专业具体的工程技术来保障，因此，每个方面都是很重要的。只有各个专业协调一致，才能达到最佳效果。

（四）运行的经济性

在总体设计中，不仅要考虑最佳效果，同时也要考虑系统运行的经济性。不同的景观水体、不同的造型、不同的水势，它所需提供的能量是不一样的，即运行经济性是不同的。通过优化组合与搭配、动与静结合、按功能分组等措施都可以降低运行费用。例如，按功能分组设计，分组运行就可以节省运行费用。平时开一些简单功能以达到必要的景观目的，运行费用很少；节假日或有庆祝活动时，再分组开动其他造景功能，这样可以实现一定的运行经济性。

二、我国城市园林景观水体的规划设计方法

依水景观是园林水景设计中的一个重要组成部分，水的特殊性，决定了依水景观的异样性。在探讨依水景观的审美特征时，要充分把握水的特性，以及水与依水景观之间的关系。利用水体丰富的变化形式，可以形成各具特色的依水景观，园林小品中，亭、桥、榭、舫等都是依水景观中较好的表现形式。

（一）水景的总体设计

造型设计及喷头选择进行水景的总体设计，应先分析环境氛围的基本要求，再分析各种水景形式，分列不同的组合方案，绘制效果图，从中选优。水景形态有静水、流水、落水、喷泉等几种，这几种形态又可以衍生出多姿多彩的变化形式，特别是由于喷头技术的发展，喷水姿态更是变化万千。有了这些素材，再通过专业人员的艺术设计，即可以勾画出优美的水艺景观。另外，不同的景观形式适合不同的应用场景。比如音乐喷泉

一般使用在广场等集会场所。它是以音乐、水彩、灯光的有机组合来给人以视觉和听觉上的美感，同时，喷泉与广场又融为一体，形成了建筑的一部分。而住宅区的楼宇间更适合设计溪流的环绕，以体现静谧悠然的氛围，给人以平缓、松弛的视觉享受，从而营造宜人的生活休息空间。

（二）园林景观水体设计的基本要求

1. 在观念上，要有节水意识。在规模上、水型上、水源上、水质保持及细节处理等方面贯彻节能思想。综合利用水环境做景观也是一个重要方面。从环境上要求，要有阳、有阴、半阴阳的小气候，创造得天独厚的生态环境。在造岸款式、水体大小、水流动态、内外种植、山石布置等多方面要对比统一：远眺时，视线要有深邃幽静的情调；近视时，水面要有凌波贴身的感觉。

2. 在水流设计方面要符合水姿设计要求，也要符合生态的循环要求，二者统一结合。水体流向通常为泉水—池塘—溪流—险滩—急流—叠水—湖泊—瀑布—江河—海洋，有明显的连续性。虽然湿地、湖泊、池塘的连续性不明显，但也是生态水系统中的重要环节。水流设计必须与周围地形紧密结合，宜形环抱之势，以利水体循环流动。打破各自割据封闭局面，避免死水，减少垃圾堆积，减少人为动力，减少养护工作量。

3. 在符合地貌自然规律的前提下，要能够汇水，但避免污染自然形态的水池汇水是节水的重要内容，同时，又节约管线；人工水池应避免外水溢入。而自然的排水系统是最经济有效的水体形式，尽量按原有的流向及岸线设计水体，保持两岸良好的自然植被不受干扰。避免将主要道路环闭水体，这样会限制亲水地域的开发利用。将雨水通过地形设计，合理引导地表径流，尽可能地渗入地下，最终汇入天然水体。对植被的保护和减少硬地铺装都是对地下水资源的保护。

4. 通过科学的调查，找到最大风速及最高水位状态下对水体最易造成的破坏点，进行防护性设计。通过设计防护栏杆、防滑铺装及路面、指示牌、路灯等方式，保证在水边活动人群的安全，同时，使用的材料要耐腐蚀。而当水体的设计标高高于所在地自然常水位标高甚多，而该处土质疏松（沙质土）不易持水，这时必须构筑防水层，以保持水体有一个较为稳定的标高。

5. 水面的波光、水色、吹过水面的微风和“哗哗”的水声都是景观设计的重要元素。还要从剖面上形成各种不同水深和剖面形状，以适应不同水生植物、动物生长。

三、园林水体景观设计要点

（一）园林水体景观的层次感

园林水体景观设计布局上主体突出且具有明显的层次感，利用水这一动态元素与周围的静景相结合形成独具特色的艺术效果。园林的环境空间在构成上也显得灵活多变，曲径通幽、柳暗花明，令人目不暇接。从我国古典园林建筑的设计风格来分析，古人高度重视人与自然的相互融合，使人触景生情，达到情景交融，使自然意境给人以启示和遐想。让人们在有限的园林中领略无限的空间，身处园中，感受最真实自然的山水。这就是中国传统艺术所追求的最高艺术境界，从有限到无限，情景交融，天人合一，人归于自然在我国园林景观设计中得到淋漓尽致的发挥。

（二）园林水体景观与自然的和谐统一

园林水体景观设计在布局上追求回归自然的基本原则，切忌形似的模仿，需要设计者将园林建筑美与自然水体美相互配合。园林水体景观设计要遵循追求自然的原则，返璞归真，呈现出不规则、不对称的建筑格局，在错落有致的景观布局当中自然的山水是园林景观构图的主体，而形式各异的水体景观成为观赏和营造气氛的点缀物，植物配合山水自由布置，道路回环曲折使人置身其中充分领略大自然的风光，从而达到一种自然环境、审美情趣与美的理想的交融境界，富有自然山水情调的园林艺术空间。

（三）园林水体景观的视听感受

现代园林水体景观设计也延续着古典园林设计理念，并且在动静结合上融入了更多现代化的手法。例如，使用灯光喷泉的设计方式，通过对喷泉的造型设计和灯光处理来体现园林景观、周围环境以及人文三者之间的联系。在对喷泉的造型进行设计的过程中，切忌出现单调重复的设计形式，这样很容易使观景者产生视觉疲劳和厌倦感，应该综合利用不同的水型，让各具特色的喷泉以组合的形式展现在人们面前，用不断变换的造型给观景者带来更加奇幻、美妙的感觉。

水体景观不仅在视觉上能够给人带来美的感受，在听觉上也有很多方式能够营造出不同的意境。从我国古典园林水体景观的设计形式上来分析，无论是涓涓细流还是气势如虹的瀑布，人们在看到水景的同时还会不自觉地被水声所吸引，或是陶醉于清脆的细流声，或是被轰鸣的瀑布所震撼，这些都是水声的魅力所在。特别是面对如今喧嚣的城市生活，水体景观的设计更加需要借助水声来弱化周围的各种噪声，用视觉和听觉的立体感缓解人们的思想压力，真正提供一个轻松愉悦的环境。

总之，在园林水体景观的设计思路上要充分挖掘自然美，因为水体景观不同于其他景观设计，它需要设计者通过自己的主观能动性寻找到一种能将水体、环境以及人文三者相互统一的设计理念，而且在水体景观的设计当中要赋予更深刻的创意和内涵。虽然园林水体景观的形式美很重要，但是景观设计的内涵更重要，因为唯有具有内涵的水体景观，才能在历史的长河中长盛不衰，这也是传统美学对我国园林水体景观设计艺术的影响所在。

四、园林水体植物配置形式

（一）配置水面植物

水面一般以配置漂浮植物、水植物及挺水植物的形式，形成与园林景色相适应的水面景观，对水面空间具有分割作用，能够增加园林景深。园林水面植物配置应该和水边景观相呼应，重视水面面积和植物比例，以及植物在质感与形态上的相得益彰。水边景观与水中倒影相结合，堪称入画美景，因此，至少应该留出 60% 的水面面积供人们欣赏植物倒影。

（二）配置水边植物

园林水边植物不宜出现大小、树种、距离相同的品种绕水一周，这样会显得景观呆板、单调，应该与地形、道路相结合，灵活栽植。园林湖边应该留出一片空地栽植树丛与乔灌木，给人或郁闭或开朗的视线。游人行走于水边，在湖景强烈的明暗对比中体会游湖情趣。配置水边植物的关键是线条构图。水面植物景观大多由挺水植物与乔灌木共同组成。各种植物通过线条与形态将水面的平直格局打破——乔木具有丰富天际线的重要作用，应该选择有别于周围绿树、轮廓分明及体形巨大的树种；湖边树丛林冠线应该具有明显的起伏变化，从对岸观望时才会产生浑厚、雄伟的视觉表现力。此外，也能以湖边小山树群为衬托来丰富水边植物变化的情况。我国园林水边通常都是以垂柳柔条拂水的动感竖向线条将水面平直线条打破，将动感注入至水景中。挺水植物以群丛的方式搭配小桥、石矶及栈道，可谓别具情趣。

（三）配置驳岸植物

在园林水体景观中，驳岸是道路与水面的过渡地带，在自然状态下通常为生产力较高、物种较为丰富的区域。在配置岸边植物时，应该有效结合水体驳岸，可使水体和水岸融为一体，给水面足够的扩展空间。在驳岸配置规则性植物，坚固且整齐，游人可以随意地在岸边活动，因而被广泛应用于园林水景中。然而，结构性驳岸具有较为生硬的线条，特别是一些规则性驳岸，所以，将植物种植在水岸边，柔化驳岸线条，能够有效弥补驳岸的不足，这点非常重要。在驳岸配置非规则性植物时，应该与园林地形、道路及水体岸线布局相结合。通常非结构性驳岸具有线条优美、自然蜿蜒的特征，所以，在配置植物时主要是自然种植，避免出现等距栽植与整形修剪等情况。与园林环境、地形相结合，所配置的植物疏密适宜、远近适宜、高低适宜，以此增加沿岸植被景致的生动性、趣味性。

五、设计策略

（一）水体平面形态梳理

1. 水体平面形状分类研究

水体的平面形状可分为点状水、线状水和面状水。水的平面类型不同，其对园林水环境所产生的生态效益也不同。一般认为，水体面积越大、水体容积越大，其作为城市“海绵体”的效果就越好，其所能承载的水生态系统就越全面、越稳定，生态效能也就越突出。但是这只是一个方面，水体的生态效能还应当从水的流速、动态、流动的路线来综合分析。

（1）点状水

园林中的点状水一般包括池、泉、人工瀑布、叠水等。点状水的最大直径不超过200m，因此，仅仅从水体的面积上来看，点状水的生态效能是相当小的。一些针对水体生态的研究显示，在自然状态下，大部分点状水中生活的生物为个体层级，其生活时段在几分钟至几个月不等，几乎不可能超过一年。这也就意味着点状水中无法存在长期的、固定的群落，更不可能存在完整的生态系统，其生态效能和自净能力自然比较低下。但是从水体的动态来看，除了静水（水池、水塘等），泉、人工瀑布、叠水等往往具有较高的动能，这可以促进跌水曝气，在较大的动能驱使下，不断流动、跌落和喷涌的水体可以促进水中污染物的氧化分解。

（2）线状水

园林中的线状水指平均宽度不超过200m的河流、水渠、溪涧等。线状水是一类较为典型、生态效能较高的水体。自然状态下，弯曲的河流、水渠、溪涧等在其沉积岸都会形成土壤较肥沃、适宜动植物生长的河漫滩。河漫滩地区通常生物种类丰富，环境处于动态平衡中。此外，多数线状水具有丰富的水底地形，因此，水体的动能较高，促进了污染物的流动和净化。

线状水具有几个较为典型的特点：

一是其水体流动性强，更容易稀释和净化污染物，但也更容易使污染物扩散，增大污染范围；二是线状水的水生态系统往往处在动态平衡中，有一些还会随着时间进行周期性的规律变化，河流的河水涨落、动物的繁殖、候鸟迁徙的定点栖息、鱼类的洄游等，都是在研究线状水（典型的是河流）时需要考虑的问题。

（3）面状水

面状水，包括湖泊、最大直径超过 200m 的池塘以及平均宽度超过 200m 的河流等。面状水由于水体面积大、水体容积大、水体环境稳定的特点，非常有利于水生态系统的形成，其生态效益也较高。但是正是由于这种“稳定性”，面状水也存在一些问题，因此，水污染一旦开始积累并超出其净化能力时，面状水就会迅速恶化。一些重金属污染物还会沉积于湖底，造成难以清除的污染。

2. 水体平面形态设计策略

（1）水体尺度的确定

水体容积越大，其所能承载的水生态系统就越全面、越稳定，生态效能也就越突出。在水体平面尺度确定时，主要应考虑水生态系统的构成，在条件允许的情况下，塑造较大的水体尺度，为生物群落提供活动的空间。在一些对河流生态系统的研究中，很好地体现了水体尺度对生物集群和生物活动的影响。

在小于 1m 至 20 倍平滩河宽的尺度范围内，生物集群的级别是个体或单个物种，活动时间在数分钟至一年之内。这也就意味着，一个生物群落很难在这一尺度范围完成完整的生活史，完整的生态系统更难形成，而绝大多数的点状水都在这一尺度范围内；在 20 倍平滩河宽至 1000m 长岸线的尺度范围内，生物集群的级别是物种和群落，活动时间是整个生命周期。这意味着一个生物群落可以在这一尺度范围内完成完整的生活史，完整的生态系统也可形成，多数线状水、面状水处于这一尺度范围，因此，在园林水体设计中主要关注的也是这一尺度范围。1000m 以上岸线的尺度范围，可以形成完整的生物群落甚至生态系统，这也是城市生态规划中需要关注的课题。

（2）水体线型设计

在水体平面设计中，水体的线型大致可以分为直线与曲线形。多项研究表明，曲线形相对于直线形拥有更高的生态价值，这主要体现在两个方面。一是曲线形的岸线为水生生物提供了更多的栖息空间，这一点从自然环境中河道的蜿蜒形态可以看出。当河流中水的流向与河道的走向不完全一致时，自然河道分为侵蚀岸和堆积岸。流水不断冲击侵蚀岸，这一侧水的流速比较快；而又为堆积岸带来大量泥沙，这一侧水的流速较慢。久而久之，原本接近直线形态的河道变成弯曲的河道，堆积岸由于营养物质丰富、水流缓慢，形成了适宜动植物栖息的河滩，为河流带来较高的生态效益。二是曲线形的岸线有利于污染物的净化，曲线形的岸线水体自净能力更好。衡量河流的曲线形态主要有两个指标：河流弯曲度和分形维数。水体形态的研究对园林水体设计有一定启示，可以将园林中的线状水设计为蜿蜒形态，做到“师法自然”，增强水体自净能力，同时，为动植物提供更多的、适宜的栖息环境。

（3）水体面域组织

园林中的点状水、线状水和面状水都不是独立存在的，而是相互联系，形成一个可以流通的整体。园林水体的组织从平面构成的角度来看，可以分为串联和并联。

从生态的角度来看，水体面域组织的最主要目标有两个：

①延长水体净化流线：水体净化流线越长，水净化能力也就越强。在水体设计时，通过串联、串联和并联相结合的方式将点状水、线状水和面状水组织在一起，使其发挥各自在水环境治理方面的优势。比如将叠水、溪流和池塘串联在一起，叠水、溪流中的水体动能较大，可以进行跌水曝气，净化水中的污染物，溪流两侧的浅滩和池塘为生物提供栖息环境，增强生物净化的能力。

②增大生物栖息的面积：生物群落是水环境的重要组成部分，它们可以形成稳定的生态系统，同时，进行生物净化，提升整个水体的自净能力。在水体面域组织时，应当考虑为生物群落提供尽可能多的栖息面积，河流浅滩、湖泊能够为生物群落提供面积较大的栖息环境，在设计时可以考虑河流、溪流与湖泊串联的形式，形成面积较大、环境丰富多样的栖息环境。在针对自然河流的研究中，水利学家提出，在自然的河道中存在一种“深潭—急流—河滩”的结构序列单元，这种结构在河流上下游不断重复出现。这三个结构单元之间相辅相成，它们从产生、发展到形成互为因果。“深潭—急流—河滩”对水中污染物的分解十分有利，同时，为生物的栖息提供了多样的环境。这一自然状态下存在的水体组织形式也为园林水体的组织关系提供了思考和范例。

综上所述，水体的平面形态对水体的净化、生态系统的建设都有重要的影响。在园林水体设计时，应当把握三个原则：一是多样与丰富的原则，园林中的水体不是单个存在的，而是相互联系的；园林中的水体类型，也不是单调的一类，点状水、线状水和面状水交互排列，在设计时做到“有收有放”，使水体净化流线丰富多样。二是生态性主导的原则，在设计时要注意水体的生态效能，不要只注重平面形状的美观。三是整个系统的联系与协调，各个水体之间应当相互联系，水体在其中流动，应当有清晰的流线。

3. 容体表面质地设计

（1）周边区域质地设计

园林水体周边区域通常存在着大量人类活动的空间，这些活动空间本身对园林水体并不造成影响。但是正如前文提到的，园林水体周边地形的塑造可以将地表径流进行汇集，并使之流入水体中，达到雨水收集的目的。园林水体周边区域的质地对园林水体的影响与上述类似，它会影响水体周边区域的地表径流，因此，在设计时，应当多考虑生态的、透水的材料，增加雨水的下渗。

园林水体周边的道路和广场设计中常用的材料有木材、石材、透水混凝土和透水砖。

①木材

木材是园林中滨水步行道和亲水平台常用的材料，和石材相比，木材虽然使用成本更高，耐久性也略逊，却是一种更加自然的材料，其透水性也很好。园林中常用的木材是防腐木和塑木两类。

②石材

石材也是园林水体景观设计中常用的材料，石材所包含的范围十分广泛。从雨水下渗、自然生态的角度来看，常见的花岗岩、板岩铺装的透水性并不好，而卵石、青石板、毛石铺装的透水性更好一些。总体而言，石材铺装的透水性和石材之间的缝隙、道路广场的基础结构有关。石材之间的缝隙越多、越宽（在不影响铺装耐久性的情况下），透水性越好。

③透水混凝土

不同于木材与石材，透水混凝土的适用范围更加广泛，可以适用于园林车行路、人行路、广场、停车场等各种铺装区域。与传统混凝土相比，透水混凝土更加生态环保，除了可以用于铺装面层之外，还可以用于铺装基础上。透水混凝土还可以选择色彩和图案，是一种值得推荐的环保透水材料。

④透水砖

透水砖由碎石、混凝土、废旧陶瓷、风积砂等材料加工而成，具有良好的透水、透气性能，在园林中的人行路、广场铺装中得到广泛的应用。除了透水迅速，透水砖不容易打滑，还可以吸收噪声，是一种很环保的园林铺装材料。

4. 水体边界质地设计

（1）边界类型及材料研究

水体的边界，即通常意义上定义的“驳岸”。驳岸根据其结构和强度，可以分为非结构性驳岸和结构性驳岸。结构性驳岸又可以分为刚性驳岸和柔性驳岸。

①非结构性驳岸是指模拟自然驳岸的形式、运用自然材料构筑、坡度较缓的驳岸。非结构性驳岸的坡度一般低于土壤的自然安息角（30° 左右），其下层进行土壤的夯实，或者覆盖一层可降解的材料以增强其耐冲蚀的性质。然后铺设土壤、细沙、卵石等自然材料，形成与自然环境相似的草坡、石滩或沙滩。非结构性驳岸是模拟自然环境构造的，因此具有较高的生态价值。非结构性驳岸十分有利于动植物群落的栖息，也为水体的净化提供了场所。非结构性驳岸的问题在于其占地面积大（坡地小于 30° ），这一点对城市环境来说较为不利。此外，非结构性驳岸的强度不大，对于水流湍急、冲蚀严重的地区并不合适。在条件允许的情况下，非结构性驳岸可以创造更高的生态价值。许多湿地、自然保护区的驳岸都是非结构性驳岸。

②刚性驳岸是结构性驳岸的一种。刚性驳岸是指用浆砌石块和卵石、现浇混凝土和钢筋混凝土等硬质材料构筑的驳岸，园林中又将其称为硬质驳岸。刚性驳岸是园林水环境中常见的驳岸类型，也是生态价值最低的类型。刚性驳岸能够使水体快速地流动，表面上看更利于泄洪，实则阻断了水体径流，增加了洪水危险。刚性驳岸表面光滑，植物和其他生物也很难在上面生长和栖息。当然，刚性驳岸也具备突出的优点：强度很高，非常耐冲蚀，同时，较为节省空间。

③柔性驳岸与刚性驳岸不同，柔性驳岸是指将金属、石材等硬质材料与植物种植进行结合的驳岸。柔性驳岸的构筑材料一般有生态石笼、鱼巢砖、木桩以及一些混凝土构件。这些材料经过精心设计和结合，留有足够的孔隙，既能够保存泥土，又能为植物、动物的生长和繁衍提供足够的空间。柔性驳岸的生态价值高于刚性驳岸，而和非结构性驳岸相比，柔性驳岸又具有节省空间、强度好、耐冲蚀的特点。柔性驳岸应用范围广，在城市滨水区、湿地和自然保护区中都能够使用。材料的选择直接影响边界的类型，材料选择同样对水的流速、水质和动植物群落的生长造成了深远的影响。

根据驳岸的分类研究可知非结构性驳岸、柔性驳岸具有更高的生态价值，许多生态材料被应用到驳岸的建造中，包括生态石笼、鱼巢砖等构件，以及生态连锁块、椰壳纤维捆扎、木桩、生态袋等。

（1）生态石笼

生态石笼是现代水环境治理中得到广泛应用的一种构筑材料，石笼是将金属线材由机械将双线绞合编织成多绞状六角形网，制成网箱后填入卵石和碎石。和普通土壤相比，生态石笼砌筑的驳岸稳定性更高，能够在一定程度上抵御洪涝灾害；和混凝土、传统石料等相比，石笼又具有更高的生态价值，其孔隙状的结构降低了水体的流速，为湿生植物和水生生物提供生存环境。

（2）鱼巢砖

鱼巢砖又称自嵌式植生挡土墙。长期的水力作用带起的泥沙等物遇到墙体的阻挡减速后，在重力的作用下会沉积在鱼巢砖的内孔，提供水生植物生长的土壤，水生植物和鱼巢砖本身多空的结构为鱼类产卵繁殖提供场所，起到“以鱼养水”的作用。鱼巢砖砌筑的驳岸具有良好的渗透性，增强了水分交换，还能有效地抑制藻类生长，提升水体的自净能力。鱼巢砖结构的驳岸强度较好，同时具有一定的抗洪强度。

（3）生态连锁块

生态连锁块护坡一般是在土质边坡上铺设一层土工布，土工布上铺设连锁式护坡砖，正常水位以上采用植生型生态护坡砖，护坡砖孔洞内填塞种植土和草籽（或草皮）。连锁式护坡整体性较好，安全牢固，在水流湍急的地方也可以使用，因此，经常适用于各类缓坡河堤上。而连锁块中的缝隙又为动植物提供了栖息的空间，可谓兼顾了防洪和生态两种功能。

（4）木桩

木桩顾名思义，是用各类木材制作的、绑定在一起的短桩，常用的木材包括松木、杉木等。其主要用于处理软地基、河堤等。松木含有丰富的松脂，能很好地防止地下水和细菌对其的腐蚀，有“水浸万年松”之说，因此，不像其他植物材料一样容易受到腐蚀。著名水利工程灵渠的基础处理即采用了松木桩。松木桩目前主要运用在水流较缓的水系沿岸，由于其取材于植物，可谓天然无污染，生态效益也相当好。

（5）生态袋

生态袋护坡，是在生态袋里面装土，用扎带或扎线包扎好，通过规则式或有顺序的叠加和固定，形成的挡土墙。生态袋护坡中的土壤为植物的生长提供了基质，由于生态袋使用可降解的材料，不会造成任何污染。生态袋护坡比起单纯的土质河岸，更加牢固，不容易受到侵蚀。

5. 水体底面质地选择

（1）水底糙率研究

糙率一般用 n 表示，又被称为曼宁系数，是描述地表下垫面对坡面流阻滞效果的重要参数。水体底面糙率对水体流速、流态及潜在侵蚀性能的影响效果显著。水底表面越粗糙，糙率越大，对水流的阻滞效果越强；边界表面越光滑，则糙率越小，对水流的阻滞效果越弱。糙率会影响水体的动能，糙率较大的情况下，水体受到的阻滞作用强，水体流速缓慢，并且容易形成涡流等，增强了水体中污染物的氧化分解；糙率较小的情况下，水体流速就越快，同时也具有更强的冲蚀性。

（2）水底材料

选择水体底面的材质可分为土壤和泥沙、砾石、块石、光滑硬质材料（混凝土、花岗岩铺砌等），多数水体底面由其中一种及以上材质构成。

①土壤和泥沙是自然水体（尤其是湖泊、池塘、河流）中常见的水底材质，也被称为“底泥”。土壤和泥沙为大多数水生植物提供了生长的基质，同时也为水体中的鱼类和微生物提供了繁衍和栖息的场所。此类基质的生态效应好，但是稳定性不高，不耐冲蚀。在园林中，土壤和泥沙的基质通常用于河湾区域、湖泊、池塘和浅滩湿地中，这些水体中水流缓慢，动植物类型比较丰富。

②砾石

砾石是指风化岩石经水流长期搬运而成的粒径为2~60mm的无棱角的天然粒料，通常所说的卵石就属于这一类。与土壤相比，一部分水生植物可以在砾石中生长。砾石形成的疏松多孔的结构，也为水体中的动物和微生物提供了栖息繁衍的场所。相比土壤和泥沙，砾石的稳定性稍好。砾石还是一种过滤性很好的材料，可以净化水体。在园林中，砾石的基质通常出现在池塘、溪流、部分河流中，也是较为生态自然的一种基质。

③块石

块石的直径要远大于砾石，块石的基质一般出现在人工水体中。与土壤和泥沙、砾石相比，块石的生态效应要弱一些。但是在其缝隙中，仍然可以生长水生植物，并为一些动物和微生物提供栖息环境。一些人工的块石基底会设计预留缝隙，并种植水生植物。块石比土壤和泥沙、砾石具有更高的稳定性，块石的基底十分耐冲刷，可用于流速快的河道中。同时，块石的形状各异，又耐冲蚀，更容易激发水的动能，在流速很快的浅溪和叠落的水体中布置块石，更容易产生跌水曝气的效果，加速水体的净化。与土壤和泥沙、砾石相比，块石的透水性能较差，但也正是如此，它可以被应用于小型水体和死水中，防止水体渗漏。

④光滑硬质材料

光滑硬质材料包括混凝土、花岗岩铺砌等，是人工水体中较常见的材料。光滑硬质材料的生态效能最低，动植物很难在上面生存。同时，光滑的表面加速了水的流动。光滑硬质材料也具有稳定性好及耐冲蚀的特点，同时，其防渗性能较好，因此，在城市的人工水体中依然能看到大范围的应用。

（二）水体地形坡度塑造

1. 周边区域地形塑造

在海绵城市的理论中，城市中的水体就是天然的“海绵体”，它们具有雨水汇集、水体净化、水环境调控的作用。所谓“海绵体”，指的是其对水的吸收和调控，在雨水集中、城市排涝困难时期，“海绵体”能够有效吸收多余的水，减轻城市排水系统的负担，降低洪涝灾害的危险。在较为干旱的时期，“海绵体”蓄积着较多的水，能够使其周边环境保持湿润，调节小气候。在园林水体景观设计中，水体作为城市中“海绵体”的价值应当得到充分的重视，充分发挥其收集雨水、调节小气候的功能。通过对园林水体周边地形的设计，可以有效地将其打造成一个“海绵体”。这个设计的核心在于：园林水体应当位于其收集雨水的区域内地形最低洼的位置。这样雨水就可以借助重力作用，通过地表和地下径流汇集到园林水体中。

在园林设计中应当注意两点：一是当水体的位置可以选择时，将水体置于整个区域的低处，最好其四周有山体或起伏的地形，保证雨水可以沿着山形地势逐步汇入园林水体中；二是当水体的位置已经确定时，最好能够保证其周边区域的地势高于水平面，或者在水体周围设计微地形，促使雨水汇入园林水体中。

2. 水体边界地形塑造

（1）硬质边界地形塑造

水体硬质边界也就是所谓的“硬质驳岸”，处于城市中的水体常常由于行洪的需要，设计成规则式的硬质驳岸。相对于软质驳岸，硬质驳岸的生态效益较差，当然这也要视其材质情况而定。硬质驳岸按断面形式可分为：立式驳岸、斜式驳岸和阶式驳岸。

①立式驳岸

立式驳岸是防洪河道两侧最常见的一种，即一面几乎直立入水的挡墙，材料通常是混凝土和块石。它占用空间小，排洪迅速，强度很高，当然也毫无生态效益可言。在条件允许的情况下，水环境治理中的园林设计不建议采用立式驳岸，当然，在空间狭窄、水流湍急的地方可以考虑部分使用。

②斜式驳岸

斜式驳岸是指从岸顶到水体先有一段缓坡，再有直立挡墙的驳岸。这类驳岸具有一定的生态价值，缓坡上利用植物增强驳岸的渗透性，以构建河道的水生动植物群落。相较于立式驳岸来说，斜式驳岸在材料选择上有一定的灵活性，也提供了人们亲近水的可能性，安全性也比立式驳岸好，但是占用了一定的空间。

③阶式驳岸

阶式驳岸即利用几层台阶来构建河道驳岸，对于水位变化大的河道很适用，可以满足不同水位变化时依旧可以有亲水的可能性。阶式驳岸在材料选择上也可以有更多的选择余地，以实现更好的生态效益，同样，其也可以有硬质与绿化等不同的灵活处理手法。但阶式驳岸对构造工程要求较高，需要注意积水问题以及可能的安全隐患。

（2）软质边界地形塑造

园林水体的软质边界一般指材质为土壤、砾石，并且缓慢放坡的边界，也就是常说的“软质驳岸”。软质驳岸是一种生态价值较高的边界，在自然状态下，它通常存在于河流的沉积岸上，由于河水带来大量营养物质淤泥，同时又不容易受到河水冲蚀，这里常常呈现一种浅滩湿地的状态，动植物在这里能够良好地生长。软质驳岸的设计需要注意以下三点：一是地点的选择。前面已经提到，自然状态下的软质驳岸常常出现在河流的沉积岸上。在园林水体设计中，软质驳岸应当选择岸线较为弯曲、水流平缓的地方，因为其并不耐冲蚀；二是坡度的确定。软质驳岸基本为缓坡地形，自岸顶缓慢放坡入水，其坡度不能大于土壤的自然安息角（约 30°），根据《城市绿地设计规范》，这个坡度在 1 ： 2~1 ： 6 为宜；三是水深的确定，这和软质驳岸上种植的植物品种有密切的关系。

3. 水底地形塑造

水体边界的地形在长时间内受到关注，而人们对水底地形的关注却比较少。事实上，水底地形的塑造一样关系着水体的形态、水质情况和水生态系统的构建等。本节将从水底坡度塑造、水体深度确定、叠落地形的应用三个方面进行探讨。

（1）坡度塑造

水底的地形和水面以上的地形一样，是高低起伏的。在《风景园林设计要素》中，诺曼 · K. 布思认为：“河流或溪流中的水流，直接反映了河底和溪底的坡度。任何坡度都能使水流动，坡度越陡，水的流速就越快。”水底的坡度从坡度的塑造来看，静水（池塘、湖泊等）和流水（溪涧、河流等）是有差异的。坡度对园林中静水的影响不大，除了底面平整的人工水体外，多数水体的底面自岸边向中心不断加深，呈缓坡状，模仿了自然水体的形态。静水对水底坡度没有过多要求，但是一般要低于土壤的自然安息角（约 30°），根据《城市绿地设计规范》，参考驳岸的坡度要求，这个坡度在 1 ： 2~1 ： 6 为宜。坡度对园林中流水的影响比较明显，水的流速与坡度呈正相关，当然也受水底材质、植物生长情况的影响。

一般而言，坡度越缓，水体流速越慢；坡度越陡，水体流速越快，当坡度接近 90° 时，会形成垂直的落水，也就是我们常说的瀑布或跌水，它们具有较大的势能。一般而言，自然河道的地形较为复杂，其坡度也是不断变化的。而园林中的溪流和小型河道则是比较方便研究和设计改善的对象，在《居住区环境景观设计导则》中有类似的描述可作为借鉴：溪流的坡度应根据地理条件及排水要求而定。普通溪流的坡度宜为 0.5%，急流处为 3% 左右，缓流处不超过 1%。可见普通的流水其底面坡度在 0.5%~1%，则水流比较平缓，坡度大于 3% 则流速较快，有一定的冲蚀性。

（2）深度确定

除了水体的坡度，水体深度也是园林设计时需要关注的对象。《公园设计规范》规定：硬底人工水体的近岸 2.0m 范围内的水深，不得大于 0.7m，达不到此要求的应设护栏。无护栏的园桥、汀步附近 2.0m 范围以内的水深不得大于 0.5m。这主要是出于对游客安全的考虑，而从水环境治理的角度来看，水体深度主要影响水质和水中动植物的栖息。

水体深度在一定程度上影响了水质。水体越深，则水体的容积越大，也就意味着水量越多，这会对污染物有一定的稀释作用，同时，水的自净能力也更好。当然，这也意味着被污染时，较深的水体比浅水更难治理。水体深度还影响了动植物的栖息。从水生植物的特性来看，多数沉水植物适宜生存的水深在 0.3~2.0m，挺水植物则更浅。而鱼类通常栖息在 1.0~3.0m 的水中。《居住区环境景观设计导则》规定：溪流宽度宜在 1.0~2.0m，水深一般为 0.3~1.0m。对许多园林中湖泊的调查可知，水体较深处深度一般在 2.0~4.0m。以河流为例，河流的水底地形在深度方面是不断变化的，科学研究表明，自然河流每间隔一段距离就会有一个较深的区域，这种较为规律的深度变化是比较有利于河流中污染物的净化和水生生物多样性的。

（3）叠落地形应用

除了坡度和深度的确定，设置叠落的地形造成跌水曝气也是水环境治理中常见的园林设计手段。水体缺氧是河道黑臭的根本原因，选择适当的曝气气水比是城市黑臭河道生物修复的重要技术环节。

水体中的溶解氧主要来源于大气复氧和水生植物的光合作用，单靠自然复氧，水体自净过程非常缓慢，对河道进行曝气充氧以提高溶解氧水平，恢复和增强水体中好氧微生物的活力，从而改善水体水质。不同气水比对模拟河道的增氧效果是不同的，河道出水口的溶解氧浓度随气水比的增大而增大，说明增大气水比可以增加溶解氧含量，并使水体中溶解氧维持在一个较高的水平。

跌水曝气技术在设计运用时应当注意以下几点：

①曝气充氧能够明显改善河道的水质状况，增加水体自净能力且不带来二次污染。在实际工程中，为更好地发挥曝气充氧的实际效益，必须制订应用该技术的具体方案，得出可行的最优化组合，并充分考虑城市景观和经济性原则，从曝气充氧量、曝气方式、曝气机的安装位置等方面采取措施。

②在一定曝气充氧气水比基础上通过设置阻流板，延长了水体水力的停留时间，增加了微生物与污染物的接触时间，可以提高有机物的降解效果。在一项针对劣 V 类水体的实验中，在曝气充氧气水比为 1 ∶ 1 和水力停留时间为 35min 的情况下对污染水体具

有明显有效的修复作用。

综上所述，园林水体地形坡度的设计对水体的净化、水生生物群落的栖息都有重要的影响。从植物群落来看，水体边界和水底的地形和深度直接影响着植物的生长。石菖蒲、海芋等湿生植物大约只能适应10cm的水深；黄花鸢尾、香蒲、千屈菜等适宜生长的水深在5~35cm的水中；在常见挺水植物中，荷花适宜的水体深度较深，在10~100cm。在软质驳岸的地形设计时，应当结合水生植物种类的选择进行合理设计。也可以将软质驳岸设计为台地式，每个台地的高差在5~10cm，使不同水生植物拥有足够的生长空间。

（四）生物群落构建

1. 植物种类选择原则

（1）适生原则

适生原则，即因地制宜的原则，选择的植物种类需要在该水环境中生长良好。这种"生长良好"包括两个方面：一是适应当地的气候条件，二是适宜自身所处的水环境。适应当地的气候条件，即选择当地气候条件下生长好的水生植物，乡土植物就是很好的选择。不同气候带的水生植物种类也不同。荷花、水葱、芦苇、千屈菜、荇菜、黑藻等常见水生植物就可以生活在我国南北各地；凤眼莲、伊乐藻等生活在黄河流域及以南地区；美人蕉、再厉花、水罂粟等生活在长江流域及以南地区；海芋、王莲最不耐寒，生活在华南地区。适宜自身所处的水环境，指植物在自身生活的小范围水环境中生长良好。前文将水生植物分为挺水植物、沉水植物、浮叶植物、漂浮植物和湿生植物，这也就意味着，即是处于同一气候带中，不同类型的水生植物也生活在不同类型的水体中或同一水体的不同位置。挺水植物根系发达，抗风浪和侵蚀，大多生活于溪涧、池塘、河湖沿岸的浅滩湿地上；沉水植物同样不惧流水，生活在有一定深度的水体中离岸边较远的位置；浮叶植物生活于池塘、河湖的浅水中；漂浮植物最不抗风浪，一般生活于较静止的水体，在水边和水体中心都能生长；湿生植物则广泛分布于水体岸边和浅滩湿地中。在前文地形的塑造中，已经对水体地形的塑造和水生植物适宜水深范围有较多的探讨。

（2）生态系统适宜原则

植物是水生生态系统的重要组成部分，因此，在设计时，选择的植物种类需要与整个系统相适宜，这种适宜性主要体现在两个方面：一是为其他动植物提供良好的生态环境，包括作为食物，或提供生存的空间。沉水植物、漂浮植物大多数是水环境中草食性、杂食性动物的食物，因此，它们作为生态系统中的生产者和第一营养级，其存在就显得十分必要。而多数挺水植物具有发达的根系，可以为水中的微生物群落和部分筑巢的鱼类提供生存空间；二是不能侵扰其他生物的生存环境。一些植物由于没有天敌而迅速繁殖，大量挤占其他生物的生存空间，可以被称为“入侵植物”，这类植物在设计中要谨慎使用。凤眼莲就是一种著名的入侵植物，在一些水体净化工程初期，它可以很好地去除水中的污染物，但是一旦过量繁殖，就会大量消耗水中的氧气，并遮蔽阳光，使沉水植物无法进行光合作用，导致大量微生物和鱼类死亡。

（3）净化污染物原则

在水污染治理、水环境修复的过程中，园林植物起到了不可忽视的作用。园林水体中的主要污染物一般是营养物（主要是氮磷元素）和有毒污染物（主要是重金属），许多园林植物都对这几类污染具有显著的作用。在园林设计时，应当注意针对水体污染物的类型，选择适当的植物种类，治理水体的污染。生态学方面对不同种类植物对污染物的处理能力有很多研究，综合来看，浮叶和漂浮植物对氮磷元素的去除能力最好；沉水植物则可以固定重金属；挺水植物和一些湿生植物对氮磷元素和重金属均具有一定作用。沉水植物根部、叶部都可以蓄积很高含量的重金属（根部含量大于叶部含量），是很好的蓄积植物。轮叶黑藻、狐尾藻、龙须眼子菜和水池草等都是蓄积植物的典型。浮叶和漂浮植物夏季生长迅速，抗性较好，在水质净化的早期阶段，具有去污能力强、见效快的特点，是污水处理时常用的水生植物。比较典型的是浮萍，浮萍在早期生长阶段会吸收大量的氮和磷，同时，生成的生物量可多种方式利用。

研究表明，挺水植物中有许多种类可以净化氮磷，菖蒲、石菖蒲、美人蕉、千屈菜等都对氮磷具有很好的净化作用。挺水植物的根系发达，根系与水体接触的面积大，也为许多好氧微生物提供了生存空间，它们共同形成了一个净化体系。挺水植物的根部还可以蓄积大量重金属，其对重金属的蓄积作用根部明显大于叶部，水蕹就是一种很好的蓄积植物。挺水植物有许多种类如风车草、鸢尾、石菖蒲、假马齿苋、席草、羽毛草和水薄荷等，被广泛应用于人工湿地、人工浮床等重金属废水处理系统中，都有良好的效果。

2. 植物群落构建

在植物物种合理选择的基础上，可以运用不同种类的植物构成植物群落。针对水环境治理的园林水体设计常常有以下几种植物群落设计模式：

（1）物种多样化群落模式

陆生、湿生、挺水、浮叶、沉水植物依序构成生态水景的组成部分，并逐步形成一个有机和谐统一的组合体。各组成部分比例协调，景观层次和色彩丰富。这是最常见的一类水生植物群落，一般来说，其分布比较有特点：沿岸边浅水向中心深水呈环带状分布，依次为湿生植被带、挺水植被带、浮叶植被带及沉水植被带。值得一提的是，在一些水环境治理的实践表明：早期采用过多的植物种类，其生态群落反而不稳定。根据生态系统的演替规律，生物群落会逐渐从低级到高级，从简单到复杂，最后趋于稳定。因此，可以优先考虑部分沉水植物和挺水植物作为先锋植物类群，等到生态环境逐步改善，再添加更多种类的植物。

（2）优势种主导群落模式优势

优势种在水景中起主导作用，是景观的主体部分，也是景观的特色部分，其他物种为伴生物种。如大片的荷花形成的景观，点缀有香蒲、茭草和水葱。需要注意的是，优势种主导群落模式并不意味着植物种类单一，而是优势种植物在数量上占据优势，其他植物在设计时依然要做到种类丰富、比例合理。优势种植物在当地环境中生长良好，生态位稳定，不能是入侵植物。白洋淀湿地的芦苇荡广为人知，山东微山湖生态湿地也以其“无边荷景”而闻名。

（3）净化型群落模式

此类景观以大量的沉水植物和浮叶植物为主，水域内点缀少量其他水生植物，主要以保持水质良好，水体透明为主。水质净化型群落模式一般用于水体净化初期，水污染比较严重的环境中，沉水植物和浮叶植物抗性较好，又能够快速地吸收污染物，可谓良好的先锋植物。

（4）沉水植物配置原则

沉水植物在选择时主要满足以下几个原则：

a. 根系发达。选择根系发达的品种，以固定沉积物、减少再悬浮，降低湖泊内源负荷。

b. 净化效果好，去污能力强。选择对湖泊中氮、磷等污染物有较高净化率的品种，以降低湖泊内源负荷，防止富营养化。

c. 季节与空间搭配原则。根据沉水植物的生态习性选择不同类型的品种进行搭配，在季节转换过程中要选择适应当地气候的品种，并根据空间情况（如底质等）进行搭配，不仅能保证深水区沉水植物的正常生长，还能增加多样性。

d. 生态安全。为防止外来物种入侵带来生态灾害，湖区植物尽量选取本土品种或外来本土安全品种。繁殖力强的、不易控制生长区域的品种不宜选择，应选择繁殖能力和生长区域均可控的品种。

e. 有一定的美化景观效果。浅水区沉水植物由于生长在较浅的区域，直接影响人们的视觉效果，必须兼顾湖泊的景观功能，选择一些漂亮的、人们喜爱的品种。

f. 容易管理。在满足以上要求的基础上，尽量使选择的品种容易管理，减少维护的工作量。

3. 动物群落的形成

在园林水环境中，当植物群落得以设计施工并逐步完善，下一步就需要考虑动物群落的设计和完善。这样才能形成一个完整的、稳定的生态系统。在园林水环境的设计中，主要有两种构建动物群落的方式，一是直接进行动物投放，二是设计动物的栖息环境，以吸引更多的动物类群。

（1）投放动物种类选择

在园林水环境中直接进行动物投放是一种快速而直接的方式，它可以在短时间内迅速建立一些简单的动物群落，有时还能有效地治理污染（一些水生动物类群对特殊的污染有很强的清理能力）。这种方式一般适合初期的、简单的水生态系统。直接投放动物的种类一般为浮游动物和鱼类，这两类动物对水环境的适应能力更强，也更容易对初期的水环境形成有益的改变。浮游动物大多以水体藻类为食，它们对藻类有较强的克制和调控作用。因此，在许多由于藻类过量繁殖而引起的污染中，具有很好的效果。

鱼类是水生态系统中最重要的动物类群之一，也是动物投放时主要的选择。投放鱼类时需要把握两个原则：

①种类的选择应与生态环境、生态系统相适宜。

这一点与前面植物种类的选择原则相似。选择的鱼类首先要能够在水环境中良好地生长和繁殖，此外，该种类要与整个水生态系统中的其他种类相适宜，形成合理的食物网，并与其他种类在栖息空间和食性方面很好地互补，更好地利用水体空间和资源。

②控制动物投放比例阈值。

动物投放比例阈值没有统一的标准，不同水体的营养结构都是其在和环境协同作用后所形成的特有结构，因此，需要分析不同食性鱼类对水生态系统的影响，控制其投放比例，并对其进行长期的追踪管理。一些研究总结了我国人工湖泊的建议鱼类投放比例阈值：草食性鱼类 <6%，底栖食性鱼类 <6%，滤食性鱼类 10% ~ 20%，杂食性鱼类 10% ~ 20%，肉食性鱼类 40% ~ 50%。

（2）动物栖息环境设计

动物群落的构建与植物群落不同，植物群落更易设计和管控，而动物具有活动能力，动物群落是无法在设计初期就进行全面构建的。一些简单且适应能力强的物种尚且能够在初期投放，但是更多种类需要合适的栖息地才能够被“吸引”到此地生存繁衍。因此，在设计中，我们需要对动物的栖息环境进行设计和构建。动物的栖息环境进行设计和构建需要考虑动物的行为需求，在园林水环境生存繁衍的动物类群包括鱼类、鸟类、两栖类、爬行类、哺乳类和无脊椎的甲壳类。其主要的行为需求包括栖息需求、觅食需求、繁殖需求和节律行为需求。

①栖息需求

栖息需求是包含范围最广的需求类型，其大致是指动物在园林水环境中进行停留和行动的需求。满足动物栖息需求的空间需满足几个特点：有特殊的可供动物停留的设施；足够的安全性；良好的自然环境。

a. 可供动物停留的设施：停留设施类型因动物的类型而异。在园林水环境中，最常见的动物类型是鱼类和鸟类。大多数鱼类没有特殊的停留设施要求，只需要适当的水生植物即可。而鸟类所需要的停留设施则非常有特点：伸出水面的树枝和木桩，在自然环境中经常可以看到鸟类停在水面的树枝上。在园林设计中，人们根据鸟类这一行为特点，在浅水区域和湿地中人为地设计树枝和木桩，以此吸引不同鸟类前来停留。许多两栖类和爬行类也有停留的设施需求，但是和鸟类竖立的树枝木桩不同，这几类动物不能攀爬到高处，因此，在园林水体设计中，常常在浅水区域和湿地中人为地放置卧倒树桩和浮木，供两栖类和爬行类停留。前文中提到的浮叶植物，除了水体净化和植物群落的营造功能，也为一些两栖类和昆虫提供了水上的停留空间。

b. 足够的安全性：在园林水环境中，大多数动物对人类会进适当行回避，还有一些动物具有领域特征。因此，如果希望动物长期停留和栖息，就需要为它们营造相对安全和私密的空间。这一点鸟类与爬行类表现得比较明显。它们喜欢栖息在具有一定封闭性的防护性浅水湾，所以在鸟类与爬行类经常活动的地方，需要适当种植一些具有遮挡性的植物，同时，不要设计过多的人类活动设施。

c. 良好的自然环境

多数动物和人类一样，倾向于在自然环境更好的地方栖息。长势良好的植物、清洁的水体、湿润的小气候，都是吸引动物的特征。

②觅食需求

觅食需求是动物最基本的生存需求，有食物，才可能存在相应的动物群落。动物的食性主要分为草食性、肉食性和杂食性。其中，肉食性动物在设计初期是难以吸引和控制的，需要生态系统的整体构建和维护。草食性和杂食性动物可以通过初期植物种类的选择和植物群落的构建来解决，这一点在上文中也有所提及。对于草食性鱼类来说，多数沉水植物是它们食物的主要来源，因此，种植和构建丰富的沉水植物群落可以为草食性鱼类提供良好的生存环境。也有一部分植物可以为鸟类提供食物来源，包括杨梅、枇杷、茭白、莼菜、慈姑等。而对于一些昆虫而言，蜜源植物无疑是吸引它们的重要因素之一。

③繁殖需求

动物若长期生活在某一环境中，就对环境有繁殖空间的需求。繁殖需求最需要的空间就是筑巢产卵的空间。在园林水环境中，不同类群动物的巢穴一般位于植物、水底和水岸上。几乎所有的鸟类的巢穴都位于植物上，因此，在园林水环境中，岸边最好能有较高大的乔木，要不就需要具有遮挡作用的植物（如芦苇、蒲苇等），为鸟类提供安全筑巢的空间。此外，还有一些园林植物可以提供筑巢的材料，包括水杉、枫香、女贞等。一些鱼类的巢穴位于水底，一般需要丰富的沉水植物和挺水植物（根系发达），以及较为粗糙的底面质地（如卵石等）。而相当一部分鱼类、两栖类和爬行类的巢穴位于水岸的池壁上，它们一般需要自然的土壤、石壁以及粗糙的表面构造。前文提到的鱼巢砖、生态连锁块材料，就为这些动物提供了大量筑巢的空间。

（4）节律行为需求

节律行为是动物最常见的行为之一。在园林水环境中，部分鸟类有迁徙行为，而部分鱼类有洄游行为。鸟类的迁徙行为触发的主要需求是栖息需求，如上文中提到的一样，需要停留的设施和较为安全的环境。而针对鱼类的洄游，也有一些生态的设计手段，最常见的是鱼道。鱼道通常出现在水坝和桥梁中，由于这些设施影响了鱼类洄游的路线，因此，人为地开辟通道供鱼类通过。鱼道设计时，应当注意坡度和宽窄，以此控制水的流速，鱼道中水的流速应小于逆流而上的鱼类游动的速度，这样鱼类才能顺利实现洄游。值得一提的是，根据对动物行为需求的研究，发现园林水环境中最适宜动物生长的区域是水陆交错的区域。这里由于水体的不断侵蚀和营养物质的堆积，为多个物种的生存提供了良好的条件，这里往往生物种类丰富，生态系统也较为复杂和稳定。水陆交错区是许多两栖类和鸟类的栖息地，干旱季节的水陆交错区为水鸟提供了庇护区和繁殖地，它还可作为鸟类迁徙途中的歇脚地。因此，对水陆交错区各类特性的研究，有利于水生生态系统的构建。

4. 生物群落构建

生物群落是生态系统物质循环的重要载体，群落的结构、物种等因素都影响生态系统的物质循环。河岸植被、水生植物、水生动物和微生物是水生生态系统的主要生物。微生物对水体中有机物和营养盐分解起着重要作用，但自然界中微生物种类复杂，稳定的微生物群落仅靠人工手段很难构建，往往需要为其提供适宜的生长环境。在园林水体设计中，需要有目的地考虑微生物生存环境的构建。常见的手段包括向水体中增加氧气、种植挺水植物、为微生物提供可以附着的介质等。在动植物、微生物都有良好的生存环境时，需要对生态系统中的各类生物进行调查和调整。一是要使它们形成关系稳定的食物网；二是使它们的生态位能够很好地互补，更好地利用水体空间和资源。

综上所述，水生生态系统的构建是一个相对复杂的、长期的过程。在设计时，需要在对水环境进行足够研究和了解的基础上，进行植物群落的设计，动物群落的构建。水环境中的生物群落在构建时需要考虑其自身适宜生长的特性，因地制宜。在对水环境治理时，应考虑水体的特性，选择可以发挥生态效能的动植物群落

第四节　基于人类活动的园林水体设计

一、满足人类亲水性要求的设计

人类具有天然的“亲水性”，这一点我们的祖先很早就意识到了。在欧洲古典园林中，人们常常会在水池边举行集会宴饮活动，我国古典园林中更是把许多亭、廊、阁、榭都设在水边，并认为这些邻水建筑是园中最佳的观景点之一。

园林中的水环境设计，从人类活动的角度来说，首先，要满足人们的亲水性需求。不过从另一个角度来说，人的“亲水性”不能够过度扰动水环境，给水生态系统带来负面影响。这就要求在园林水体景观设计时，应充分考虑亲水设施的地点布置、形态材料和施工方式，降低对生态环境的干扰，同时，还要考虑这些设施的安全性，防止游客失足落水。常见的亲水设施有：桥梁、亲水平台、亲水广场、码头、栈道、滨水道路、观景观测设施等，还有一些服务设施的设计也对水环境有一定的影响，譬如公共厕所的布置与设计。

（1）桥梁

园林水体景观设计中最常见的设施，桥梁是为连接水体两侧的通道而存在的。园林中的桥梁包括步行桥和车行桥。一些调查研究表明，桥梁在施工阶段会对水环境产生一些负面影响。因此，在桥梁设计和施工时需要注意：一是选材的科学环保，尽量选择竹、木、石材等自然材料：二是桥梁设计阶段注意做到低能耗；三是在施工阶段注意管理，尤其是施工时的泥沙、混凝土不要大量混入水体造成污染，施工机械的污水也要进行适当处理。前文中提到生物群落的营造，水生生物的行为需求也是影响设计的因素之一。在近些年的设计中，能够看到一些不仅考虑人类通行需要，还能考虑水生动物栖息的“生态桥梁”出现，许多桥梁结合“鱼道”，为鱼类的洄游提供方便。

（2）亲水平台和广场

亲水平台和广场是园林中人们进行亲水活动的最主要设施，传统意义上的亲水平台和广场为人们提供了一个近距离观水的空间；在现在的许多设计中，则增加了许多较为有趣的内容，人们可以更加近距离地接触水体，增进对水环的认识。值得一提的是，亲水平台和广场的设计在增进游客与水体亲密接触的同时，还需要考虑安全问题，防止游客失足落水。

（3）码头

人们在码头主要进行两类与水有关的活动：泊船和垂钓。这两类活动都对水环境具有较深远的影响。泊船本身对水体影响不大，但是行船时使用的动力可能会污染水体，因此，需要使用清洁的能源。垂钓是一项古老的娱乐活动，在对鱼类生存繁殖影响不大的情况下可以进行，但是大多数园林水体中的生物群落其实比较脆弱，因此，需要对游客的垂钓行为进行管理，避免过度垂钓。

（4）栈道

栈道是人类进行亲水活动的重要设施之一，是园林水体设计中道路的一种特殊类型，在设计中占有重要的地位。“栈道”最早指沿悬崖峭壁修建的一种道路，后来泛指各类下层架空的通道。栈道本身就是一种对水环境比较友好的设施，其“下层架空”的结构意味着减小对水环境的影响。栈道在设计时一般也采用比较环保的材料，最常用的是木材，石材、竹、钢结构也经常使用。

（5）滨水道路

滨水道路一般分为人行路和车行路，人行路除了前文提到的栈道，其他基本上属于满足人类亲水需求、在水边设置的普通道路。这类道路对水环境基本无影响，唯一需要注意的是多使用生态环保材料，比如使用透水材料，增加雨水的收集，使其汇入水体中得到净化和再利用。车行路与人行路相似，对水环境基本无影响，但是需要注意的是，车行路在设计时最好不要离水岸线太近，同时，在车行路和水岸线之间的区域，可设计植被，减少汽车尾气对空气和水环境依然会造成的污染。

（6）观景观测设施

观景观测设施出现在许多湿地郊野公园和自然保护区内，最常见的如观鸟塔，这些设施大多采用生态材料构筑。此外，一些设计还别出心裁地将人的观测活动与动物的栖息放在一起考虑。仍然以观鸟塔为例，一些湿地保护区中的观鸟塔同时具有研究、观测、鸟类栖息的功能，既为部分鸟类提供巢穴，又为研究人员提供观测和科学研究的场所。

（7）公共厕所

公共厕所是园林中必备的服务设施，这里将其单独列出。主要是需要强调，公厕是生活污水重要的产生地之一，在设计时一定要有完善的给排水系统，并对生活污水进行妥善的引流和处理，避免对附近的水环境产生影响。

二、反映审美情趣的设计

景观是环境中具有普遍价值并能被人的视觉所感知到的外部形态的组合。简而言之，景观给人以美的感受。因此，在园林水环境治理中，水环境治理的生态价值与美学价值需要相互平衡，我们应该以既有利于人体健康的生理愉悦，又满足人们视觉感官美观的心理愉悦为出发点，通过生态设计、生态工程的科学方法，来建造美的“生态景观”。

美的园林设计一般应遵循以下三个原则：

（1）统一与变化

统一与变化是形式美的主要关系。统一意味着部分与部分及整体之间的协调关系，让人产生温和、稳定的感觉；变化则表明其中的差异，给人丰富多变的视觉体验。一个景观的整体应该是统一的，而变化是局部的。统一与变化表现在景观的形态、排列、质感、色彩等多个方面。对于园林水体设计而言，水体平面边界的设计大致可分为曲线和直线两种，仅仅从美学的角度来看曲线形和直线形各有特点，曲线形代表着自然、柔和的形态，而直线形则更加富有现代气息。在实际应用中，曲线形则具有更大的生态效益，因此在设计时，可考虑曲线形为主，在人群活动较多的地区灵活运用部分直线形，达到生态价值与美学价值的平衡。此外，水体的植物设计同样遵循统一与变化的美之法则：湿生植物群落的配植主要考虑群落层次形态和季相变化两个方面。层次形态应注意高低错落，疏密有致；季相变化方面则要注意四季皆有景可赏、植物色彩的搭配和变化等问题。

（2）比例与尺度

比例是使构图中的部分与部分或整体之间产生联系的手段。比例与功能有一定的关系。空间的大小尺度不同，给人的感受也就不同，其功能各异。在自然界或人工环境中，但凡具有良好功能的东西都具有良好的比例关系，如人体、动物、树木、机械和建筑物等。就水环境而言，不同的水体形态给人以不同的感受，海洋给人深邃辽阔之感，湖泊给人宁静惬意之感，江河瀑布汹涌浩荡，山涧小溪轻快活泼，水体的不同尺度给人以不同的感受与美。地形设计也对水体的美学价值产生了重要影响，可以大大丰富场地的空间层次和景观的多样性。地形设计在水环境治理中又可以和跌水曝气、雨水收集等技术相结合，应用十分灵活。

（3）多方面的感官体验

视觉体验固然是景观的重要组成部分，但是听觉、嗅觉等体验也起到不可忽视的作用。就听觉体验而言，水体是景观中重要的声音来源，高差造就的流水带来悦耳动听的水声，这是有别于视觉美感的另一种美。听觉、嗅觉等体验造就了景观不同层次的美，也使得游客的体验更加丰富和完善，是园林水体设计中值得关注的一环。

三、实现科普教育价值的设计

在进行园林水体设计时，科普教育功能应当被纳入考虑范围中。目前，已经有多种科普展示设施可供游客选择。从互动的方式来看，大致可分为非互动式科普展示设施和可互动式科普展示设施。非互动式科普展示设施是最常见的类型，它包括绝大部分的科普展示牌和其他各类纯文字、图片和影像的展示设施。尽管它们比起可互动式科普展示设施，其科普教育的作用要小不少，也存在不容易被儿童等人群接受的问题，但是也有很多优点。其中，最大的优点就是造价低廉且易于施工，大多数展示牌的制作比较方便，用料轻便的，可批量化生产，科普教育的内容也可以方便在书籍和互联网上获取。另一优点是耐久性好，便于管理。在许多园林水环境中，科普展示设施需要长期暴露在自然中，受到风吹日晒，相比可互动式科普展示设施，非互动式科普展示设施可选择石材、金属、木材等作为材料，并且不会因为过度使用而快速损坏。可互动式科普展示设施是近些年来的研究与设计热点之一，“可互动”意味着游客不仅仅是被动地接收图片、文字等信息，而且可以主动地查阅自己感兴趣的内容，并通过对动态现象的观察、听觉视觉触觉的全面感知、交互游戏等方式更加深刻地体验科普教育的内容。

可互动式科普展示设施的优点是显而易见的，它更能激起游客的兴趣和求知欲，展示手段也更加活泼和多样化，其科普展示效果也大于非互动式科普展示设施。但是可互动式科普展示设施也存在一些问题，比如造价昂贵，维护也比较麻烦（一般需要专门维护，否则容易因为过量使用而造成损坏）。此外，目前的可互动式科普展示设施多为电子设备，一般只能放在室内或者半室内空间中，在野外环境中极易造成损坏，在园林水环境中，水就更容易对它们造成损坏了。

综上所述，人类虽然不是园林水生态系统的组成部分，却对园林水生态系统造成了深远的影响。人类参与水环境，在其中进行活动，得到娱乐、教育、美学方面的回馈，同时也根据自己的意志，对水环境进行改造。人与园林水环境是一个相互影响的关系，当人类将水环境治理得更好，水环境的审美价值也进一步提高，从而吸引更多人参与到水环境中，进行各类活动和科普教育。科普教育提高了人们对水环境的重视和爱护，又让更多的人投身到对水环境的治理和保护中。

四、水体长效管控

（一）动态发展模式与分期治理规划

动态发展模式或者说可持续发展模式最早由美国著名设计师詹姆斯·康纳（James Corner）领导的菲尔德设计团队（Field Operation）提出，被应用于美国纽约清泉公园的生态修复与设计中。菲尔德设计团队的规划不同于以往的固定化设计，它提供了一个建立在自然进化和植物生命周期基础之上的、长期的策略，以期修复这片严重退化的土地。该方案在尊重场地现状的基础上，既使环境得到了逐步改善，又为场地的长期发展赢得了资金。水环境治理的思路十分需要动态化的考量，可以说整个水生态系统的形成是一个长期的、需要不断调控的过程。因此，在后期管理中，可以将水环境的恢复分为若干时期，为每个时期制订可行的目标，再依据每一阶段的治理成果，适当调整下一阶段的目标与计划。这既使得水环境得到逐步改善，又节约了开支，为水体长期的良好发展创造了条件。

（二）设施维护与即时监测

在后期管理中，设施维护和即时监测是两个重要且基本的环节。设施维护主要是指污水管网和公共设施的维护。污水管网直接关系着水体外源污染的排放，因此，需要严格把控。公共设施所涉及的面则比较广，包括环卫设施、交通设施和其他服务设施等。环卫设施在维护时处于相对重要的位置，包括化粪池、公共厕所、垃圾桶等。这些环卫设施一旦维护不当，容易对水环境造成污染，因此，最好设立专属人员进行管理维护。即时监测可以说是检视水环境优劣的一双“眼睛”，它可以随时发现水环境可能面临的危机，或为后期的持续治理提供帮助。即时监测最基础的项目是水质监测，可以直观地的反映水体受污染的程度。此外，鱼类活动、底栖动物栖息、植物生长等情况等也是监测的常见项目，它们对水体生态系统的调控具有积极意义。

（三）生态保护与管理

生物—生态修复技术与传统的物理化学技术的一个显著不同，就是对后期的生态保护管理要求较高。生态系统的恢复是一个缓慢的过程，因此，该地区的生态系统需要持续的保护与管理。对生态系统的保护管理主要体现在水生植被管理、动物群落管理和长效运行机制的建立上。水生植被管理是在设计及并初步建成水生植物后进行的，此时的水生植物群落比较脆弱，可能会出现各种问题，如某一种类取得优势后，抑制其他种类的发展，群落趋向单一，生物多样性降低，从而降低整个生态系统的稳定性。此时，就需要对植物群落实行动态的调控，控制水生植物密度和优势度，以保证其稳定。

动物群落管理与水生植物群落的管理相似，一开始的动物群落相比植物群落，更加脆弱和不稳定，因此，需要对动物群落进行监测与调控。此外，在生态系统构建的不同时期，需要保持不同的动物群落结构，对各种动物生物量与体积进行控制，以促进整个水体生态系统的良性发展。长效运行机制的建立是针对整个水体生态系统而言的，在系统优化调整过程中，通过对系统中各个要素的连续监测来分析影响生态系统正常运行的内外因素，同时，优化水生高等植被结构、食物网结构和底栖生态系统结构，统筹协调生态系统各营养级，最终建立稳定、长效的清水型生态系统。

第十二章　环境艺术设计中各感官体验的分析及应用

第一节　环境艺术设计中感官体验的现状分析

随着社会和经济的迅速发展，人们对精神文化层面的需求日益迫切，更加注重与环境的交流和感知来释放和缓解生活压力。在人们更加注重环境和景观所带来的享受的同时，更加要求在景观环境设计中能够结合人体五感感受系统进行引起人与环境交流对话的人性化的景观设计作品，满足更多人群结构和使用需求的设计作品。所以目前的园林景观设计发展的方向是研究如何营造多感官的园林景观环境。

一、感官与感知

感官就是在感受外部的一些刺激的情况下使用的人体的感觉器官，主要是鼻子、眼睛、舌头、耳朵和皮肤等。所谓的“五感”，即鼻子产生的嗅觉、皮肤产生的触觉、舌头产生的味觉、耳朵产生的听觉和与眼睛产生的视觉。但是随着我国医学水平的进步、我国科技生产力的进步与发展、对生物学的研究和人类大脑及大脑皮层的研究发现探索的深入，人们在五感这些传统感官的基础上又有了新的发现，下面介绍几种传统的“五大”感官外的感觉：

平衡感。平衡感是指人体在行走或站立奔跑时能够一直保持平衡，处于站立状态而不会因此摔倒。通过科学研究发现，人体平衡感是由位于人体内耳的淋巴液这种物质所控制，再通过与视觉等感觉器官相互配合使用，才使人能平稳不摔倒地四处奔跑走动。有一种情况就是人体如果不停地高速转圈，就会使这一平衡感系统无法正常运行和工作，导致人体失去平衡不能站立。

本体感觉。研究发现当我们闭上眼睛抬起手进行手部活动，不用眼睛去看我们的手部在哪里，我们也知道我们手所在的位置。这种现象就是人体的本体感受在发挥它的作用。本体感受让人可以不用去看自身器官就能知道自身身体部位所在的空间位置。这种能力虽然听起来好像没很大用处，但是如果人体没有这一感官进行感受，在日常生产活动中人们就需要一直不停地低头看着自己的脚才能正常行走，一直看着自己的手才能正常工作等。

热觉感受。热觉感受是指当我们坐在炉火旁时，我们能够明显地感觉到炉火的热量。当我们将一根冰棍从冰箱里拿到外面，我们可以非常明显地感受到冰棍带给我们的“冷”。所以说我们皮肤上的热感受器能感知周围环境中的温度变化。人体能够感知冷和热的这种能力被分类到人体触觉感知之下，主要是因为人们日常社会工作中也无须完全亲自用皮肤去接触某高温物体去感受它所存在的热度（如我们坐在热烘烘的炉火边，我们的身体无须亲自碰到炉火，但是我们还能够很明显地感觉到来自炉火的热量）。因此，热觉感受在后续的研究中被研究者单独归纳为一种身体感官。

疼痛感。疼痛感可以使人体感知所遭受的疼痛。研究者发现，以往的研究中身体的热觉感受与人身体的伤害感受在研究中常被混淆在一起进行研究。那是因为在某种程度上，人身体的这两种感觉感官在感受到环境外部刺激之后都会传送到我们人体相同的皮肤感官神经元中。深入的研究发现伤害感知器存在的位置不仅分布在人体皮肤，而且分布在人体的骨头、内脏和关节等部位。随着科学的发展，人体的奥秘被不断地解开，我们对感官有了新的认识，也对人体自身有了更多的了解。

二、园林构成要素的五感设计

根据对构成园林环境中各种事物的研究，园林景观的构成要素大致分为五类：首先是构成园林景观的骨架——山水地形；其次是普遍存在于园林景观环境中的植物；再次是园林建筑，以及分割园林空间和组织游览的广场与道路；最后是对园林环境进行点缀的园林景观小品。

（一）地形

在园林景观中，地形是构成园林骨架的重要因素，营造园林中的地形能够起到划分和营造园林空间，构建宜人的小气候环境以及成为视线范围内的构成风景等多种功能。地形还能影响园林特色和它的园林特征。地形的设计能够从视觉上对使用者产生感官和活动的影响，不同的地形特征能够对不同的人群引起不同的视觉感受，进而营造出不同的景观环境空间。

1. 平坦的地形

平坦的地形在地形的变化上较少，事物的遮挡较少，人在平坦的地形环境中很容易一望无际，具有较长的视野。在平坦的景观地形中，园林中所涉及的景观事物都很容易被人观测到，引起人的视觉感受，园林中的景观还可以在视觉上形成相互的关联；在地形平坦的景观空间中，与平坦的地形形成垂直关系的景观事物更容易被人观察到，越高的事物越容易引起人的关注。这类景观环境在园林实践中主要由开阔草地和广场等。

2. 凸起的地形

凸起的地形是平坦地形的基础上的局部地区在海拔上抬升形成的，这类地形因为凸起的顶部和形成的坡面对景观环境形成了空间分割，阻挡了视线的出入从而限制了空间。在凸起地形的顶部形成一个高于平坦地形的视点，所以在凸起地形的顶部向外观望视野非常好，容易形成鸟瞰景观，而且凸起地形的顶部自身也可以作为一个平坦地形中的焦点，成为景观环境中的一景，具有较高的景观支配地位。凸起的景观地形可以在园林景观中作为一个突出的地标性标志，在园林景观环境中起到导向或者定位的作用。这种凸起的景观地形在园林中的实践有丘陵、土丘和小山峰等。

3. 凹陷的地形

凹陷的地形在园林环境中能够使人的视野向内引导，形成一个聚焦的空间。在凹陷的地方视野水平方向受周边地形的限制，而在垂直方向上的视野能够使感官感受中的比重得到加强，所以凹陷的地形能够给游览者提供具有垂直方向的视觉焦点，可以成为理想的表演舞台。在园林景观环境中，关于具有表演类需聚焦视线的活动空间宜使用凹陷地形来达到目的。

（二）水体

水体在园林环境中能够营造出良好的听觉环境，而构成水体的水则可以极大地引发人的触觉共鸣，当然水体依旧能够带给人极大的视觉体验。园林中水的流动及开阔的水面能够给园林环境营造出极好的视觉感知环境，流水的声音亦能在人的听觉感官上营造出动听的旋律。并且人是具有亲水性的，触碰和抚摩流水能够引起人体触觉的感知。园林环境中水体通过它的流动以及变化能够给人视觉、听觉和触觉上的感受，使人心情愉悦，这种感受也是人体躯体感官独特的体验。

（三）园路和广场

在园林景观中园路和广场是园林使用者活动和参与园林的主要场地。园林中的园路在游览时能够引导游客的视线，广场中的景观亦是游客视线的焦点。广场和园路的色彩和肌理能引起游览者视觉和触觉的双重感受，不同材质和纹理的景观铺装材料能给游览者不同感受的游览体验。对园路实际设计中感知的景观设计要紧紧抓住特点，对园路铺装的纹理和触感、色彩和肌理等都要加以严格的要求和精心的设计。例如，园路在设计时除去要考虑指向性明确简捷的要求之外，还可以增加曲径通幽的改变，铺装的变化亦能在引导游览者方向的同时，增加感官体验。

（四）植物

植物景观能够在园路环境中以各种各样的形式存在，在游览过程中我们感受植物时是通过植物整体的形象，从植物的叶片色彩和空间大小等方方面面进行观测感受。植物的色彩和大小引发人体视觉的感知，风吹树叶形成的沙沙声引发人体听觉的感知，花朵和树叶释放的香气引发人体嗅觉的感知，果树所结出的果实引发人体的味觉感知，植物本身不同的纹理和树干等又能引起人体的触觉感知。综上所述，园林景观环境中，植物是最能同时激发人体五官感受的景观构成要素。

（五）园林建筑及基础设施

建筑及设施是园林环境中协调人与自然环境关系之间的纽带，游览者想要亲近自然，而自然又与人在某些方面具有不适应性，所以园林建筑就成为搭建人与自然的桥梁。在园林中，园林建筑与设施的加入是为了更加亲近自然，然而，不合理地增加建筑与设施反而会达到不合理的效果。

第二节　视觉要素在环境艺术设计中的分析

一、视觉感知在园林景观设计中的研究现状

自古以来，人们通过视觉感知来欣赏自然美景，探索与捕捉外界事物，所以以往的园林景观设计主要集中在视觉景观设计的表达上。在视觉景观设计的表达与探索中，国内外地形园林景观设计积累了丰硕成果。视觉元素在景观环境设计中运用已久，园林环境是通过将环境中引起人情感共鸣的景物建造在生活环境中，所以园林环境是首先为人们提供视觉享受的，无论何种风格的园林形式都是在视觉设计的基础上发展而来的。

二、视觉要素在环境艺术设计中的应用

视觉景观的设计主要由颜色、形体和纹理三个视觉要素组成。

（一）颜色

颜色是人体五种感觉中最容易引起注意的元素，它能引起人们对人体器官的关注。一方面，人体的生理感受将极大地使人们对周围事物的颜色产生心理感受，如温暖感、

距离感和严重性感；另一方面，作为使用园林景观的人接受的文化意识。在园林景观环境的设计中，植物的颜色和周围的结构作为园林景观的背景色是园林景观的主体。除此之外，一些雕塑和街道标志是园林景观的基本颜色；移动人群车辆和公共交通是园林景观的前景颜色。对所有这些不同颜色的应用和控制，将会在园林景观环境和园林景观文化的环境中起到非常重要的作用，在塑造人的身体和环境的情感方面起到决定性的作用。

（二）形体

在园林景观设计中，道路周围的景观环境，小如路灯、街道标志、道路节点，到大的绿色景观、道路，这些看似不同的景观元素，均有各自不同的组成元素：点、线、面、体。在路上的风景，“点”是相对较小的园林景观环境，和它的位置、颜色、材料和其他属性相对独特，可以很容易地被感知；“线”是园林景观环境中具有连续性和方向性的视觉元素。线性景观元素有一个独特的线性形状，主要包括道路、绿色道路、街道树、地平线、天际线和其他一些线性元素。线性景观元素在园林景观中的应用首先突出了道路的线性视觉元素，用户首先视觉感知的是形状；“面”景观元素是一种视觉元素，在景观中，一种物质是同质的，在所有的方向上延伸，形成一层或一块。园林景观中景观元素的把握与园林景观的整体效果有关。例如，园林景观设计中的路边绿地是代表地表元素的景观范例；“体”景观要素是指在园林景观环境中，以点与线相结合的三维物理景观要素。“身体”景观元素可以是现实的真实的质粒，如园林景观中的街道雕塑，或者是相对开放的空间主体，如园林景观支撑施工。换句话说，园林景观的所有景观元素都是通过“景观”的元素，在园林景观中呈现出来的，然后通过人体视觉感知器官感知到。

（三）纹理

纹理是指观察对象表面的触觉和视觉识别特征。纹理主要包括观察对象的纹理和观察对象的纹理，物体的条纹、网格或网格纹理；而肌理指的是人体表面的一些立体特征，即触感、表面光滑或粗糙表面。当我们感受事物的质地时，我们就能从微观、中观和宏观三个层面上把握园林景观环境的纹理，这取决于我们所感知的距离。首先，微观层面主要是针对不同基础材料的质地。例如，园林景观中不同路面材料所产生的视觉感知在机制层面上是不同的；其次，中观水平，即是园林景观的主要材料；最后的在宏观层面，主要是在道路主体之间的景观与绿化的整体把握的纹理之间的道路。通过这种方式，对三种不同层面的纹理的感知可以使园林景观环境更加丰富和合理。

三、注重视觉感知的营造

在景观环境设计中，设计的目的就在于营造一个供使用者观赏游览的活动空间，而环境的使用者在观赏游览过程中通过自身感官器官来感知周边环境。其中，眼睛是整个感受过程的开始，也是最重要的部分。当人进入某一园林环境中时，眼睛可以首先在几十米外看到园内景观，这时其他一些感觉器官还没有发挥作用。所以整个环境的感知首先由视觉感知来完成，通过视觉感知来体验景观环境中景观事物的形体、空间、色彩以及所产生的光和影。

（一）光影的构建增强视觉感知

光影是当光照穿过环境中构筑物在地面形成的阴影，当构筑物具有孔洞和镂空或造型奇特等情况时光影产生奇妙的变化。在景观环境中光影的产生是构成景观环境的要素之一，游览者对光影的感知首先由眼睛产生视觉感知，视觉感知引起人体大脑的响应，进而对其产生意识识别。在感知的过程中，美轮美奂的光影环境还可以进一步引起游览者心灵的共鸣，产生意境感知。

光影在景观中的应用主要在于景观中建筑、植物和水体中的应用。在建筑方面主要通过增加透光和滤光的构筑物来增加景观建筑空间中的光影变化；在景观植物中的应用主要是利用一些植物的树枝树叶等在自然光照下产生树影斑驳的美丽景观；在水体中主要利用在水边构筑建筑和种植形态优美的植物来在水中形成倒影。

（二）色彩的渲染增强视觉感知

环境是由所处空间中的事物构成的，人在欣赏环境中通过观测事物表面的颜色来了解和认识事物。所以在景观环境中，人们偏向于观察有色彩的事物，事物表面的色彩也最能引起景观空间使用者的注意。于是色彩成了园林景观环境设计的要素。通常在园林景观环境设计中，根据事物色彩的构成方式可以把园林景观中的事物的色彩分成两种，分别是事物的装饰色和事物的原本色。我们所讲的事物的原本色就是指园林景观环境中物体本身所固有的基本颜色；园林景观环境中各设计要素通过人工装饰的方式使其才有的颜色我们称之为园林景观环境的装饰色。

设计要素的固有色是事物原来所具有的本来色彩，所以更容易与园林空间中其他环境相融合；而装饰色具有人工修改的痕迹，与自然环境格格不入，所以在园林景观环境设计中，我们可以根据不同的情形选择不同的设计色彩表达景观环境的内涵。若想要使园林景观环境与环境自然融合展现其自然美和植物本质的美，就需要我们在景观环境设计中对事物本身固有色的使用尽量加强；若想突出景观环境中的某个景观节点，则可以使用人工装饰色使其突出鲜艳，从而达到引起使用者注意的效果。园林景观环境中人工装饰色的引用主要应用于园林景观环境中铺装、园林景观环境小品、园林景观环境建筑等硬质铺装部分。

在园林景观中通过各种景观构筑物和景观环境中光线的变化形成色彩丰富、变化多姿的环境景观。与此同时，园林景观环境还受环境中游览者视野的变化，景观环境中时间的变化和季节的更替产生具有时间和空间差异的环境色彩变化。于是在进行景观环境设计营造的过程中设计者应当根据游览者的需求从环境的时间因素和游览者的生理特征等方面进行景观环境的色彩搭配和设计。

随着季节的变化，园林植物的色彩随之发生改变，不同的植物色彩表现出景观环境中不同的季节特色。例如，春季，桃花、迎春花等植物复苏，生长开花发芽，五颜六色；夏季，杨柳、梧桐等植物亭亭如盖，绿树成荫；秋季，银杏、枫树等植物落叶萧索，红遍山野；冬季，植物的枝条苍劲有力，色彩各异。人体长时间地观看园林景观环境中比较单一的色彩，会容易产生生理和心理上的疲倦，进而对园林景观环境的欣赏感知能力急剧下降。只有通过对园林植物和景观构筑物不同色彩进行艺术的搭配，才能缓解游人在单一环境下产生的疲倦感，使人在景观环境中感受到更多的乐趣并享受其中。

（三）空间和形态的差异提升视觉感知

园林景观环境中景观设计同样也在营造园林景观环境的形态与空间。园林景观环境空间中的色和彩、形和态、线和条以及阴影等都是构成园林景观环境空间的重要元素。环境色彩让景观空间变得更加丰满，事物形态使环境空间更加有趣丰富，事物的线条结构架构了园林景观空间的骨架，事物的阴影使园林景观环境空间出现秩序和层次。园林景观环境中的景观空间是一个综合了平面视觉、立面设计等经过艺术加工处理后的多维景观概念。园林景观环境中，眼睛产生的视觉上的体验感受在身体感受过程中占有相当大的比重，景观设计中设计者如何有效地利用并营造出园林景观环境中全新的体验感是园林景观设计的重点。不同的园林景观形态和园林景观环境空间给人体的视觉体验全然不同的。

在园林景观环境设计中，作为设计师应避免将园林景观环境体验和空间分割开来。应该把使用者——人和园林景观环境中的景观相结合，来思考和做出判断，然后再进行园林景观环境设计。尤其是在园林景观环境中一些小空间的设计中，两者的融合显得更加重要。

第三节　现代环境设计中感官体验设计的发展应用

一、发展背景

随着人民物质生活水平的不断提高和我国社会主要矛盾的改变，人们的欣赏水平也不断增强，对美学欣赏、休闲保健和健康疗养等方面提出了更高的要求。道路作为城市的动脉，是城市人流活动与利用最频繁的场所，是城市园林景观设计中使用者参与最多的环境空间。在当今社会形势下，城市居民生活以及工作压力大，需要一些使其生活和工作得到满足的场所，而道路环境则是城市居民生活工作中接触停留次数最多、时间最长的场地。目前，在我国大部分城市中的公共休闲空间，包括主要城市的公园和绿地，大多数城市景观道路设计主要体现在使用者视线感受层次，当使用者长期处于这样一个视觉上色彩缤纷的园林景观环境中，周围环境就会变得单调和乏味。使用者和环境缺乏情感的沟通，便无法从其他感官来感受。随着居民生活水平的提升，人们更加迫切地需要一个从多感官来使人愉悦的园林景观环境，所以从“五感”以及人的多重感官着手进行园林景观设计是现代社会形势下满足城市居民生活需求的必然发展趋势。

二、五感设计

人体在景观体验活动中产生的感受其实是比较综合、立体的，五感设计是指将人体五官的感知感受（鼻子的嗅觉、舌头的味觉、皮肤的触觉、眼睛的视觉和耳朵的听觉）综合全面考虑到所设计的产品和作品当中，能够充分、综合、全面地提高人体对景观环境体验的舒适度和满意度。通常情况下，人们了解某种事物都是首先通过眼睛的观察来形成初步的印象，然后在整个过程中用单一感官去感受事物。然而，每一件具体的事物都可能由不同的感官要素构成，当人们通过不同的感官去体验事物，就会形成与以往不同的感受和想法。

在一些平面设计作品中，设计者所表达信息的手法已经不再仅仅是通过单一的眼睛所带来的视觉上的表现，更是在充分利用了人体的五感——包括皮肤的触觉、舌头的味觉、鼻子的嗅觉、眼睛的视觉、耳朵的听觉的设计信息表达作品情感反思的模式，从而以非常愉快、强烈、刺激的方式来激发人体以前未曾感受感知的作品表达的信息元素。例如，日本大师原研哉所设计的优秀屏幕设计作品——日本长野冬季奥运会的闭幕式所采用的闭幕式节目纪念手册，以及日本梅田医院的所有指示标志的设计等，都是五感设计理念的表现。

三、现状分析

（一）听觉感知在园林景观设计中的现状

在中国古典园林设计过程中，设计者注重环境中不同种类声音信息的捕捉，所以整个过程中听觉感知与景观环境密不可分。从古代文化社会和古典艺术审美的共同角度来看，园林景观环境的设计始终是在研究景观环境中人与景观中声音的直接关系与间接关系。现代园林中，研究者着重研究游览者所在的景观环境中的声响及声音对人体自身生理及心理产生好的抑或坏的影响的研究。研究者对景观环境和自然环境及城市环境中存在的声音进行了很多的研究，通过对现代都市中声音对景观环境的响应机制的研究来评价和衡量景观设计在何种程度上抑制噪声在城市环境中的传播，从而建设美好的生活环境。

自然风景类的环境景观设计者通过研究自然声景观在自然环境中的变化规律，从而充分挖掘，科学利用，进而结合实践对比园林景观设计源于声音要素的研究，创新得出关于听觉感知景观表达的新的设计手法。园林中通过展现痛觉元素来进行景观设计的例子比比皆是，但是主要通过流水、植物和园林动物来展现。如在我国古代园林中无锡寄畅园的八音涧，利用地形上西高东低的优势，引来院外之泉水，在园林环境中流淌，水声变化多端，形成如八种乐器合奏的声音效果。再如，苏州留园中的古藤绕廊，“风休花尚落”等优美景色，通过风吹动植物形成如此美妙的声音。园林动物如青蛙、小鸟等都能形成优美的听觉环境。

（二）嗅觉感知在园林景观设计中的现状

嗅觉感知在景观设计的研究中主要以芳香植物的研究为主，在芳香植物释放芳香物质成分的研究基础上进行不同植物间的搭配研究。在前期研究中，主要是对现有的芳香类植物根据生长习性、形态大小和自身特色进行分类。在丰富的植物资源的基础上建立了园林景观设计中嗅觉感知环境的构建要素，进而能够营造多样性和地域性的嗅觉感知环境。刘金等人通过对我国丰富的芳香植物进行分类归纳总结研究，使我国丰富的植物资源通过营造嗅觉感知环境在园林景观环境设计中奠定牢固的基础。

（三）触觉感知在园林景观设计中的现状

关于触觉感知在景观设计中的研究发展较视觉和听觉的研究晚。在 20 世纪 50 年代之后，一些景观设计作品中开始使用关于触觉感知为主要出发点的景观设计方案。这些设计作品中关于触觉增强的设计手法和理念开始于当时主要发达国家中，其主要目的是解决盲人在道路和景观环境中困难的城市规划和道路设计。

随着现代园林的发展，园林规划设计中越来越需要考虑到不同使用人群的需求，如儿童主题的景观设计中设计师需要考虑环境对孩子的触觉感知的影响和成长的开发促进作用，在进行一个适合他们游戏玩乐的景观空间时考虑小孩的活动需求和探索需求，需要通过建立触觉感知构造出更为人性化和有趣的儿童空间。具体来说，就是利用形态特殊的植物营造触觉感知环境，可以让孩子感受植物叶子与树皮的不同质感，接触到不同粗糙程度的植物叶片和树干纹理，通过对不同触觉感知的感受提高对外部事物的认知。当然不仅仅是植物，在园林景观中，景观小品、构筑物、铺装道路等都可以利用不同景观材质的触觉感知来营造人性化的感知环境。

（四）味觉感知在园林景观设计中的现状

在以往的园林景观设计中，味觉感知的实际应用非常少见，在人体五感感受中对味觉感知的设计并未得到足够的重视。就现代园林景观设计而言，味觉感知的营造仍然没有得到设计者的足够重视，不过相对而言，在生态农场和采摘类的园林景观环境设计中却另辟蹊径地形成一种独特的景观环境设计手法。所以在考虑人体五感的全面体验的设计中，尤其是对儿童等特殊群体的设计中，为了增加人群与环境的交流感知，应当着重给予味觉感知足够的重视。

通过对五感在园林景观中的研究分析可以发现，对五感设计的研究理念在园林景观中主要侧重于视觉方面的研究。在园林景观环境的设计中，设计者主要考虑了使用者在环境中的视觉感受，重在营造一个视觉感知空间。对听觉感知空间的营造略有考虑，但是对触觉、嗅觉和味觉的空间营造考虑甚少。通过分析可以看出，园林景观对于五感设计的研究理念仍处于起步阶段，尚缺乏成熟而完善的理论体系，现有的一些理论研究成果仍需要在实践中检验。

四、设计理念

（一）增强听觉感知的营造

耳朵作为园林景观环境中感知之一的听觉器官，能够感受到景观活动过程中身边所产生的所有声音。在景观环境的营造中，对听觉景观的设计尤为重要。在接受外界环境的感知活动中，虽然听觉上的感知次于视觉上的感知，但是听觉感知是人体其他身体感知所不能替代的。听觉感知具有极其神秘的特点，能够更加真实地反映身体所处的环境，与其他感知器官相比具有发现更加惊喜和意外的特点，能够直击人体心灵深处。

随着城市化的急剧发展，人们所处的环境发生巨大的改变，与自然环境相脱节，从此耳边充斥着重复不断的人工的、机械的和繁杂的声音，失去了原有的自然之声。于是在城市生活的人们开始厌烦城市的生活环境，厌烦城市繁杂的噪声，渴望获得来自园林景观环境中大自然的声响。通过对自然声音的感知来获取心灵的宁静，寻求身心的放松。在景观环境设计中就需要我们进行更加注重能够表达自然声景观的设计，将声景观通过听觉的感知放大化以达到提升景观感受的目的。例如，在景观环境中风吹过树林沙沙的声响、溪流跌落石头发出的哗哗的流水声、各种鸟类在枝头发出的鸣叫声等等。这些自然声能极大地引起游人的听觉感知，引发游人与景观环境的情感共鸣。

1. 创建景观中的自然声来体验

听觉世界自然环境中“声音”无处不在，是由环境中各系统内所有事物发出的声音共同组合在一起所形成的综合体。本书通过对声音在自然环境中存在的方式分析研究，将我们听到的声音分为两大类：第一类是自然声，自然声从名称中就可以看出，主要是包括自然界中的自然现象产生的声音。如风吹过树林产生的声音、水流经过溪谷产生的水声等等；第二类是人工声，人工声是通过人为创造产生的声音，如汽车喇叭产生的鸣笛声，音响播放的优美歌曲。

我们能够聆听自然界所产生的各种各样的声音，通过各种变化“听”到时间的序列。平常人们说的时间其实是无形的，无法琢磨，看不见也摸不着。

而自然界中的声景则可以给我们创造出声音的时间感，比如清晨的第一声公鸡的啼叫往往意味着新的一天的开始，一天的来临。季节的变化使得环境中彩色叶植物的枝叶颜色发生巨大变化，比如春天植物的枝叶在徐徐微风的吹拂中发出哗啦啦的自然声响，夏天植物的枝叶在夏季狂风暴雨中发出浑厚而有力的巨大声音，秋天植物的枝叶在瑟瑟的秋风中飘飘荡荡，冬天植物的枝叶在北方寒风中发出吱吱呀呀的树枝摩擦的自然声。

2. 人工声带来听觉感知的意境

我们所说的人工声是与自然声相对而言的，现实中很多人工声都来源于自然声，如人类通过模仿自然而创造产生的各种各样的乐器等等。

（二）嗅觉感知环境在景观设计中的营造

文献调查显示，人体嗅觉感官能够带给人产生的记忆。微气候指的是环境中的小范围内气候环境的细微变化，人与环境之间的关系通常是非常密切的，人身体的各个组成部分都要与周围的环境相互作用。园林景观环境空间中产生的气味能够直接影响到环境空间参与者们的嗅觉感受。如果你闭上自己的眼睛，进入一个空间环境，进入后你所能感知到的应该首先是嗅觉上的体验。如这个空间是否新鲜、芳香或有臭味。在一个好的优秀的景观空间中，它的微气候环境也一定是宜人的，舒适的。它的环境温度、环境湿度可以达到参与者人体的舒适指数。

以嗅觉为主导，人们则更愿意探索所设计的景观空间，嗅觉具有很强的情感属性，同时研究发现情绪也往往会影响我们的嗅觉。看画展时，也许你的心情突然会变得很愉快，无以言表，但是这些画的味道在你缺乏嗅觉感知的情况下是没有感情的。在景观空间里，植物元素是整个空间环境的灵魂。植物的味道引起了空间环境的变化和空间参与者生理和心理的变化。

人类感知的嗅觉很敏锐，可以识别各种不同的香味，非常敏感地判断出闻到的香味属于哪种植物所释放出来的，如在景观环境中种植一些香水百合、李子、桂花等，可以让人感到非常愉快。在景观环境设计中，芳香类植物是建立嗅觉感知环境的主要构成要素，所以在景观空间设计中搭配芳香植物能够在嗅觉感知的营造中使人身心愉悦。

（三）触觉感知环境在景观设计中的营造

触觉把各种各样的环境信息传达给人们。与此同时，景观空间中的微气候也对皮肤感觉非常敏感。周围环境的温度、湿度和风向都对人的皮肤感觉有轻微的影响。

1. 用“手”的触感构建肤觉环境与视觉和感知

相比来说，皮肤感觉在空间范围有一定的局限性。它没有感知到遥远的事物或声音作为视觉和听觉，它只能在我们的手接触物质或接近触碰的物体的时候才会产生知觉。当然这种对事物触碰的感觉肯定是不能通过眼睛产生的视觉和耳朵产生的听觉来实现。皮肤的感觉会直接引导人们产生各种生理反应，如温暖的握手、温暖的拥抱等。手在皮肤的景观空间体验中感觉占据了主要位置，在有双手感觉的环境中，人们能够感知到植物的质地、质感等等。

2. 用“脚”的触感营造肤觉环境

脚在景观空间体验上的感受也占据着重要的位置，它主要感觉地面的路面，不同的材料给人的感觉是不同的，材料加工技术和皮肤感觉感知是不可分割的联系。

3. 用“躯干”的触感构建肤觉环境

人能够通过皮肤对环境的感知来产生对今后行为的条件反应。例如，当一个人皮肤接触锋利产生刺痛的事物如尖刺等之后会对今后的行为产生影响，如果再次见到它，这个人会很紧张，避免接触它。这种心理感觉会在记忆中停留很长一段时间。周围的环境会有各种各样的皮肤刺激，皮肤感觉是一种感官系统，它融合了我们对世界和自我的体验。

与视觉或听觉相比，人的皮肤感觉是一种复杂的感觉，与人体器官、眼睛、皮肤的感觉相对应。知觉的皮肤感觉直观、真实，在当下人们接触到东西，人和事简要合并在一起，超越了空间和距离，并会觉得到对象；而反应液体扩散，从而达到共振的影响，裸体的空间将会意识到这些微妙的变化，或玻璃、木头与纺织品……在皮肤上的物质感知。

（四）味觉感知环境在景观设计中的营造

人们经常发现很难抵制食物的诱惑。在食物诱惑驱动的情况下，旅行的人们可能会去爬树采摘植物果实。大部分人会在景观游览过程中被引诱去寻找周边美味的食物。植物的果实等器官是景观中食物的最主要来源，同时也是景观环境设计不可或缺的重要元素。在我国有些植物树种在景观环境中既是设计要素同时也是美味的食物，景观中的带有果实的植物不仅是一种人体视觉上的盛宴，同时，更是一场舌尖味觉上的美妙盛宴。通常景观环境中的味觉体验的营造主要通过两个方面进行：第一种是将景观环境中设计用于人们品尝美味的体验区；第二种是在景观环境中种植一些果树。我们喜欢苹果中的花朵，想象苹果花将从苹果树花蕾中生长出来，然后想到美味的苹果；蔬菜生长的时候，通常会想到蔬菜。这是一个从“无”到“有”的过程，这种体验生动地展示了品味。

五、应用分析

（一）听觉设计

常见的如圣诞节的欢歌，在竹林里的鸟儿的音乐、庙里的钟声等，来对比气氛。这种设计方法经常用于园林景观设计，以减少汽车引起的噪声。零设计，即根据原始保护和保存的听觉景观环境，没有任何变化。在这种方式下，为了反映听觉景观设计，往往设置触发装置或场景布局的声音，也可以称为间接设计。因此，道路在听觉设计中的设计是必不可少的，如路边的声音和风吹竹的沙沙声。

（二）触觉设计

草、沙、石路、卵石路、泥、木板材、大理石地板，脚踩不同的硬度、光泽度、摩擦，会给人一种微妙的心理感受。首先，上半身（尤其是手）所触碰的景观是触觉设计的第二大客体。在石材、玻璃、花岗石、木材、不锈钢、金属等环境中，其质地、温度、透明度、凹凸度、安全性等都将会引起人们对环境的不同认识。例如，儿童空间的园林景观设计首先需要注意使用硬质材料，以确保儿童的安全。其次，为了让孩子感受到丰富的触觉感受，可以在设计中使用多种触觉材料来促进儿童早期感知。景观设计鼓励人们参与，以满足人们的需求。此外，触觉设计还来自对人性的关怀——弱势群体设计的可及性。除了普遍的城市盲道，还有盲文识别标志和语音系统，反映了道路前方所有人的平等。

（三）嗅觉设计

在现实生活中，每一个环境空间都有其独特的味道，比如鲜花市场的芳香气味、海边的咸味。最常见的是嗅觉设计是对芳香植物的应用，如桂花、薰衣草、荷花、结香等。其中，苏州留园的文穆香轩与更有气息的景观相结合。消极设计，就是去除或隔离环境中不和谐的气味。特定的方法如空气净化、植物吸收和过滤可用于去除原有的气味，或使用植物、墙壁及空间屏障等，来部分隔离或添加第三种气味，以达到分离原始气味的目的。

（四）味觉设计

味觉设计主要是饮食道路空间环境设计的结合。客观地说，空间环境会对人类的口味产生影响。比如在喧闹的大街上人们很难有食欲，而在精致的餐厅里，人们会受到优雅环境的刺激而胃口大开。例如，在炎热的环境里，葡萄藤前面的葡萄被精致的枝叶覆盖着，让过路的人从此地通过，从而达到身体和头脑的愉悦，使人们从各种感官中得到满足。

在公共空间园林景观设计中首先要从人的视觉感受开始，分别从光影、色彩感知、明暗感知、视觉的光视效能、视觉的适应性和视觉感受的形态机理等方面来进行园林景观的构筑物和植物设计；其次，通过营造听觉环境的时间感、空间感和收集自然声音、增加人工声音等方式来进行园林景观环境的听觉空间设计；再次，利用微环境和芳香植物来营造园林景观环境设计；最后，利用营造手、脚和躯干触摸的触觉环境进行园林景观环境设计，利用果树和食品品尝来增加园林景观环境的味觉环境。

结 语

综上所述，环境艺术设计对城市景观建设水平的提升有着极其重要的作用。环境艺术设计在现代城市景观设计中的应用关键在于实现景观设计的整体性，即将建筑景观与生态环境融为一体，在实现基本功能需求的同时体现建筑与环境的协调性。在我国城市化发展的背景之下，环境艺术有着非常广阔的发展前景。环境艺术设计的有效应用，能够在协调城市建设与环境建设关系的同时，进一步推动城市景观建设水平的提升，改善城市居民的生活质量，为城市的可持续发展奠定坚实的基础，也为我国综合实力的进一步增强提供助力。